통계적 품질관리

이무성

공학박사 / 품질관리기술사
한양대학교 대학원 산업공학과 졸업
한국표준협회 전문위원 역임
방위사업청 자문위원 역임
한국호텔경영학회 학술이사 / 한국상품학회 이사
현) 동원대학교 사회경영학부 교수

정현석

공학박사
한국기술교육대학교 대학원 메카트로닉스공학과 졸업
대우자동차 기술연구소 시작품질팀 연구원
한국엔겔기계(주) 품질경영부장
한국금형공학회 학술이사
현) 한국폴리텍대학 반도체융합캠퍼스 반도체품질측정과 교수

통계적 품질관리

2021년 8월 1일 초판 인쇄
2021년 8월 5일 초판 발행

지은이 이무성 · 정현석 | 펴낸이 이찬규 | 펴낸곳 북코리아
등록번호 제03-01240호 | 전화 02-704-7840 | 팩스 02-704-7848
이메일 sunhaksa@korea.com | 홈페이지 www.북코리아.kr
주소 13209 경기도 성남시 중원구 사기막골로 45번길 14 우림2차 A동 1007호
ISBN 978-89-6324-749-6 (93310)

값 20,000원

통계적 품질관리

이무성 · 정현석 지음

북코리아

머리말

21세기에 들어서면서 우리의 기업 환경은 급변하고 있다. 4차산업혁명의 신산업의 거대한 물결이 기업 환경의 패턴을 전면적으로 바꾸는 상황에서 기업의 수명은 점점 짧아지고 있는 것으로 나타났다.

기업이 생존할 수 있는 유일한 길은 제품과 서비스에 대한 고품질화에 있으며 이는 궁극적으로 기업의 수익성을 극대화할 수 있는 고객만족경영시스템을 실천하여야 하며 이를 위해서는 '정보화'라는 것이 필수이다. 이러한 정보들은 대부분 통계적인 수치로 이루어져 있다. 미국 기업들의 장수 비결은 시장 밀착형 정보화를 통한 품질경영과 고객만족경영에 경영의 역량을 맞추고 있다. '시장은 바로 고객이며, 모든 경영활동의 원동력'이라고 할 수 있다.

이는 '불량이 없는 완벽한 품질, 최고의 품질' 추구가 절실하기 때문이다. 즉 고객만족경영과 이해관계자의 이익을 위해 끊임없이 연구·노력하는 것이다.

특히, 최근 기업에서는 품질경영에 대한 인식이 새롭게 전개되고 있다. 인공지능에 의한 검사인식시스템 그리고 그와 같이 파생하는 빅데이터 품질관리는 거대한 정보화의 일환으로 계량적 분석 능력을 극대화할 필요성을 느낀다.

이러한 품질경영 활동에서는 시스템적인 접근과 사실적, 객관적인 의사결정을 위한 체계적인 데이터 분석의 개념이 인식되고 활용되어야 한다. 이러한 활동의 정도가 기업의 관리 수준을 나타내는 척도가 될 것이다.

이러한 상황에서 본 저자는 《통계적 품질관리》라는 책을 저술하게 되었다. 이 책은 수년간 품질 관련 분야 강의를 하면서 난해한 부분을 가능한 한 쉽게 이해하도록 정리하였으며, 특히 다른 고유기술을 전공하는 대학생을 염두에 두고 통계적 품질관리의 기본을 이해하도록 저술하였다. 또한 관련 품질경영기사 자격증 취득에 도움이 되도록 구성하였다. 단 샘플링검사는 페이지 양의 관계로 생략하였다.

이 책의 구체적인 구성을 보면 전체 10장으로 구성하였다. 제1장은 데이터 정리법, 제2장은 QC 7가지 수법, 제3장은 확률과 확률분포, 제4장은 이산확률분포, 제5장은 연속확률분포, 제6장은 검정, 제7장은 추정, 제8장은 상관분석과 회귀분석, 제9장은 관리도, 제10장은 측정시스템 및 제11장은 실험계획법에 대하여 언급하고 있다.

끝으로 여러 관련 교수님들과 전문가의 의견을 반영하려고 노력하였으나 미흡한 점은 지속적인 개정을 통하여 완벽한 《통계적 품질관리》 교재가 될 수 있도록 보완해 나갈 것이며, 관련 자료와 지원을 통하여 참여한 공저자분들에게 감사를 드린다.

그리고 이 책의 출판에 적극적으로 협조를 해주신 북코리아 출판사의 사장님을 비롯한 임직원께 진심으로 감사를 드린다.

2021년 2월
공저자 대표 이무성 씀

차례

제1장 데이터 정리법

제2장 QC 7가지 수법

제4장 이산확률분포

제5장 연속확률분포

제6장 검정

제7장 추정

제8장　상관분석과 회귀분석

제9장　관리도

제10장 측정시스템

제11장 실험계획법

1. 정보와 데이터

1.1 정보

품질관리는 '데이터로 말하라'라고 한다. 이것은 사실에 입각하여 사물을 판단하고 처리해 나가기 때문이다. 그리고 이 사실을 정확하게 이해하기 위한 단서가 될 수 있는 것을 **정보**라고 한다. 이 정보가 올바른 사실 파악에 도움이 되지 못한다면 의미가 없는 것이고, 이를 위한 정보의 성질은 무결성, 신뢰성, 정확성, 적시성, 보안성 및 기밀성을 보장하여야 한다.

정보와 분석을 위해서는 조직 전반적인 업무 결과에 대한 성과측정의 체계, 성과 정보 및 정보체계 등을 수립하고 활용할 수 있어야 한다.

품질관리의 정보는 다양하게 획득할 수 있고 활용할 수 있다. 즉, 좁게는 생산현장에서 검사일지를 집계하고 공정 부적합품률을 계산한다든지, 부적합의 정도에 따라 검사의 수준을 조정하여 불량이 감소할 수 있도록 한다. 이에는 공정해석을 위한 정보, 실험 단계에서의 정보, 검사를 위한 정보가 필요하기 때문에 데이터를 취한다.

넓게는 품질경영 차원에서의 업무정보, 성과정보, 벤치마킹 정보 등을 포함하는 핵심성과 정보가 경영자의 의사결정에 필요한 정보가 될 것이다.

정보의 성과측정 결과는 단위작업, 핵심 프로세스 및 부서 및 전체 조직수준에서 조직의 방향과 자원의 이용을 설정하고 조정하기 위한 의사결정에 사용된다.

여기서의 정보는 전자의 좁은 의미의 정보를 주로 다루게 된다.

1.2 데이터(DATA)

(1) 데이터를 취하는 목적

데이터란 어떤 집단에서 추출한 대상물을 측정하여 나온 수치로, 데이터는 어떤 활동에 대한 결과를 나타내는 데이터와 결과에 영향을 미치는 원인계 데이터로 나눌 수 있다. 전자를 품질특성을 나타내는 데이터라고 하며, 후자를 요인을 나타내는 데이터라고 한다.

앞서 설명한 바와 같이 조직에서는 여러 가지 형태로 데이터를 취하고 있다. 데이터를 취하는 목적은 다음과 같다.

- 현상을 파악하기 위해
- 공정을 관리하기 위해
- 원료나 제품검사를 위해
- 공정의 해석이나 개선을 위해

등으로 요약할 수 있다.

(2) 데이터의 분류

품질관리에서는 데이터의 통계적 성질로부터 계수치 데이터와 계량치 데이터로 분류할 수 있다. 이들의 관계를 [표 1-1]에 분류하면 다음과 같다.

① **계수치 데이터**(이산치) : 낱개로 헤아려서 얻은 데이터로 불량품수, 결점수, 사고건수, 결근수, 부적합건수, 부적합품수, 부적합품률(%), 결근율(%), 사고율(%) 등을 말한다.

② **계량치 데이터**(연속치) : 계량, 계측기기로 측정하여 얻은 데이터로 중량, 길이, 가열온도, 가열시간, 알콜순도(%), 인장강도, 경도 등을 말한다.

[표 1-1] 데이터의 분류

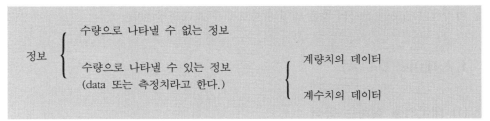

(3) 데이터의 수집방법

데이터의 신뢰성 및 가용성을 확보하기 위해서는 기본적인 데이터의 수집방법을 나열하면 다음과 같다.

① 데이터 수집하는 목적을 분명히 하고, 사용목적에 적합한 데이터를 수집한다.

② 측정 대상의 군을 같은 성질의 데이터를 중심으로 층별화를 이루도록 한다.

③ 5W 1H 원칙에 의거한 데이터의 수집을 명확히 한다.

④ 어떤 계측 및 시험기기로 어떻게 조사를 할 것인가를 결정한다.

⑤ 각종 발생 가능한 오차, 즉 측정오차나 샘플링오차 등에 유의하여야 한다.

⑥ 데이터는 변동이 발생한다는 것을 이해하고 조사한다.

⑦ 데이터의 수집 시에는 용이성과 경제성을 고려하여야 한다.

⑧ 데이터의 유용성을 위해서는 수집 활동 후 신속히 분석, 해석, 조처를 취해야 한다.

⑨ QC 수법이나 통계적 수법을 활용해서 데이터를 정리한다.

⑩ 기타, 데이터를 수집한 목적과 관련한 정보를 기입한다.(측정기기, 기상조건 등)

2. 모집단과 표본(시료)

2.1 모집단과 모수

모집단(population)이란 관심대상이 되는 전체 측정치의 집합이다. 즉 모집단이란 조사자 혹은 연구자가 어떤 정보를 알고자 하는 집단, 연구 대상이 되는 집단으로 규정할 수 있다. 가령, 우리 회사에서 만드는 제품(A모델)의 평균불량률은 얼마나 될까? 우리나라 남녀 각각 평균수명이 얼마나 될까? 등에서 모집단이라 함은 우리회사 제품(A모델), 우리나라 남자, 여자가 된다.

모집단의 구성이 한계성이 있는지, 없느냐에 따라서 **유한모집단**(finite population)과 **무한모집단**(infinite population)으로 나눈다. 모집단의 구성단위를 숫자로 표현이 가능한 경우는 유한모집단이지만, 어떤 공정에서 만들어지는 부품이나 제품의 경우 지속적으로 생산되는 상황에서는 무한모집단이라고 할 수 있다.

모수(parameter)는 모집단의 특성을 나타낼 수 있는 상수(unique number)라고 하며 모평균, 모분산, 모표준차, 모비율 등으로 표현한다. 즉, 모집단에 대해서 일정한 상수로서 모평균, 모분산, 모표준편차 등이라 하는 것을 총칭하여 **모수**(population parameter)라

하며, 희랍문자로 표시한다. 모수는 모집단의 성질을 결정지을 수 있는 상수라고 할 수 있다.

2.2 표본과 통계량

표본(sample) 혹은 **시료**라고도 한다. 표본은 조사, 연구 대상이 되는 모집단에 대하여 가장 정확한 방법은 이를 전수조사, 전수검사(시험)하는 것이나 현실적으로 인력, 시간, 예산 등의 제약조건이 있기 때문에 이것을 효율적, 경제적으로 조사할 수 있는 방법이 무작위 추출이 될 것이며 이러한 결과 형성된 또 다른 소집단을 **표본**이라고 한다. 즉 표본이라는 것은 모집단의 특성을 가장 잘 대표할 수 있는 일부분의 조사로 형성된 집단이라고 한다.

통계량(statistic)은 표본 집단체의 특성을 나타내는 변수(variable)라고 한다. 편차, 표본비율, 범위 등이다. 즉, 모집단으로부터 얻어진 표본에 관한 측정치의 평균, 분산, 표준편차 등은 동일한 모집단으로부터 추출된 표본이라도 각각 다른 값을 가질 수 있는 이들을 총칭하여 **통계량**(statistic)이라고 한다. 즉, 시료를 관측한 데이터와 그 데이터의 값을 말한다. 통계량에는 표본평균($\bar{x}$), 표본표준편차(s), 표본분산(s^2), 메디안($\tilde{x}$), 범위(R) 등을 말한다.

- **모집단** : 내가 알고자 하는 집단의 집합체
- **유한모집단** : 모집단의 크기가 한정되어 있는 경우
- **무한모집단** : 모집단의 크기가 무한정되어 있는 경우
- **모수** : 모집단의 특성을 나타내는 상수
- **표본(시료)** : 모집단으로부터 일부 무작위 추출을 하여 형성된 또 다른 집합체
- **통계량** : 표본(시료)의 특성을 표현한 변수

[표 1-2]와 같이 모수와 통계량간의 관계를 구분하여 다음과 같이 표시한다.

[표 1-2] 모수와 통계량

구 분	모 수	통계량	모수의 추정치
평균치	μ	$\bar{x}$	$\hat{\mu} = \bar{x}$
표준편차	σ	s	$\hat{\sigma} = s = \sqrt{\dfrac{S}{n-1}}$
분산	σ^2	s^2	$\hat{\sigma^2} = s^2 = \dfrac{S}{n-1}$
범위		R	$\hat{\sigma} = \dfrac{\bar{R}}{d^2}$

2.3 통계량의 특성

모집단으로부터 추출된 시료들을 관측한 데이터의 분포를 수량적 특성으로 관측한 데이터의 값을 통계량(statistic)이라고 하며, 이들 통계량을 분포의 형태로 크게 네 가지로 구분한다.

분포의 형태

• 분포의 중심위치의 정도 : 계산적 대푯값, 위치적 대푯값
• 분포의 산포의 정도 : 산포도
• 분포의 좌우대칭의 정도 : 비대칭도, 왜곡도
• 분포의 상단의 뾰족한 정도 : 첨도

(1) 대푯값

대푯값은 분포의 중심위치를 나타내는 측정치로서 변수 전체를 대표하는 값이다. 그러나 대푯값은 분포의 중앙 또는 도수의 집중점과는 반드시 일치하지는 않는다. 대푯값은 **계산적 대푯값**으로는 산술평균, 기하평균, 조화평균, 평방평균 등이 있으며, 상대적 위치를 나타내는 **위치적 대푯값**으로는 중위수, 최빈수, 사분위수, Z값 등이 있다. 또한 데이터의 집중화 경향을 나타내는 수치를 **분포의 대푯값**이라고 하며 여기에는 산술평균, 중위수, 최빈수 등이 있다.

(가) 평균치(mean, average)

평균치에는 산술평균, 기하평균, 조화평균 등이 있으나, 일반적으로는 평균치라고 하면 산술평균을 의미한다. 이중에서 산출평균은 극단값(이상치)가 포함될 경우 데이터 평균에 가장 많은 영향을 미치는 문제점이 있다.

① **산술평균**(arithmetic mean) : $\overline{x}$

> **단순산술평균**은 자료의 합을 표본의 수로 나눈 값
>
> $$\overline{x} = \frac{\sum\limits_{i=1}^{k} x_i}{n}$$
>
> 여기서 n은 데이터의 크기, i는 1, 2, 3,..., k을 나타낸다.

> **가중평균**은 그룹 데이터로 주어진 경우 단순산술평균에 그룹의 크기만큼 가중치를 달리 부여하여 얻은 평균 값
>
> $$\overline{x} = \frac{\omega_1 \overline{x_1} + \omega_2 \overline{x_2} + ... + \omega_k \overline{x_k}}{\omega_1 + \omega_2 + ... + \omega_k} \quad \frac{\sum\limits_{i=1}^{k} \omega_i \overline{x_i}}{\sum\limits_{i=1}^{k} \omega_i}$$
>
> 여기서 ω은 가중치 혹은 데이터의 크기, i는 1, 2, 3,..., k을 나타낸다.

예제 1 A전자회사의 관리직 직원들의 근무년수를 다음과 같이 조사하였다. 산술평균을 계산하라.

11	12	3	2	5	10	3	6	2	7	7	9	5	1	2
6	8	15	3	8	8	6	9	12	5	8	2	14	8	8

[풀이] $\overline{x} = \dfrac{205}{30} = 6.8$년

예제 2 K기계주식회사의 정밀가공 생산라인별 월별 생산금액을 조사해 본 결과 A생산라인 작업자 20명에 대한 평균생산금액이 900만 원, B생산라인 작업자 15명에 대한 평균생산금액이 1200만 원, C생산라인 작업자 30명에 대한 평균생산금액이 990만 원이

었다. 이 회사의 전체 생산금액을 가중평균으로 계산하라.

[풀이] $\overline{x} = \dfrac{20(900) + 15(1200) + 30(990)}{20 + 15 + 30} = 1010.77(만 원)$

② 기하평균 : G

기하평균(geometric mean)은 기하급수적으로 변화하는 측정치라든가 시간의 경과에 따라 변화하는 **변동율**이나 여러 가지 **비율** 등의 평균계산에 적용되며, 모든 측정치를 곱하여 측정치의 수만큼 제곱근을 구한 것이다. 일반적으로 양(+)인 데이터 경우에 적용되며, 기하평균은 이상치(극단값)의 영향을 받으나 산술평균보다는 작다.

기하평균

$$G = \sqrt[n]{(x_1 \cdot\ x_2 \cdot\ x_n)} = (x_1 \times x_2 \times \cdots \times x_n)^{\frac{1}{n}}$$

예제 3 자본금 5000만 원으로 창업을 하여 2년차에는 자본금의 1.2배, 3년차에는 자본금의 1.8배, 4년차에는 자본금의 2.5배로 증가하였다. 연평균 자본금은 몇 배 증가하였는지를 구하라.

[풀이] $G = \sqrt[3]{1.2 \times 1.8 \times 2.5} = (5.4)^{\frac{1}{3}} = 1.75$

③ 조화평균 : H

n개의 데이터 x_1, x_2, x_3, …, x_n이 있을 때, 데이터 수 n을 이 측정치들의 역수의 합으로 나누어서 얻은 값을 **조화평균**(harmonic mean)이라 한다. 즉, 각 데이터 **역수의 산술평균의 역수**'를 말한다. 또한 조화평균은 이상치(극단값)의 영향을 받으며. 시간적으로 변하는 변량 즉, **평균속도**라든지 상품의 **평균가격** 등을 구하는 경우의 단위당 평균을 계산한다.

$$H = \cfrac{1}{\cfrac{1}{n}\sum_{i=1}^{n}\cfrac{1}{x_i}} = \cfrac{n}{\sum_{i=1}^{n}\cfrac{1}{x_i}}$$

이들 평균 간의 관계는 산술평균($\bar{x}$) $\geq$ 기하평균(G) $\geq$ 조화평균(H)으로 된다.

이 조화평균을 일반적으로 단순조화평균(simple harmonic mean)을 말하며 x_i의 측정값이 도수분포로 주어질 때는 다음과 같은 가중조화평균(weighted harmonic mean)으로 정의된다.

가중조화평균

$$H = \cfrac{n}{\sum_{i=1}^{k}\cfrac{f_i}{x_i}} \qquad\qquad 단, \; n = \sum_{i}^{k} f_i$$

예제 4   H물류회사는 서울에서 부산을 왕복하는 데 갈 때는 매 시간당 90km로, 올 때는 매 시간당 80km로 달렸다. 이 화물차가 왕복하는데 평균속력은 얼마인가?

[풀이] $H = \cfrac{2S}{\cfrac{S}{90} + \cfrac{S}{80}} = \cfrac{2}{\cfrac{1}{90} + \cfrac{1}{80}} = 84.746 km/hr$

예제 5   K회사에서 개발한 신모델 승용차를 주행 시험한 결과 국도에서는 1리터당 15km로, 고속도로에서는 1리터당 18km를 달렸다. 이 승용차의 리터당 평균주행거리는 얼마인가? 단 주행거리는 각각 100km으로 한정하였다.

[풀이] $H = \cfrac{200}{\cfrac{100}{15} + \cfrac{100}{18}} = \cfrac{2}{\cfrac{1}{15} + \cfrac{1}{18}} = 16.393 km/L$

예제 6 다음 도수 계열에 대한 가중조화평균 H를 계산하라.

계 급	중앙치 (x_i)	도수(f_i)	$\dfrac{f_i}{x_i}$
0 - 10	5	8	1.60
10 - 20	15	10	0.67
20 - 30	25	14	0.56
30 - 40	35	9	0.26
계		41	3.09

[풀이] 조화평균 $\quad H = \dfrac{\sum f_i}{\sum \left(\dfrac{f_i}{x_i}\right)} = \dfrac{41}{3.09} = 13.27$

④ **절사평균 : TM**

여러 개의 데이터 중에 이상치가 있는 경우 이 수치가 데이터 전체의 평균에 영향을 주어 정확한 평균이 되지 못하므로 전체 데이터를 대표하지 못하는 경우가 생긴다. 이와 같이 이상치의 영향을 최소화하기 위해서 데이터를 크기 순으로 나열한 후 양끝에 위치한 이상치를 제거한 후 평균치를 계산한다. 일반적으로 양쪽 끝에서 절사하는 비율은 5%, 10%, 25% 등이 있다. 이와 같이 일정비율만큼 큰 데이터나 작은 데이터를 각각 절사비율만큼 버린 나머지 데이터로부터 구한 평균을 $\alpha\%$ **절사평균**(trimmed mean : TM) 이라고 한다.

예제 7 다음 데이터는 인근 15개 기업체에 대한 가동률을 조사하였다. 10%의 절사평균을 구하면 얼마인가?

> 72, 100, 89, 75, 86, 80, 95, 10, 88, 96

[풀이] 우선 데이터를 크기 순으로 나열하면 10, 72, 75, 80, 86, 88, 89, 95, 96, 100이 된다. 여기서 $n = 10$, $\alpha = 10\%$ 이므로 $n \times \alpha = 10 \times 0.1 = 1$ 이다. 따라서 1개의 가장 작은 수치와 1개의 가장 큰 수치 10, 100을 제거한 후 평균을 구한다.

절사평균 $\quad TM = \dfrac{72 + 75 + 80 + 86 + 88 + 89 + 95 + 96}{8} = 85.125$

⑤ 평방평균 : Q

평방평균은 측정값들의 제곱을 평균하여 그 제곱근으로 계산되는 대푯값이다. 평방평균은 대푯값으로 사용되는 것보다 산술평균에 대한 분산 또는 표준편차를 계산하는 개념으로 사용된다.

$$Q = \sqrt{\frac{\sum_{i=1}^{n} x_i^2}{n}} = \sqrt{\frac{x_1^2 + x_2^2 + \ldots + x_n^2}{n}}$$

예제 8 다음 데이터에 대한 평방평균을 구하라.

$$3, \quad 5, \quad 7, \quad 7, \quad 8, \quad 8, \quad 9$$

[풀이] $Q = \sqrt{\frac{\sum_{i=1}^{n} x_i^2}{n}} = \sqrt{\frac{3^2 + 5^2 + 7^2 + 7^2 + 8^2 + 8^2 + 9^2}{7}} = 6.98$

분포의 중심위치나 중심화 경향을 나타내는 척도들은 분포의 일반적인 성격을 표현하는 반면, 분포의 상대적 위치를 나타내는 척도들은 어떤 측정치의 다른 데이터들과의 관계를 나타내는 것이다. 여기서는 중위수, 최빈치, 사분위수, 백분위수, Z값 등이 있다.

(나) 중위수($\tilde{x}$: median : Me) : 중앙치

중위수는 자료를 크기 순으로 나열하였을 때 중앙에 위치한 값(50%)으로서, 자료의 수가 홀수 개일 때에는 중앙에 위치한 자료를 말한다. 분포의 모양이 대칭일 경우에는 중위수와 산술평균은 일치하며, 비대칭일 경우에는 중위수가 산술평균이나 최빈치보다 데이터의 대표성을 높일 수 있다.

중위수는 산술평균과 달리 동일 집단 내에 이상치(outlier)라고 할 수 있는 자료가 있어도 평균치에 비하여 이 자료의 영향도는 크지 않는 이점이 있다.

중위수

데이터를 크기 순서로 나열하였을 때 중앙에 위치한 값

$$n \text{이 홀수인 경우} : \quad \tilde{x} = \frac{x_{n+1}}{2}$$

$$n \text{이 짝수인 경우} : \quad \tilde{x} = \frac{x_{n-1} + x_{n+1}}{2}$$

예제 9 다음 데이터들에 대한 중위수를 구하라.

유형	데이터
홀수	5.2 5.3 5.5 5.4 5.1
짝수	5.2 5.3 5.5 5.4 5.1 5.9

[풀이] 자료를 크기 순으로 배열하여, 자료의 수가 홀수일 때는 중앙에 위치한 5.3이 중위수가 된다. 반면, 자료의 수가 짝수일 때는 중앙에 위치한 두 개의 자료를 더해서 2를 나누면 중위수가 된다. 즉, 6개의 자료인 중위수는 5.35가 된다.

이것을 수식으로 표현하면, $\tilde{x} = \frac{5.3 + 5.4}{2} = 5.35$ 가 된다.

유형	데이터	크기순 나열	중위수
홀수	5.2 5.3 5.5 5.4 5.1	5.1 5.2 5.3 5.4 5.5	5.3
짝수	5.2 5.3 5.5 5.4 5.1 5.9	5.1 5.2 5.3 5.4 5.5 5.9	5.35

(다) 최빈치(mode) : 최빈수

최빈치는 관찰된 자료 중에서 가장 자주 나타나는 값을 말하며 가장 쉽게 파악할 수 있는 대푯값이다. 또한 중위수와 같이 데이터에 극단적인 이상치가 있더라도 영향을 받지 않는다. 도수 분포표에서는 분포모양의 꼭대기 부분으로 나타내는 급의 값이 최빈치로 표현되며 좌우 대칭인 분포에서는 일반적으로 대표성을 나타낸다. 최빈치는 경우에 따라 하나도 없거나 둘 이상 존재할 수 도 있다.

예제 10 다음 데이터들에 대한 최빈치를 구하라

유형	데이터	최빈치(답)
1	3, 4, 5, 5, 6, 6, 6, 7, 7, 8, 8, 9, 10	6
2	3, 4, 5, 5, 6, 6, 6, 7, 7, 7, 8, 8, 9, 10	6, 7
3	3, 3, 4, 4, 5, 5, 6, 6, 7, 7, 8, 8, 9, 9	없음

■ 대푯값의 비교

(가) 산술평균($\bar{x}$), 기하평균(G), 조화평균(H)의 관계

① 측정값이 서로 다른 경우 : $\bar{x} > G > H$

② 측정값이 서로 같은 경우 : $\bar{x} = G = H$

(나) 산술평균($\bar{x}$), 중위수(M_e), 최빈치(M_o)의 관계

① 좌우 대칭인 분포의 경우 : $\bar{x} = M_e = M_o$

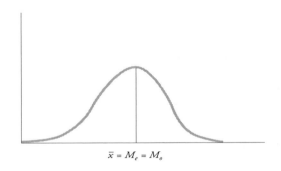

$$\bar{x} = M_e = M_o$$

② 오른쪽 꼬리 분포(skewed right)의 경우 : $M_o < M_e < \overline{x}$

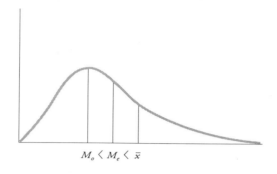

$$M_o < M_e < \overline{x}$$

③ 왼쪽꼬리 분포(skewed left)의 경우 : $\overline{x} < M_e < M_o$

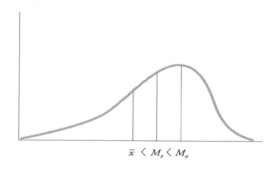

$$\overline{x} < M_e < M_o$$

(2) 분포의 산포도

산포도는 데이터의 흩어짐을 수량적으로 나타내는 것으로써, 분포 폭의 정도를 말한다. 즉, 산포의 정도는 평균값을 중심으로 어떻게 분포되어 있는가를 나타내는 측도이다. 여기에는 **절대적 산포도**를 나타내는 편차, 편차제곱의 합(변동), 분산, 표준편차, 평균편차, 범위, 사분편차 등과 **상대적 산포도**를 나타내는 변동계수, 사분위편차계수, 평균편차계수 등이 있다.

(가) 편차

먼저, 편차제곱의 합을 설명하기 전에 "편차"란 무엇인지 그 개념을 정확히 알아야 한다. "**편차**"란 각각의 측정치 x_i와 평균치 x부터의 차이 $(x_i - \overline{x})$를 말한다. [그림 1-1]과 같이 편차는 평균치(x)를 중심으로 (+)편차와 (−)편차의 양쪽으로 산포되기 때문에 결국 편차들의 합은 0이 된다. 즉 $\sum(x_i - \overline{x}) = 0$이 되므로 산포의 측도로 직접 사용하지 않는다.

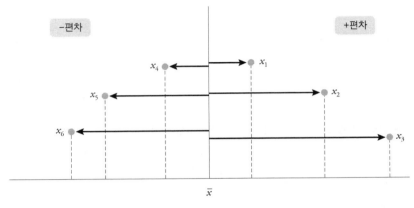

[그림 1-1] 편차

(나) (편차)제곱합, 변동 : S or SS

앞서 설명한 바와 같이 "편차"란 각각의 측정치 x_i와 평균치 $\overline{x}$와의 차이$(x_i - \overline{x})$를 말한다. 결국 편차들의 합은 0이 된다. 즉 $\sum(x_i - \overline{x}) = 0$이 되므로 이를 제곱하여 전환한 형태가 **(편차) 제곱의 합, 변동**이 된다.

(편차)제곱 합의 식을 유도하면

$$\sum(x_i - \overline{x})^2 = \sum(x_i^2 - 2x_i \cdot \overline{x} + \overline{x^2})$$
$$= \sum x_i^2 - 2\overline{x} \cdot \sum x_i + n\overline{x^2}$$
$$= \sum x_i^2 - 2\left(\frac{\sum x_i}{n}\right)\sum x_i + n\left(\frac{\sum x_i}{n}\right)^2$$
$$S = \sum x_i^2 - \frac{(\sum x_i)^2}{n}$$

단, 여기서 $\overline{x} = \dfrac{\sum x_i}{n}$, $\sum x_i = nx$ 이다.

(편차)제곱합의 공식 일부의 $\dfrac{(\sum x_i)^2}{n}$ 은 수정항(correction form)이라 하며 CF 혹은 CT로 나타낸다.

(편차)제곱합, 변동

$$S = \sum x_i^2 - \frac{(\sum x_i)^2}{n}$$

(다) 분산(s²)

(편차)제곱의 합을 데이터의 수만큼 나눈 것을 **분산**이라고 하며, 이것은 편차합이 0이 되는 것을 방지하기 위한 방법으로 편차합에 제곱한 값의 평균을 이용하여 산포도를 측정할 수 있다. 이 (편차)제곱합을 평균한 것이 분산이며 데이터의 산포도를 나타내는 통계량이다. 특히, (편차)제곱 합을 자유도(ν)로 나눈 것을 표본분산 또는 불편분산(unbiased variance)이라 한다.

분산

$$s^2 = V = \frac{S}{\nu} = \frac{S}{n-1}$$

이 분산 s^2는 모집단의 분산 σ^2을 추정하는 데 사용한다. (불편추정량)

본 교재에서는 자유도 $n-1$을 ν(nu)라고 부르며, 다양한 공식에 적용한다. 자유도란 $x_i - \overline{x}$(편차)들의 독립적인 개수를 의미한다. 즉, n개의 표본의 수가 있을 때 편차의 합 $\sum (x_i - \overline{x})$은 항상 0이 되어서 이를 제외한 나머지 편차개수 $n-1$개 자료를 자유롭게 독립적인 변화를 할 수 있다.

모집단에 대한 모수에 대한 추정을 할 경우 변동을 n(표본 수)으로 나누는 것보다 $n-1$(자유도)로 나누면 일반적으로 더 정확한 추정이 가능하다. 왜냐하면, 이 표본분산은 모수 σ^2의 불편추정량(unbiased estimation)이기 때문이다.

(라) 표준편차(s)

분산을 양의 제곱근으로 씌운 것을 **표준편차** 혹은 **불편분산 제곱근**라고 하는데, 이것은 데이터 1개당 산포의 평균치를 나타내는 통계량이다. 분산을 통하여 표준편차를 구하는 것은 사용한 데이터와 동일한 단위로 변환시키며 오차도 작아져서 보다 정확한 산포도를 구한다. 이 표준편차는 모집단의 표준편차 σ을 추정하는 데 사용한다.

$$s = \sqrt{V} = \sqrt{\frac{S}{\nu}} = \sqrt{\frac{S}{n-1}}$$

(마) 평균의 표준오차(SE)

표본평균의 표준오차(standard error of mean)는 표준편차를 표본크기의 제곱근으로 나눈 값으로 표준편차의 평균을 의미한다. 표준오차는 표본평균이 모집단의 평균을 추정할 때 $\sigma_{\overline{x}}$가 표준오차를 측정한다. 평균의 표준오차는 표본크기 n이 커질수록 작아지며, 모집단의 크기 N과 표본크기 n이 같으면 평균의 표준오차는 0이 된다.

$$SE = \frac{s}{\sqrt{n}}$$

(바) 범위(R : range)

일련의 데이터 중에서 최대치와 최소치와의 차이를 말한다. 이것은 산포를 나타내는 척도로서 제일 간단하게 사용하나 이상치에 영향을 많이 받으므로 불안정한 산포도이다.

범위

$$R = x_{\max} - x_{\min}$$

(사) 평균절대편차(MAD : mean absolute deviation)

평균(절대)편차는 각각의 데이터와 평균과의 차에 대한 절대값에 대한 평균을 말한다.

평균절대편차

$$MAD = \frac{\sum_{i=1}^{n} |x_i - \overline{x}|}{n}$$

예제 11 다음 데이터는 표본으로 추출된 10명의 직원들에 대한 IQ 테스트 결과이다. 산술평균, 변동, 분산, 표준편차, 평균의 표준오차, 범위, 평균절대편차를 계산하라.

| 120, | 135, | 155, | 110, | 131, | 122, | 129, | 104, | 116, | 114 |

[풀이] ① 산술평균 $\overline{x} = \dfrac{1236}{10} = 123.6$

② 변동 $S = 154,704 - \dfrac{1236^2}{10} = 1,934.4$

③ 분산 $s^2 = V = \dfrac{S}{\nu} = \dfrac{1,934.4}{9} = 214.933$

④ 표준편차 $s = \sqrt{V} = \sqrt{\dfrac{S}{\nu}} = \sqrt{\dfrac{1,934.4}{9}} = 14.66$

⑤ 평균의 표준오차 $SE = \dfrac{s}{\sqrt{n}} = \dfrac{14.66}{\sqrt{10}} = 4.636$

⑥ 범위 $R = x_{\max} - x_{\min} = 155 - 104 = 51$

⑦ $MAD =$

$$\frac{|3.6 + 11.4 + 31.4 + 13.6 + 7.4 + 1.6 + 5.4 + 19.6 + 7.6 + 9.6|}{10} = 11.06$$

(자) 변동계수(coefficient of variation)(CV)

변동계수란 **표준편차계수** 혹은 **변이계수**라고도 한다. 변동계수는 표준편차를 평균치로 나눈 상대적 크기를 말하며, 이는 평균에 대한 표준편차의 비율(%)이다.

이는 산포를 상대적으로 나타내기 때문에 측정단위가 다른 두 집단의 데이터나 평균의 차이가 큰 두 로트의 경우 표준편차만 비교하는 것이 문제이다. 이런 경우에는 절대적 측정치보다 평균을 고려한 상대적 산포도를 비교하는 데 사용한다.

변동계수

$$CV = \frac{s}{x} \times 100 = \frac{표준편차}{평균} \times 100$$

예제 12 다음 자료는 최근 2개월 동안 투자하고자 하는 두 개의 IT기업에 대한 주가의 변동을 조사하였다. 어느 회사에 투자하는 것이 안전한지를 두 기업체의 산포도를 비교, 분석하라.

A회사	5.6	5.5	5.8	5.0	4.8	5.1	4.9	5.3	4.7
B회사	66.2	75.7	70.0	68.3	72.9	78.1	67.5	70.5	78.4

[풀이] A회사는 평균 5.189, 표준편차 0.382이며, B회사는 평균 71.956, 표준편차 4.561이 된다.

A회사의 변동계수 $CV = \dfrac{0.382}{5.189} \times 100 = 7.362\%$

B회사의 변동계수 $CV = \dfrac{4.561}{71.956} \times 100 = 6.339\%$

따라서, 표준편차만을 고려하면 A회사가 덜 위험하지만, 변동계수를 고려하면 B회사가 더 안전하다고 볼 수 있다.

(차) 상대분산(relative variance) $(CV)^2$: 변동계수의 제곱

상대분산

$$(CV)^2 = \left(\frac{s}{x}\right)^2 \times 100 = \left(\frac{\text{표준편차}}{\text{평균}}\right)^2 \times 100$$

01 다음 자료는 C사의 품질특성 중 하나인 인장강도를 측정한 것이다. 다음 물음에 따라 기술통계량을 계산하라.

195	199	211	203	198	192	201	207	255	281
210	204	213	202	222	214	220	210	210	198
208	189	195	197	205	225	203	204	207	215
234	221	302	245	273	234	267	243	188	240
176	205	309	281	258	221	189	289	267	270

① 시료평균(산술평균)

② (편차)제곱의 합

③ 분산

④ 표준편차

⑤ 평균의 표준오차

⑥ 범위

⑦ 변동계수(변이계수)

02 다음 자료의 중위수와 산술평균을 구하라.

| 10, | 30, | 80, | 50, | 40, | 90, | 73, | 45, | 60, | 20 |

03 A사의 1/4분기 판매실적은 다음과 같다. 이 제품의 평균 가격은 얼마인가?

등급	판매가격	판매수량
1	8,000	200
2	10,000	330
3	3,000	220

04 서울과 수원 두 지점을 행군하는데 갈 때에는 매시간 5km로 걷고 올 때에는 매시간 4km 로 걸었다. 이 두 지점을 왕복 행군하는데 매시간 평균속도는 얼마인가?

05 다음 남자 직원과 여자 직원의 임금을 조사하였다. 두 집단의 산포도를 비교하기 위해서 각각의 변동계수를 계산하고 그 결과를 설명하라. (단위 : 만 원)

집단	임금평균	표준편차
남자 직원	300	6
여자 직원	200	3

06 다음 도수분포표에서 산술평균은?

구간	중앙치	빈도수
0~10	5	6
10~20	15	8
20~30	25	14
30~40	35	9
40~50	45	5
계	-	42

07 다음 데이터에 대한 조화평균과 중위수를 구하라.

| 4, | 3, | 5, | 6, | 9, | 2, | 10 |

08 다음 데이터를 가지고 기하평균을 구하라.

| 4, | 5, | 6, | 9, | 10, | 13, | 16 |

QC 7가지 수법

현장에서 작업자나 감독자들이 품질관리 활동을 전개하는데 기본적인 품질관리 수법으로 QC 7가지 도구(tool)를 흔히 사용하고 있다. 이는 군인이 전쟁터에 나갈 때처럼 총기류나 관련 장비를 휴대하여 사용하는 것과 같다. 따라서 QC활동을 효율적으로 수행하기 위한 QC 7가지 도구는 생산 현장뿐만 아니라 사무부문의 관리개선에도 도움을 줄 수 있다는 점에서 이의 수법들을 정확하게 이해하고 그 다음 활용하여야 한다.

◆ QC 7가지 수법(도구)라 함은
① 층별(Stratification)
② 파레토그림(Pareto diagram)
③ 산점도(Scatter diagram)
④ 특성요인도(Cause & effects diagram)
⑤ 체크시트(Check sheet)
⑥ 히스토그램(Histogram)
⑦ 그래프(Graph) 및 관리도(Control chart) 등으로 분류한다.

1. 층별(Stratification)

1.1 층별의 정의

층별이라 함은 모든 현상을 정확하게 파악하고자 끼리끼리 분류하는 것을 말한다. 즉 목적하는 재료별, 기계별, 시간대별 및 작업자별로 구분함으로써 불필요한 정보의 혼입을 막고자 하는 행위를 말한다. 층별 방법에 따라서 조처의 적합성 여부가 결정된다.

특히, 공정을 흐르게 하는 방식, 샘플링방식 및 데이터의 처리에 있어서 층별은 매우 중요하다. 따라서 층별이라는 것은 어떻게 보면 QC 7가지 도구라고 하기보다 오히려 데이터처리의 기본적인 개념으로 이해할 수 있다.

1.2 층별의 방법

(1) 층별 대상의 구분을 명확히 한다.

알고자 하는 집단의 성격을 목적한 바에 의거 구분하고 특히 품질특성의 요인과 Lot 구성의 한계성을 명확히 해야 한다. 품질특성 중에서 여러 가지 요인 즉, 외관, 치수 외 물리적 특성 및 화학적 특성에 의한 요인들의 구분이 필요하고 '층별 대상의 범위는 어느 정도인가?' 'Lot의 구성은 어떻게 할 것인가?' 하는 범위를 명확히 하는 것이다.

(2) 여러 가지 요인으로 층별한다.

산포의 원인에는 여러 가지가 있으므로 어떤 원인이 크게 작용하는지 추측되는 요인으로 전체품질을 다양한 집단으로 구분한다.

층별대상이 되는 항목을 예를 들면 여러 가지가 있다.

① 작업자별 : 숙련의 정도, 성별(남/녀), 연령의 정도, 근무년수 정도 등

② 기계설비별 : 기계별, 자동화수준별. 금형, 치공구별 등

③ 재료별 : 입고 로트 구성별, 제조처별, 재료성분별 등

④ 작업방법별 : 온도, 압력, Seasoning시간, 작업속도 등의 작업조건

⑤ 시간별 : 날짜, 오전, 오후, 업무교대별, 계절별, 월별 등

⑥ 측정계측기별 : 일반계측기, 정밀계측기, 시험기별 등의 측정 및 검사관련 등

(3) 품질과 요인과의 대응이 된 데이터가 있어야 한다.

여러 가지 요인으로 층별 하려면 품질을 나타내는 데이터에 대응된 요인(원인)의 기록이 있어야 한다. 산포의 원인을 구명하려면 원인이라고 생각되는 것을 품질 데이터와 대응시켜서 명확히 파악해 두어야 한다.

(4) 품질분포는 동일한 비교방법으로 정리한다.

품질은 분포를 가진 데이터로서 표시된다. 이러한 데이터는 서로 비교하기 쉬운 형태로 정리하여 두지 않으면 층별의 효과를 올릴 수 없다.

데이터를 정리하는 방법은

① 도수표, 히스토그램으로 정리한다.

② 평균치와 표준편차로 표시한다.

③ 관리도 등으로 표시하는 방법이 있는데, 히스토그램을 이용하는 방법이 가장 편리
하다. 또, 전체 품질과 층별된 작은 그룹의 품질은 같은 방법으로 정리해 두어야
한다. 서로 다른 방법으로 정리한 데이터는 서로 비교할 수 없기 때문이다.

2. 파레토그림(Pareto diagram)

2.1 파레토그림의 정의

파레토그림은 이탈리아 경제학자인 Pareto(1848~1923)가 국민소득 분배형태를 인구와
대비하여 국민의 수입이 낮을수록 분배형태가 높고, 반대로 국민의 수입이 높을수록 분
배형태가 낮게 차지하고 있다는 사실을 곡선으로 표시하여 이를 파레토그림이라고 불
렀다. 이러한 파레토그림의 개념을 품질관리분야에 응용한 사람은 미국의 품질관리 학
자인 Juran 박사이다.

작업현장에는 불량, 고장, 결함 등 부적합사항이 존재하게 된다. 이러한 사항에 대한
개선의 대상으로 무언가 조처를 취해야 한다.

파레토그림이란 데이터를 항목별로 분류해서 크기 순서로 나열한 그림이다. 이는
'어떤 항목이 높은 비율을 차지하는가' '이 항목은 전체 어느 정도 영향을 미치는가'를
파악하여 문제해결의 우선순위를 결정하고 중점관리항목을 설정하는데 유효한 수법이
된다.

파레토그림의 원칙은 Vital few, trivial many(사소한 문제점은 많으나, 치명적인 문제점은 얼
마 되지 않는다)라고 한다면 '우선순위에 의한 문제대상 선정과 중점관리'라는 것을 통하
여 문제해결을 개선할 수 있다.

2.2 파레토그림의 용도

(1) 문제가 어디에 있는가?

많은 분류항목이 있어도 큰 영향을 주고 있는 것은 2~3 항목이다. 즉 'Trivial many, vital few'라는 원칙이라면 어느 항목이 문제점인지 파악할 수 있다.

(2) 중점관리 차원에서

분류항목을 대별하면 2종류가 있다.
① 결과(특성)의 분류 : 불량항목별, 고장유형별, 공정별 등
② 원인(요인)의 분류 : 기계별, 작업자별, 재료별, 작업방법별 등 분류 결과에 의해 문제점을 중점관리 차원에서 선정하고 대책을 수립하기 위해서 파레토그림을 그린다.

(3) 보고나 기록에 사용

현상 데이터만 가지고 분류항목별 영향을 쉽게 파악하기 힘드나 파레토그림의 작성을 통해서 그 내용을 명확하게 알 수 있다. 특히 개선 전, 후의 파레토그림을 비교하여 보면 효과의 정도를 용이하게 알 수 있다.

2.3 파레토그림의 작성순서

[순서 1] 데이터의 분류항목을 정한다.
① 결과(특성)의 분류 : 불량항목별, 고장유형별, 공정별 등
② 원인(요인)의 분류 : 기계별, 작업자별, 재료별, 작업방법별 등

[순서 2] 기간을 정해서 데이터를 수집한다.
이는 현장에서 작성하는 각종 작업일지나 불량기록일지, 고장(수리)일보 및 업무일지 등을 통하여 실질적인 데이터를 확보하는 것이 중요하다.

[순서 3] 다음 [표 2-1]과 같이 분류항목별 데이터를 집계한다.

① 데이터 sheet에는 분류항목별 데이터수가 큰 것부터 차례로 기록한다.

② 영향이 적은 여러 항목을 묶어서 '기타' 항목으로 하고 분류항목 순서 맨 밑에 기록한다.

③ 분류항목 전체의 데이터 수를 100%로 보고 해당 분류항목별 데이터 수를 비율(%)로 계산한다.

[표 2-1] 도장공정에서의 불량 데이터 sheet

불량항목	불량 건수	비율(%)	누적수량	누적비율(%)
흠집	18	36		
광택	11	22		
깨짐	6	12		
접착	5	10		
기타	10	20		
합계	50	100		

[순서 4] 다음 [표 2-2]와 같이 분류항목별 누적수를 구하고, 전체 데이터에 대한 누적비율(%)을 계산한다.

[표 2-2] 도장공정에서의 불량 데이터 sheet

불량항목	불량 건수	비율(%)	누적수량	누적비율(%)
흠집	18	36	18	36
광택	11	22	29	58
깨짐	6	12	35	70
접착	5	10	40	80
기타	10	20	50	100
합계	50	100		

[순서 5] 다음 [그림 2-1]과 같이 그래프용지에 세로축 좌측에는 데이터수의 눈금을, 우측에는 비율(%)을 기록하고 가로축에는 분류항목을 적는다. 가능한, 세로축과 가로축의 길이는 같도록 한다. (정사각형)

[순서 6] 데이터의 막대그래프를 그린다.

[순서 7] 데이터의 누적수를 꺾은선으로 기입한다.

[순서 8] 데이터 수집기간, 기록자, 목적 등을 기입한다.

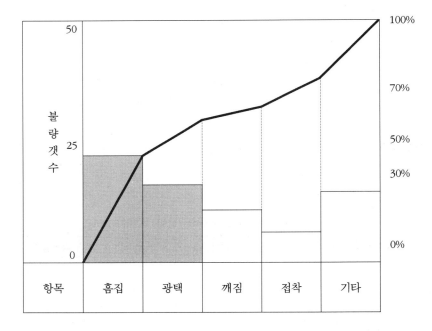

주) 세로축에는 불량개수, 손실금액, 손실공수, 결점개수 등을 표시.
　　가로축에는 해당 분류항목의 구체적인 내용을 표시.
　　"기타" 항목은 분류항목별 우측 끝에 그린다.

[그림 2-1] 파레토그림의 작성예시

2.4 파레토그림 데이터의 유형

(1) 품질

① 손실금액, 불량건수(결과에 의한 분류) : 불량항목별, 불량장소별, 발생공정별
② 손실금액, 불량건수(원인에 의한 분류) : 기계장치별, 작업자별, 원료별, 작업 방법별
③ 클레임건수, 불만건수, 수리건수, 손실금액, A/S건수

(2) 시간

① 작업소요공수, 손실공수 : 공정별, 단위작업별, 공장별
② 기계장치별, 고장시간(가동시간)

(3) 안전

① 재해건수 : 공정별, 시간대별, 직종별, 인체부위별, 재해유형별

(4) 원가

① 부품원가 ,공정별 제조원가, 제품제조원가, 제품별 관리비용

(5) 영업

① 상품판매량, 판매금액 : 영업소별, 개인별, 월별

3. 산점도(Scatter diagram)

3.1 산점도의 정의

산점도란 보통 두 개의 데이터의 관계를 나타낸 것으로 개선하여야 하는 특성과 요인과의 관계를 파악하기 위해, 서로 대응하는 2종류의 데이터를 가로축과 세로축에 잡아

서 타점한 그림이다.

① 특성과 요인과의 관계

② 어떤 특성(결과)와 다른 특성과의 관계

③ 어떤 요인과 다른 요인과의 관계

3.2 산점도 작성의 예시

① 원료의 순도와 제품의 수율

② 철선의 흑연량과 제품의 항장력

③ 조명의 밝기와 일의 능률

④ QC분임조 회합시간과 효과금액

⑤ 제철공장의 전력 원단위와 증기 원단위

⑥ 강재의 인장강도와 경도

⑦ 제품의 클레임율과 손실율

⑧ 제안건수와 QC분임조 주제완료건수

⑨ 사람의 연령과 폐활량

⑩ 재해발생율과 근무년수

3.3 산점도 작성목적

대응하는 2종류의 데이터에 대하여 그 산포된 상태를 보고

① 관계가 있는가, 없는가?

② 관계가 있다면 어떤 특성치를 규격치의 범위에 넣기 위해서는 요인을 어떤 값으로
   조절하면 좋은가를 조사하는데 사용한다.

③ 서로 대응하는 데이터란 예를 들면, 도금시간과 도금 두께, 원료의 순도와 제품의
   수율, 근무년수와 급여, 강제의 인장강도와 경도 등의 관계가 있는 것을 대응관계
   라고 한다.

3.4 산점도 작성방법

[순서 1] 기간을 정해서 대응하는 데이터를 모은다. 데이터 수는 최소한 30개 이상이
어야 좋다.

[순서 2] 그래프용지에 세로와 가로축을 기입하고 각각의 눈금을 넣는다.
① 세로와 가로축 길이를 가능한 같도록 한다.
② 데이터 x, y의 각각최대치와 최소치를 구한다.
③ 가로축에는 좌에서 우측으로, 데이터가 작은 것부터 큰 수치값을 부여한다.
　세로축에는 밑에서 위쪽으로 작은 것부터 큰 수치값을 부여한다.

[순서 3] 데이터를 타점한다.
① 가로축과 세로축의 데이터가 교차하는 점을 타점한다.
② 같은 데이터가 두 개 겹치는 경우는 ◉, 셋이면 ◎으로 한다.

[순서 4] 필요사항을 기입한다.
데이터 수, 수집기간, 목적, 제품명, 공정명, 작성부서, 작성자, 작성일자 등을 여백에
기입한다.

3.5 산점도 판독방법

(1) 상관관계의 정도

대응하는 2종류 이상의 요인이나 특성 사이에 직선적인 관계가 있을 때 '상관이 있다'
고 말하며 이것을 산점도 위에 흩어져 있는 점의 모양에 따라 상관의 유무나 정도 등을
알아낼 수 있다.

상관에는 x축의 값이 증가함에 따라 y축의 값이 증가하는 정(양)상관과, x축의 값
이 증가하면 y축의 값이 감소하는 부(음)상관이 있다.

① 강한 정(양)상관

[그림 2-2]는 x가 증가하면 y도 증가하는 경향 뚜렷하며 점의 산포상태가 직선에 따라 몰리는 경우이다. 이런 경우는 x를 바르게 관리하면 y도 관리할 수 있다.

② 약한 정(양)상관

[그림 2-3]은 x가 증가하면 대체적으로 y도 증가하는 정상관의 정도가 약한 경우이다. 산포의 모양이 일직선이 아닌 것은 y의 값이 x 이외에도 영향을 받고 있다고 볼 수 있다. 이런 경우에는 x 이외의 요인도 찾아 관리할 필요가 있다.

③ 상관이 없다(무상관, 영상관)

[그림 2-4]는 x가 증가해도 y에는 영향이 없으므로 x와 y는 상관관계가 없다고 판단한다. 점의 산포상태는 대체로 원모양에 가깝게 나타난다.

④ 강한 음(역, 부)상관

[그림 2-5]는 x가 감소하면 y가 비례적으로 증가하는 경향이 있으며 뚜렷한 음상관이 있는 경우이다. 이런 경우는 x를 바르게 관리하면 y도 관리할 수 있다.

⑤ 약한 음(역, 부)상관

[그림 2-6]은 x가 감소(증가)하면 대체로 y는 증가(감소)하는 음상관의 정도가 비교적 약한 경우이다. 이미 기술한 ②의 경우와 마찬가지로 y 이외의 요인을 찾아서 관리할 필요가 있다.

⑥ 직선적이 아닌 관계가 있는 경우

[그림 2-7]은 초기에는 역상관 관계를 유지하다가 일정시간이 지난 후 상관관계가 바뀌는 형태로 직선적인 관계가 아닌 경우이다.

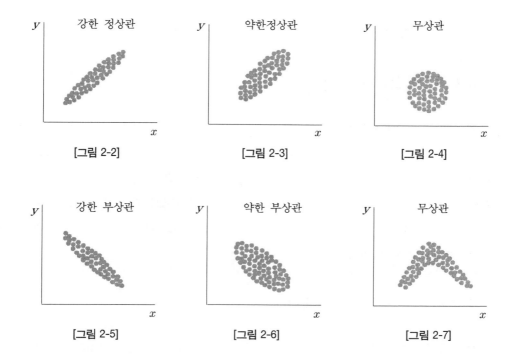

| [그림 2-2] | [그림 2-3] | [그림 2-4] |

(2) 이상한 타점의 유무

산점도 위에 타점 된 점 중에서 동떨어진 이상한 점이 있는지 조사한다. 이상한 점은 대부분의 경우 작업방법이나 작업자 또는 재료가 바뀌는 등 작업조건의 변경 및 측정의 잘못으로 생기는 일이 많다. 원인이 판명되고 조처가 완료되었다면 그 점을 제외하고 만약 원인을 알 수 없으며 그 점을 포함해서 판단하여야 한다.

(3) 층별 필요성의 유무

전체를 보아서는 상관이 없지만 층별을 해보면 상관이 있는 경우, 또 반대로 전체로 보아서는 상관이 있지만 층별하여 보면 상관이 없는 경우도 있다.

4. 특성요인도(Cause & effect diagram)

4.1 특성요인도의 정의

특성요인도는 1953년 일본의 石川(Isikawa Kaoru)교수가 일본의 Kawashi제철소에서 품질관리를 지도할 때 고안한 것으로 이를 Isikawa diagram, Characteristics diagram, Cause & effectdiagram이라고 하며, 모든 일의 현상에는 결과(제품의 특성)에 의한 원인(요인)이 어떻게 관계하고 있으며 어떤 요인이 영향을 주고 있는가를 한눈으로 볼 수 있도록 작성한 그림이라고 한다. 특히 이 그림을 생선뼈 모양과 비슷하다고 하여 Fish bone diagram이라고 한다.

4.2 특성과 요인의 용어해설

(1) 특성 : 일의 결과 또는 공정에서 생겨나는 결과, 즉 개선 또는 관리하려는 문제

  예) ① 품질 : 외관, 치수, 순도, 함수율(%), 인장강도, 경도, 클레임 등

  ② 코스트 : 가공비, 노무비, 잔업시간, 광고비 등

  ③ 양(납기) : 생산량, 출하량, 가동률

  ④ 안전 : 사고건수, 재해율, 위험건수

  ⑤ 사기(Moral) : 출근율, 분임조 및 제안건수

(2) 요인 : 여러 원인 중에서 결과(특성)에 영향을 미치는 것으로 인정되는 것

  일반적으로 생산 공정에서는 4M(사람, 설비, 자재, 방법)을 기준으로 설정 하나 경우에 따라서 얼마든지 해당된다고 판단되는 요인을 상황에 따라 설정할 수 있다.

4.3 특성요인도의 명칭

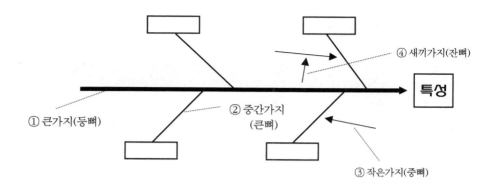

④ 새끼가지(잔뼈)

특성

① 큰가지(등뼈)

② 중간가지
(큰뼈)

③ 작은가지(중뼈)

4.4 특성요인도의 사용목적

부적합한 일을 포함한 모든 일의 결과에는 대개 여러 가지의 원인들이 복잡하게 얽혀 있기에 이런 상황을 요인별 大, 中, 小 등으로 분류함으로써 문제를 정리하고 요인별 미치는 영향력을 심도 있게 파악하여 근본적인 대책추구가 가능하도록 한다.

① 문제정리
② 원인 추구
③ 대책 추구

4.5 특성요인도 작성순서

[순서 1] 문제로 삼고있는 특성을 정한다.

[순서 2] 특성과 큰 가지를 그린다. 먼저, 특성을 오른쪽에 적고, 왼쪽에서 오른쪽으로 큰 가지가 되는 굵은 화살표를 그린다. 통상, 특성을 오른쪽에 적는 것이 습관화되어 있다.

[순서 3] 중간 가지의 요인을 적는다. 특성에 영향을 미친다고 생각되는 큰 요인을 중간가지에 적어 넣고 □□□으로 둘러싼다. 가능한, 정리가 될 수 있는 작업이나 공정을 4M을 중간가지로 하되 중간 가지수는 4~5개 정도로 한다. 특히,

특성요인도 작성 시에는 관련되는 다수 인원의 지식이나 경험을 모으도록 한다. 이때 브레인스토밍(Brain storming)법이나 KJ법의 사고방식을 활용하여 작성하면 효율적이다.

브레인 스토밍 4가지 원칙

① 남의 의견에 대해 절대로 비판하지 않는다.
② 되도록 많은 의견을 낸다.
③ 자유 분망하게 의견을 낸다.
④ 남의 의견도 참고로 한다

KJ법

어떤 문제에 관한 아이디어를 출석한 멤버들에게 카드를 제출토록 하여 유사한 내용끼리 그룹별로 나눔으로써 문제에 대한 해결책을 찾는다든지, 아이디어를 결집시키는 수법이다.

[순서 4] 요인의 그룹마다 보다 작은 요인을 작은 가지에 적어 넣는다. 필요하면 작은 가지를 향해서 새끼가지를 적어 넣는다. 작은가지는 3~5개 정도로 한다.

[순서 5] 영향이 크다고 생각되는 요인에 표시를 한다. 요인 중에서 특히, 큰 영향을 미치고 있는 것으로 생각되는 요인에 ○표를 한다.

[순서 6] 특성요인도를 작성한 목적, 시기, 작성자 등을 기입한다.

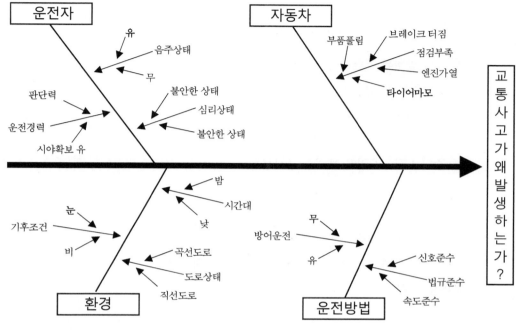

[그림 2-8] **특성요인도의 작성사례**

4.6 특성요인도의 작성예시

(1) 문제분석형 - 원인추구형

① A라는 외주업체의 납품불량률이 왜 높은가

② 한국사람은 왜 아직까지 노벨상을 받지 못했는가

③ 우리나라 영화가 왜 국제 무대에 진출하기가 힘드는가

④ 지구의 환경오염이 왜 점점 심해지는가

⑤ 호주는 왜 피부암이 다른 국가에 비해 높은가

⑥ 남가가 왜 여자보다 수명이 짧은가

⑦ A공정은 공정불량률이 왜 높은가

⑧ 초등학생들의 체력이 왜 뒤지는가

⑨ 우리나라 전자제품이 일본에서 인기가 없는 이유는

(2) 문제대책형 - 전략 수립형

① 도금 공정의 불량률을 줄이기 위해서는

② 인기있는 드라마를 만들기 위해서는

③ 한국 김치를 국제화하기 위해서는

④ 한국대학이 일류대학으로 도약하기 위해서는

⑤ 즐거운 학교생활을 보내기 위해서는

⑥ 환경오염을 줄이기 위해서는

⑦ 인간의 수명을 연장하기 위해서는

⑧ 작업자의 기능을 향상시키기 위해서는

⑨ 한국의 영화를 국제화 수준으로 끌어올리기 위해서는

⑩ 핸드폰의 품질향상을 위해서는

5. 체크시트(Check sheet)

5.1 체크시트 정의

체크시트란 데이터의 사실을 조사, 확인하는 첫 단계로서 불량수, 결점수 등을 셀 수 있는 데이터(계수치라 함)가 분류항목별의 어디에 있는가를 알아보기 쉽게 나타낸 그림, 표이다.

체크시트에는 크게 기록용과 점검용이 있다. 기록용에는 데이터를 몇 개의 항목별로 분류하여 표시할 수 있도록 한 것으로 이 체크시트는 매일 데이터의 기록용지가 됨은 물론 기록이 끝난 뒤에는 데이터 전체가 어느 항목에 집중하여 있는가를 한눈에 알 수 있도록 나타낸다.

점검용 체크시트는 확인해 두고 싶은 것을 나열한 표이다.

또한 파레토그림을 그리기 위하여 데이터를 수집하는 과정에서 이 체크시트가 많이 사용한다.

5.2 체크를 한다는 것은?

① 필요한 일에 대해서 현장에서 현상을 관찰하고, 기록 데이터를 조사한다.
② 정상과 이상을 판정하여 구별한다.
③ 필요한 기록과 정보를 전한다.
④ 이상 시에는 원인을 추구하여 재발방지를 취한다.

5.3 체크를 잘하려면?

① 무엇 때문에 체크하는가(목적을 분명히 한다).
② 체크하는 5W 1H를 분명히 한다(대상, 항목, 방법, 시간, 장소, 책임자, 이유).
③ 체크결과의 기록법, 계산법, 보고의 방식을 명확히 한다.
④ 체크결과의 정보에 의해 조처방법을 명확히 한다.

5.4 체크하는 목적

① 일상관리
• 품질관리 항목체크 : 설비정기점검
• 안전환경점검 : 작업표준 준수점검

② 특별조사
• 재해원인 조사를 위한 체크 : 불량발생원인조사를 위한 체크
• 설비고장 원인조사를 위한 체크 : 개선점발견을 위한 체크

③ 점검기록

5.5 체크시트 작성방법

[순서 1] 데이터의 분류항목을 정한다. 데이터와 분류항목은 특성요인도의 특성과 요인의 관계와 같다. 특히, 점검용 체크시트는 '해두어야 할 일' '조사해 두어야 할 일' 등을 점검 순서대로 항목을 나열한다.

[순서 2] 기록용지의 양식을 정한다. 다음 [그림 2-9]와 같이 표를 사용하는 기록용지는 많은 데이터의 분류항목을 취급할 수 있다. 또한 그림을 사용하는 기록용지는 위치를 분명히 표시할 수 있다.

[순서 3] 데이터를 표시한다. 표시방법은 正, 7HH 표시뿐만 아니라 ○ ● △× 등을 사용하여 한 장의 체크시트에 여러 가지 데이터를 기입할 수 있다.

[순서 4] 체크시트 작성 후 ① 체크목적 ② 체크기간, 일시 ③ 체크자 ④ 체크장소, 공정 ⑤ 체크결과 등을 기록한다.

장치	작업자	월		화		수		목		금		토	
		오전	오후	오전	오후	오전	오후	오전	오후	오전	오후	오전	오후
1호기	A	●● □×	●○ △△	●□ ××	●● ×□□	●● △△	○△ ××	□× ×△	●● △○	● ××	△△ □□	●● ○□	○○ △
	B	●× △	○□	□	○○	○○	●□	●	×		×		
2호기	C	□△	●× ×□	●○ ×□	●× ×△	△△ ×□	×× ○○	△△ ○○	●△ ××	●○ △△	●○ ○○	●× ×△	●× △□
	D	●□	●○	□	□	●	△	●					

〈범례〉 ● 긁힘   ○찍힘   □ 더러움   △ 변색   × 기타

[그림 2-9] 기계별 가공불량 체크시트 사례

6. 히스토그램(Histogram)

6.1 히스토그램의 정의

히스토그램은 계량치의 데이터가 어떠한 분포를 하고 있는가를 쉽게 나타낸 그림이다. 즉, 다루고자 하는 데이터의 값을 가로축으로 잡고 데이터가 있는 범위를 몇몇으로 구분, 그 각각에 들어갈 데이터의 수를 세로축으로 하여 기둥모양처럼 그려 그래프로 만든 것이다.

히스토그램을 작성하면 데이터만으로 파악하기 어려웠던 전체의 모습을 쉽게 알 수가 있고, 특히 데이터의 산포 상태나 치우침도 마찬가지로 쉽게 알 수 있다.

6.2 히스토그램의 목적

품질의 결과치인 데이터는 산포가 발생된다. 품질관리의 기본은 특성에 산포를 주는 원인을 포착해서 이것이 줄어들게 하는 동시에 특성치의 수준을 바람직한 값으로 가져가는데 있다. 그러기 위해서는 특성치에 대해서 그 변동 상태를 올바르게 파악해야 하며, 이 특성치의 변동을 알기 쉽게 바꾸는 것이다.

히스토그램의 작성목적을 요약하면 ① 공정능력을 파악 ② 모집단의 분포의 모습을 파악 ③ 규격과 비교함으로써 공정해석이나 관리에 이용할 수 있다는 것 등이다.

6.3 히스토그램의 용어해설

히스토그램의 용어해설은 히스토그램 작성 그 자체를 마치 시공업자가 집을 지을 때의 상황을 연상하면서 해설한다.

① 품질특성 : 품질평가의 대상이 되는 표적, 물품 특유의 성질
② 분포 : 측정치가 흩어져 있는 모양
③ 구간(Class) : 하나하나의 기둥, 데이터를 몇 개로 구분했을 때의 그 간격
④ 구간의 수 : 기둥의 수

⑤ 구간의 폭 : 기둥의 굵기

⑥ 구간의 경계치 : 기둥과 기둥 사이의 경계의 수치

⑦ 구간의 중심치 : 구간의 중심값, 기둥의 중심값

⑧ 도수분포표 : 측정치가 존재하는 범위를 몇 개의 구간으로 나누어 각 구간에 속하
는 측정치의 출현도수를 기입한 표

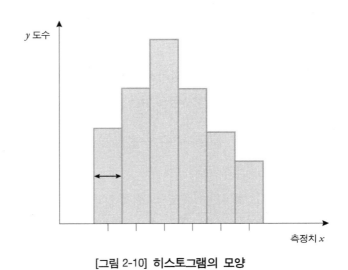

[그림 2-10] 히스토그램의 모양

6.4 히스토그램의 작성방법

[순서 1] 일정기간을 정해서 데이터를 모은다. 데이터의 수는 100개 이상이 좋으나 그
렇지 못한 경우는 최소한 30개 이상은 되어야 데이터의 신뢰성 확보 차원에
서 좋다.

[순서 2] 구간의 수(기둥의 수)를 구한다. 구간의 수를 구하는 방법은 3가지로 구분한
다.

① 표에 의한 방법

[표 2-3] **구간수 결정표**

n	구간의 수
50이하	5 ~ 7
50 ~ 100	6 ~ 10
100 ~250	7 ~ 12
250이상	10 ~ 20

② H.A. Sturges 방법

$$k = 1 + 3.3\log n$$

$$= 1 + \log_2 n = 1 + \frac{\log n}{\log 2}$$

③ $\sqrt{n}$ 방법

[순서 3] 구간의 폭 (기둥의 폭)을 정한다.

① 범위(R) = 최대치 − 최소치

② 구간의폭 $= \dfrac{범위}{구간의수}$

(비고 1) 구간의 폭에 대한 계산치에 대한 수치 맺음법은 자료에 대한 **최소측정 단위의 정수배**로 한다.

(비고 2) **최소측정단위** : 수집된 데이터의 최소 자리수를 말한다.

예 1) 데이터 : 9.4 9.5 9.3 11.1 … 10.2 10.9 : 최소측정단위 : 0.1

예 2) 데이터 : 10 12 15 12 10 … 15 13 : 최소측정단위 : 1

[순서 4] 구간의 경계치(기둥간의 경계치)를 정한다.

제1구간의 아래쪽(하한)경계치 = 최소치 − $\dfrac{최소측정단위}{2}$

[순서 5] 구간의 중앙치(기둥의 중심값)를 구한다.

구간의 중앙치 $= \dfrac{구간 아래쪽경계치 + 구간 위쪽경계치}{2}$

[순서 6] 도수분포표를 만든다.

도수분포표

NO	구간의 경계치	중앙치	체 크	도수(f)	u	fu	fu^2

* 이미 결정된 구간의 수를 기본으로 하되, 최대치가 구간의 경계치에 포함되면 종료함.

	계						

[순서 7] 데이터를 해당 구간의 경계치별 분류하여 체크 (正 , /////)하여 도수를 구한
다.

① 신속, 정확한 체크를 위해서는 이미 체크된 데이터는 연필로 표시하여 혼동이 일
어나지 않도록 하는 것이 중요하다.

② 계급마다 도수를 합하여 총 데이터수를 확인한다.

[순서 8] 히스토그램의 좌표를 기입한다.

① 가로축에는 측정치

② 세로축에는 도수

③ 가로축 눈금은 구간의 중앙치로 기입

[순서 9] 구간(기둥)을 작도한다.

[순서 10] 여백에 데이터 수집기간, 데이터종류, 총데이터수 등의 필요정보를 기입한
다.

예제 1 다음 데이터는 알루미늄 다이케스팅의 내경을 측정한 결과이다. 검사규격이 5.6 ± 0.6(mm)이라고 한다. 주어진 도수분포표를 이용하여 히스토그램을 작성하고 규격을 그려 넣어라.

5.3	5.4	5.5	5.0	5.2	5.3	5.6	5.8	5.0	5.6
4.9	5.1	5.2	5.7	5.9	4.8	5.3	5.1	5.3	5.3
5.5	5.7	4.7	5.3	5.4	5.5	5.3	5.6	5.8	5.6
5.2	5.3	5.4	5.0	5.1	5.2	6.0	5.4	5.1	5.3
4.7	4.9	5.1	5.7	5.9	4.7	5.4	5.5	5.8	5.1

[해설] $N = 50$, $x_{\max} = 6.0$, $x_{\min} = 4.7$이므로

① $k = 1 + 3.3\log N = 1 + 3.3\log 50 = 6.6 \Rightarrow 7$

② $h = \dfrac{x_{\max} - x_{\min}}{7} \fallingdotseq 0.19 \Rightarrow 0.2$

③ 제 1구간의 하한 경계치

$$= x_{\min} - \frac{최소측정단위}{2} = 4.7 - \frac{0.1}{2} = 4.65$$

④ 도수분포표 작성

NO	구간의 경계치	중앙치	체크	f	u	fu	fu²
1	4.65~4.85	4.75	////	4	-3	-12	36
2	4.85~5.05	4.95	丗	5	-2	-10	20
3	5.05~5.25	5.15	丗 丗	10	-1	-10	10
4	5.25~5.45	5.35	丗 丗 ////	14	0	0	0
5	5.45~5.65	5.55	丗 ///	8	1	8	8
6	5..65~5.85	5.75	丗 /	6	2	12	24
7	5.85~6.05	5.95	///	3	3	9	27
합 계				50		13	125

⑤ 히스토그램의 작성

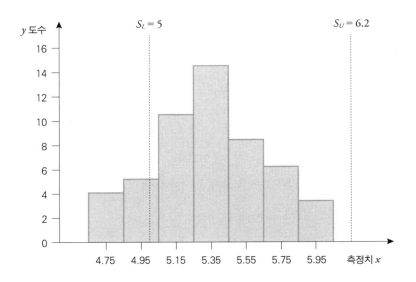

7. 그래프(Graph) 및 관리도

7.1 그래프의 정의

그래프는 많은 데이터를 그림화하여 시각을 통하여 쉽고, 빠르게, 요약하여 전달하는 것이다. 즉, 숫자나 기호문자로 데이터를 보다 알기 쉽게 선, 원, 막대모양으로 그림화한 것을 말한다.

여러 개의 숫자를 나열하고 이것을 그래프로 나타냄으로써 다음과 같은 효과를 얻을 수 있다.

① 이해하기 쉽고, 빠른 정보를 얻을 수 있다.

② 한 데이터로부터 보다 많은 정보를 얻을 수 있다.

③ 필요한 정보를 빠짐없이 취할 수 있다.

④ 비교하기 쉽고, 영향을 알 수 있다.

⑤ 전체의 흐름을 쉽게 파악할 수 있다.

7.2 그래프의 종류

그래프는 그 용도에 따라 설명용, 해설용, 관리용, 계산용 등과 같이 분류할 수 있다. 또, 그 표현내용에 따라 다음과 같이 분류한다.

① 계통도표 (예시: 회사 및 공장조직도)
② 예정도표 (예시: 제안분임조 활동 계획표)
③ 기록도표 (예시: 온습도 관리 체크리스트)
④ 계산도표 (예시: 이항확률지)
⑤ 통계도표 (예시: 막대, 꺾은선, 원그래프)

7.3 그래프 - 통계도표의 작성

통계도표는 통계관찰에 근거한 점의 수, 선의 길이, 막대의 길이, 도형의 면적 등으로 나타낸 것이다 통계도표의, 종류에는 6가지가 있다.

(1) 막대 그래프

일정한 폭의 막대를 나열한 것으로 길이에 의해 수량의 크기를 비교하는 그래프이다. 작성법이 간단하고 보기 쉬우나, 그래프의 균형, 그림 전체의 밸런스를 잡기가 분명하지 않다.

(2) 꺾은선 그래프

일반적으로 시간의 흐름, 추이, 경향 등을 쉽게 표시하는 그래프이다. 즉 시계열적인 상황을 한눈에 알 수 있도록 나타낸다.

(3) 면적 그래프

사물의 크기 비교를 면적으로 나타내는 방법이다. 원형, 직사각형, 정사각형 등이 주로 쓰인다.

(4) 점그래프

점의 Plot을 통하여 산포 상태, 모양을 나타내는 그래프로써 대표적인 것이 산점도가 있다.

(5) 삼각 그래프

세 가지 요소로 구성되어 있는 전체에 대해서 각각의 구성 명세가 어떻게 되어 있는가 나타내는 것으로 정삼각형 내의 점의 위치로 여러 경우를 비교한다.

(6) 그림 그래프

해당 목적 데이터의 그림을 통하여 알기 쉽게 나타내고자 하는 그래프이다.

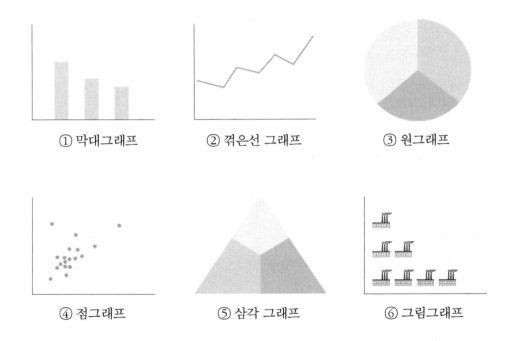

① 막대그래프　　　② 꺾은선 그래프　　　③ 원그래프

④ 점그래프　　　⑤ 삼각 그래프　　　⑥ 그림그래프

7.4 그래프 작성 시 유의사항

① 표제는 반드시 기록하고, 부제는 경우에 따라 기록한다.

② 눈금표시, 눈금숫자, 단위, 항목, 설명문자를 기입한다.

③ 분류항목에 따라 수량의 정도에 따라 그래프화하기 힘든 그런 항목들을 모아서 그래프의 끝에 '기타'로 일괄하여 표시하면 좋다.

④ 데이터의 이력, 해설은 그래프의 공백 부분 또는 그래프의 난 외의 밑부분에 쓴다.

⑤ 그래프에 나타내는 유효숫자는 보통 3자리까지로 한다.

⑥ 그래프는 가능한 상대방의 입장에서 생각하고, 알기 쉽게, 요점만 그리도록 한다.

7.5 레이더 차트(Radar chart)

레이더 차트(Radar chart)는 전파탐지기의 형상처럼 원형내의 각 축의 점유 표시(일반적으로 100을 기준)로 항목별 전체 **균형**을 알 수 있도록 하는 것이다. 예를 들면, 일반적으로 두뇌지능을 추리력, 상상력, 기억력, 이해력, 수리력, 표현력, 감성력 등을 종합적으로 나타낸다면 각각의 능력이 균형을 갖추는 것이 두뇌발달에 도움이 된다면 B군의 두뇌지능에 대해 [그림 2-11]와 같이 표시하여 그 정도를 파악할 수 있다.

(1) 레이더 차트 작성법

① 전체를 대표할 수 있는 각각의 항목이 무엇인지 충분히 나열, 검토한다.

② 각 항목의 축의 길이를 100(혹은 10, 1)으로 보고 해당수치를 단계별로 구분하여 눈금을 표시한다.

③ 구분된 부분에는 단계별로 원모양으로 표시하는 것이 좋다.

④ 해당 항목의 축의 눈금에 데이터의 수치만큼 타점을 하고 이것을 각 점끼리 선으로 연결한다.

⑤ 선의 모양은 정다각형 모양이어야 전체 균형을 갖추었다고 판단한다. 그러나 부분적으로 뾰족한 모서리를 가지고 있다면 균형을 잃었다고 판단한다.

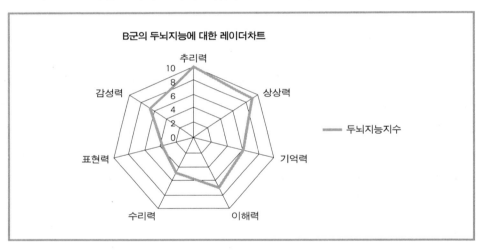

[그림 2-11] 레이더 차트

예제 2 어느 회사의 분임조 활동 결과에 대한 자기평가를 다음과 같이 실시하였다. 분임조 활동 전, 후를 레이더 차트를 작성하라.

NO.	항목	평가내용	개선 전	개선 후
1	참여도	분임조 활동에 적극 참여했는가?	10	10
2	기획력	적절한 활동계획이 수립되었는가?	7	9
3	문제해결력	문제점을 적극적으로 해결하였는가?	6	8
4	수법이해도	활동에 필요한 수법을 잘 이해하는가?	5	7
5	협동력	활동 중 상호 간 협동을 하였는가?	6	9
6	만족도	활동 결과에 대한 만족도는?	6	8
		계	40	51

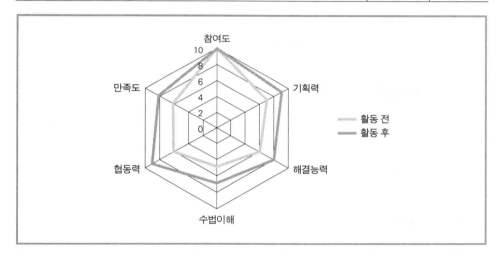

도표나 그래프를 이용한 자료정리는 관측된 자료의 분포 모양이나 특성을 시각적으로 빠르게 파악하는 데 유용하게 활용됨을 알 수 있었다. 그러나 양적 자료를 도표나 그래프를 활용하는 경우에는 주관적인 판단이 되는 경우가 있다는 문제점을 간과할 수 없다. 이러한 문제점을 해결하기 위해서는 양적자료의 분포모양이나 특성을 보다 객관적으로 요약하고, 설명할 수 있도록 하기 위해서는 기술통계량에 의한 자료 정리법이 필요하다.

7.6 관리도

관리도에 관한 상세한 설명은 제9장에서 한다.

8. QC 7가지 수법의 적용

지금까지 설명해 온 QC 7가지 수법은 현장관리, 개선활동과 관리업무에서 유효하게 사용할 수 있는 도구인 것이다. 직장에서의 문제해결의 활동은 현상파악 → 해석단계 → 대책수립과 조처확인 → 표준화관리라는 순서로 실행되므로 이러한 각 단계에서 QC 7가지 도구가 어떻게 적용되는가를 다음과 같이 종합적으로 정리한다.

(1) 현상파악 단계

① 문제는 무엇인가 : 파레토그림
② 지금까지의 상태는 어떤가 : 히스토그램, 체크시트, 산점도, 그래프 및 관리도
③ 원인과 결과의 관계 : 특성요인도

(2) 해석단계

① 층별하면 어떤가 : 히스토그램, 관리도 및 그래프, 산점도
② 상호의 관계는 : 산점도, 그래프 및 관리도

(3) 대책수립 및 조처

① 대책수립은 적정한가?
② 대책효과는 있었는가? : 그래프 및 관리도, 체크시트, 파레토그림

(4) 표준화관리 단계

① 공정은 안정되었는가 : 그래프 및 관리도, 체크시트

이상의 내용은 문제해결의 한 과정과 관련되는 QC 수법들을 알아보기 쉽게 그림으로 나타내면 [그림 2-12]와 같다.

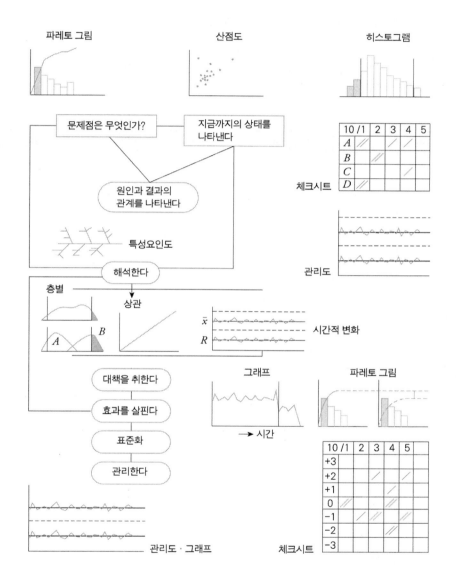

[그림 2-12] QC 7가지 수법의 상호 관련도

01 다음 데이터를 보고 파레토그림을 작성하세요.

〈DATA〉
① 센터불량 7   ② 편심불량 24   ③ 조도불량 15   ④ 치수불량 5   ⑤ 기포불량 3
⑥ 운반불량 3   ⑦ 재료불량 34   ⑧ 도금불량 18   ⑨ 기타 5

〈데이터 시트〉

순위	항목	데이터수	비율(%)	누적데이터수	누적비율(%)

〈파레토그림〉

☞ 분석결과 : (   )

02 공구의 회전수(x)와 마모량(y)의 관계를 정도를 파악하기 위해서 다음과 같이 데이터를 수집하였다. 두 요인간의 관계를 산점도로 작성하시오.

NO.	공구의 회전수 x	마모량y	NO.	공구의 회전수 x	마모량 y	NO.	공구의 회전수 x	마모량y
1	1.8	38	13	2.5	62	25	2.0	40
2	2.0	60	14	2.2	70	26	2.6	70
3	1.5	40	15	2.0	65	27	2.3	49
4	2.0	47	16	2.0	73	28	1.6	30
5	1.7	59	17	1.8	37	29	2.3	72
6	2.0	70	18	1.2	23	30	1.5	48
7	1.6	51	19	1.8	67	31	1.7	33
8	2.0	45	20	2.2	69	32	1.7	50
9	1.9	51	21	1.7	40	33	2.2	88
10	2.1	66	22	1.5	27	34	1.8	47
11	1.5	33	23	2.5	95	35	2.4	78
12	1.4	25	24	2.0	65	36	1.9	65

▶공구의 회전수×1,000 rpm, 마모량의 단위 1/1,000밀리(미크론)

〈산점도〉

결론 : ( )

03 조별 활동을 통하여 자유롭게 주제(특성)을 선정하여 특성요인도를 작성하여 원인분석 혹은 대책을 수립하라.

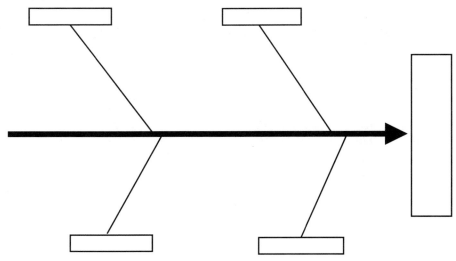

주 : 요인의 수는 3개에서 5개 정도를 조정 가능함.

[결론]

04 다음 자료는 C사의 품질특성 중 하나인 인장강도를 측정한 것이다. 다음 물음에 따라 히스토그램을 작성하라.

195	199	211	203	198	192	201	207	255	281
210	204	213	202	222	214	220	210	210	198
208	189	195	197	205	225	203	204	207	215
234	221	302	245	273	234	267	243	188	240
176	205	309	281	258	221	189	289	267	270

① 구간의 수(H.A. Sturges방식)

② 범위

③ 구간의 폭

④ 제1구간의 하한경계치

⑤ 도수분포표 작성(아래 참조)

NO	구간의 경계치	중앙치	체　크	도수(f)	u	fu	fu^2
	계						

⑥ 히스토그램 작도

제3장

확률과 확률분포

1. 확률(Probability)의 기본개념

1.1 확률의 정의

확률은 우리 생활 주변에서 흔히 가능성, 가망성 및 확실성이라는 의미로 사용된다. 즉, 우연적으로 일어나는 일에 대하여 어느 정도의 기대를 걸 수 있는가를 수량적으로 나타내는 측도를 확률이라 하고, 결과가 우연에 의해 실험이나 관찰하는 행위를 **시행**(trial) 또는 **확률실험**이라고 한다. 여기서 말하는 실험은 시행이나 관찰을 하기 전에는 확실하게 예측할 수 없는 결과를 일으키는 행위나 과정을 말한다.

예를 들면

① 동전의 앞면, 뒷면에서 앞면이 나올 수 있는 확률은 얼마인가?

② 기상대에서 발표하는 오늘의 일기예보에서 비가 올 확률 얼마인가?

③ 주사위를 던져 눈금이 1이 나올 확률은 얼마인가?

등 많은 사례를 들 수 있다.

확률은 원래 우연의 게임에 주로 사용되지만 불확실한 상황의 의사결정에 사용되기도 한다. 이러한 불확실한 상황에서 객관적이고 합리적인 의사결정을 위해서는 확률의 기본적인 개념이 필요하다.

확률

우연적으로 일어나는 일에 대하여 어느 정도의 기대를 걸 수 있는가를 수량적으로 나타내는 측도

시행

결과가 우연에 의해 실험이나 관찰하는 행위(동전 던지기, 주사위 던지기 등)

1.2 확률의 덧셈법칙

(1) 덧셈의 일반법칙 : 두 사상이 배반적이 아닌 경우

두 사상 A와 B가 서로 배반적이 아닌 경우, 사상 A 또는 B가 발생할 확률은 사상 A가 발생할 확률과 사상 B가 발생할 확률을 더한 다음, 사상 A와 사상 B가 동시에 발생할 확률을 빼면 된다. 이러한 법칙을 확률의 **덧셈법칙**(additional rule) 혹은 **덧셈의 일반법칙**(general rule of addition)이라고 한다.

덧셈법칙 : 배반적이 아닌 경우

$$P(A \cup B) = P(A) + P(B) - P(A \cap B)$$

예제 1 주사위 1개를 던지는 실험에서 사상을 다음과 같이 정의한다. 사상 A 또는 사상 B가 일어날 확률을 계산하라.

사상 A : 짝수가 나온다.

사상 B : 2이하의 수가 나온다.

[풀이] $P(A) = P(2) + P(4) + P(6) = \dfrac{1}{6} + \dfrac{1}{6} + \dfrac{1}{6} = \dfrac{1}{2}$

$P(B) = P(1) + P(2) = \dfrac{1}{6} + \dfrac{1}{6} = \dfrac{1}{3}$

$P(A \cap B) = P(2) = \dfrac{1}{6}$

$P(A \cup B) = P(A) + P(B) - P(A \cap B) = \dfrac{1}{2} + \dfrac{1}{3} - \dfrac{1}{6} = \dfrac{2}{3}$

(2) 덧셈의 특별법칙 : 두 사상이 배반적인 경우

두 사상 A와 B가 동시에 발생할 수 없으면 두 사상은 상호 배반적인 사상이라고 한다. 이 경우 사상 A와 B는 공통되는 단일사상을 포함하지 않기 때문에 $P(A \cap B) = 0$이 된다. 따라서 두 사상 A, B가 발생할 확률은 각각의 사상이 발생할 확률을 더하면 된다.

$$P(A \cup B) = P(A) + P(B)$$

예제 2 지난 일주간 K호텔에 투숙한 외국인 관광객수를 조사하였다. 그 결과 미국인 220명, 중국인 419명, 일본인 230명, 영국인 55명, 독일인 45명, 기타 120명이었다. 한 외국인 관광객을 무작위로 추출하였을 때 중국인 또는 일본인 관광객일 확률을 구하라.

[풀이] $P(중국인) = \dfrac{419}{220 + 419 + 230 + 55 + 45 + 120} = \dfrac{419}{1089} = 0.385$

$P(일본인) = \dfrac{230}{220 + 419 + 230 + 55 + 45 + 120} = \dfrac{230}{1089} = 0.211$

$P(중국인 \cup 일본인) = P(중국인) + P(일본인) = 0.385 + 0.211 = 0.596$

1.3 조건부 확률

조건부확률(conditional probability)이란 다른 어떤 사상이 발생하였다는 조건하에서 특정 사상이 발생할 확률을 말한다. 즉, 주어진 조건에 의해 발생한 부분집합을 A라 하고, 분석하고자 하는 사상을 B라고 할 때 $P(B/A)$ 또는 $P_A(B)$ 표현하며 다음과 같이 공식이 도출된다.

조건부 확률

$$P(B/A) = \frac{n(B \cap A)}{n(A)} = \frac{\dfrac{n(B \cap A)}{n(S)}}{\dfrac{n(A)}{n(S)}} = \frac{P(B \cap A)}{P(A)}$$

단 $P(A) \neq 0$, $n(A) \neq 0$

조건부 확률은 주어진 조건하에서 발생한 부분집합을 전체집합으로 간주한다는 점에 유의하여야 하며 조건부 확률의 중요성은 실험결과에 대해 부분적인 정보가 알려져 있는 경우에도 확률계산이 필요한 경우도 있으며, 만약 부분적인 정보가 없더라도 원하는 확률계산을 위한 수법으로서 조건부 확률을 사용할 수 있다는 점이다.

다음은 조건부확률의 대응되는 개념으로서, **무조건부 확률**(unconditional probability)이 있다. 이것은 A와 B의 두 사상 어떤 제한이나 조건이 없이 발생되는 확률이다. 즉, 어떤 시행에서 발생할 수 있는 모든 사상들을 전체집합으로 하여 분석대상이 되는 사상이 차지하는 비율을 확률로 계산한다. 예를 들면, 동전의 앞면이 나올 확률과 뒷면이 나올 확률은 각각 0.5로서 아무리 많은 동전을 던진다고 해도 서로 간 영향을 받지 않는다. 무조건부 확률을 **주변확률**이라고도 한다.

예제 3 한 개의 주사위를 한 번 던질 때 각각의 눈금이 나올 확률은 $\frac{1}{6}$이다. 이때 그 결과 주사위의 숫자가 3과 같거나 또는 3보다 작은 조건 하에서 짝수를 얻을 수 있는 확률은 얼마인가?

[풀이] 짝수일 때의 사상을 A라고 하면 $A = \{2, 4, 6\}$이 되며, 3과 같거나 또는 3보다 작은 조건의 사상을 B라고 한다.

$$P(B) = P(1) + P(2) + P(3) = \frac{1}{6} + \frac{1}{6} + \frac{1}{6} = \frac{1}{2}$$

$$P(A \cap B) = P(2) = \frac{1}{6}$$

$$P(A/B) = \frac{P(A \cap B)}{P(B)} = \frac{P(2)}{P(1) + P(2) + P(3)} = \frac{1/6}{1/2} = \frac{1}{3}$$

예제 4 S전기회사에서 생산하고 있는 전기제품의 형태와 색깔을 다음 표와 같이 구분하였다. 이 중에서 한 전기제품을 임의로 추출하였을 때 다음과 같은 조건부확률과 무조건부 확률을 구하라.

분할표

형태 \ 색깔	C_1	C_2	C_3	합계
T_1	320	150	130	600
T_2	220	320	120	660
T_3	110	250	240	600
T_4	290	160	190	640
합계	940	880	680	2,500

※ 분할표 : 자료를 행과 열로 분류하여 작성한 통계표를 말함.

① T_2라는 형태에서 색깔은 C_1이 발생할 확률

② C_3라는 색깔에서 형태는 T_4가 발생할 확률

③ 임의로 추출한 1개의 색깔이 C_2일 확률

[풀이] ① $P(C_1 / T_2) = \dfrac{n(C_1 \cap T_2)}{n(T_2)} = \dfrac{220}{660} = 0.333$

② $P(T_4 / C_3) = \dfrac{n(T_4 \cap C_3)}{n(C_3)} = \dfrac{190}{680} = 0.279$

③ $P(C_2) = \dfrac{n(C_2)}{n(S)} = \dfrac{880}{2500} = 0.352$

2. 확률변수(Random variable)

2.1 확률변수의 개념

확률변수란 다음과 같이 여러 가지 의미로 설명할 수 있다.

① 무작위 실험에 의하여 수치적 값이 결정되는 변수

② 실험, 관찰에서 일정한 확률을 가지고 발생하는 사건에 여러 가지 값을 부여하는 변수

③ 표본공간의 각 원소에 실수를 대응시켜 주는 함수

④ 확률변수 X, Y, Z 대문자로 표시 : 확률변수가 가지는 구체적인 값은 x, y, z로 표시

⑤ 어떤 확률값을 가질지는 실험을 하기 전에는 알 수 없기 때문에 X를 확률변수라고 한다.

> **확률변수**
>
> 확률변수란 무작위 실험에 의하여 가능한 모든 결과로 결정되는 수치적 값이 결정되는 변수를 말한다.

다음 확률변수 X는 표본공간에서 정의된 함수로서 확률변수와 관련된 확률모형을 도시하면 [그림 3-1]과 같다.

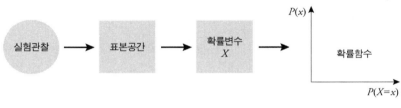

[그림 3-1] 확률모형

예제 5 동전을 두 번 던져 앞면이 나오는 회수

표본공간 $S = \{0, 1, 2\}$ 앞면이 나올 회수를 X라는 변수로 표시하면 X는 0, 1, 2중 하나를 가질 수 있으며, 각각의 값에 대한 확률을 생각할 수 있다.

예제 6 두 개의 동전을 차례로 던지는 실험에서 H = 앞면, T = 뒷면이라고 하면, 표본공간 $S = \{(H, H), (H, T), (T, H), (T, T)\}$로 나타낸다. 이 실험에서 앞면의 개수에만 관심이 있다면 확률변수 X는 '앞면이 나타나는 수'로 정의하면, X의 값을 구하여라.

[풀이] H에는 1, T에는 0의 수치를 부여하면, $(H, H) = e_1$에는 $X = 2$, $(H, T) = e_2$에는 $X = 1$, $(T, H) = e_3$에는 $X = 1$, $(T, T) = e_4$에는 $X = 0$이 각각 대응될 것이다.

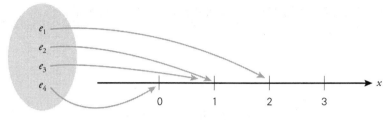

[그림 3-2] 표본공간에서 정의된 확률변수

이의 확률로는 $P(X=2)=1/4, \quad P(X=1)=1/2, \quad P(X=0)=1/4$

확률변수의 종류는 그 데이터의 속성에 따라 다음과 같이 **이산확률변수**와 **연속확률변수**로 구분한다.

(1) 이산확률변수(discrete random variable)

① 연속된 수치가 아닌 흩어져 있는 계수값의 변수
② 확률변수가 가질 수 있는 값이 특정한 수치만으로 나타낼 수 있는 유한한 변수
③ 실제로 셀수 있는 값
    ex) 불량수량, 결점수, 주사위의 눈, 불량율, 결근율 등

(2) 연속확률변수(continuous random variable)

① 연속적인 수치로서의 확률변수
② 어떤 범위 내에서 연속적인 구간내의 어떤 값을 가질 수 있는 변수
    ex) 몸무게, 신장, 온도, 생산속도, 소득, IQ

2.2 확률분포(Probability distribution)

확률분포란 실험의 가능한 모든 결과를 수치로 나타내고 각 결과에 대응하는 확률을 나열한 값을 말한다. 즉, 어떤 확률변수가 취할 수 있는 모든 값들과 이에 대응하는 확률을 나열한 것을 말한다. 확률분포는 표, 그래프 및 함수를 이용하여 표현될 수 있다.

확률분포란 어떤 확률변수가 취할 수 있는 모든 값들과 이에 대응하는 확률을 나열한 것을 말한다.

예를 들면, 동전 한 개를 두 번 던질 때 앞면을 H, 뒷면을 T 라고 하면 표본공간은 $S = \{TT, TH, HT, HH\}$ 이다. 만일 앞면이 나오는 회수를 보면 $TT = 0$회, $HH = 1$회, $HT = TH = 2$회가 되고 이를 확률변수(X)의 값은 0, 1, 2가 되며 확률로는 각각 1/4, 1/2, 1/4가 된다. 따라서 확률분포표는 [표 3-1]과 같다.

[표 3-1] 확률분포표

확률변수(X)	확률($P(X=x)$)
0	1/4
1	1/2
2	1/4

확률분포는 관심의 대상이 되는 변수가 이산확률변수이냐, 아니면 연속확률변수이냐에 따라 이산확률분포와 연속확률분포로 나뉜다.

(1) 이산(확률)분포(discrete probability distribution)

① 확률변수가 0, 1, 2, 3, 4, …와 같이 유한적이며, 셀 수 있는 변수로 이루어진 분포.
② 인구, 주사위, 동전 던지기, 불량수 등의 데이터 분포
③ 베르누이분포, 이항분포, 포아송분포, 초기하분포, 다항분포, 기하분포 등

(2) 연속(확률)분포(continuous probability distribution)

① 연속확률변수에 의해 표시된 분포로 확률변수가 구간으로 표시될 때 이 값에서 실수값을 선택할 수 있는 무한수를 갖는 분포
② 자, 계측기, 저울 등의 계량기로 측정할 수 있는 데이터의 분포

③ 정규분포, 지수분포, t분포, F분포, χ^2(카이제곱)분포, 베타분포, 감마분포, 와이블
   분포, 균등분포 등

2.3 확률함수(Probability function)의 개념

확률함수란 확률변수가 어떤 특정한 실수값 x를 취할 확률을 x의 함수로 나타낸 것
을 말한다. 확률함수는 이산확률변수의 경우 $P(X = x)$로 나타내고, 연속확률변수의
경우 $f(X)$로 표시한다. 이러한 확률함수를 표, 그래프로 나타낸 것을 확률분포표라고
한다.

확률변수가 실험의 결과치를 실수에 대응시키는 함수이지만 확률함수는 확률변수에
대해 정의된 실수를 0에서 1까지의 수치 또는 확률에 대응시키는 함수를 말한다.

> **확률함수**
>
> 확률함수란 확률변수가 어떤 특정한 실수값 x를 취할 확률을 x의 함수로 나타낸 것을
> 말한다.

확률함수는 이산확률변수의 함수이면 **확률질량함수**(probability mass function : p.m.f)와
연속확률변수의 함수이면 **확률밀도함수**(probability density function : p.d.f)로 나눈다.

(1) 확률질량함수(probability mass function : p.m.f)

이산확률변수 X가 취할 수 있는 각 실수값 x에 확률을 대응되는 함수로서 단순히 확
률함수(probability function)라고도 한다. 보통 $p(x)$로 표현하며 확률변수 X의 각각의 값
x에 대한 확률을 나타내는 함수, 즉 $P(X = x) = p(x)$를 **확률질량함수**라고 한다.

이산확률변수와 관련된 모든 결과가 그래프 위에서 나타내는 그 값의 확률은 **직선의
높이**로 표현한다.

확률질량함수란 이산확률변수 X가 취할 수 있는 각 실수값 x에 확률을 대응시키는 함수를 말한다.

예제 7 두 개의 동전을 던질 때의 확률변수 X의 확률함수를 구하고 그래프로 나타내어라.

X	$P(X=x_i)$
0	1/4
1	1/2
2	1/4

[풀이] ① $P(X=2)=1/4$, $P(X=1)=1/2$, $P(X=0)=1/4$

$$P(X=x) = \begin{cases} \dfrac{1}{4} & x=0,2일 \ 때 \\ \dfrac{1}{2} & x=1일 \ 때 \end{cases}$$

② 확률분포 $P(X=x_i)$

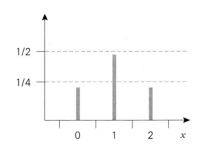

① $0 \leq P(x_i) \leq 1$ (모든 실수값 x에 대하여)
② $P(a \leq X \leq b) = \sum P(x_i)$
③ $\displaystyle\sum_{모든 x} P(X=x) = 1$

예제 8 다음 함수는 확률질량함수인가?

$$P(X = x) = \frac{x}{10} \quad (x = 1, 2, 3, 4일 때)$$

[풀이] $P(X = 1) = \frac{1}{10}$, $P(X = 2) = \frac{2}{10}$, $P(X = 3) = \frac{3}{10}$, $P(X = 4) = \frac{4}{10}$

네 개의 확률이 양수이고 그것들의 합이 1이므로 확률질량함수이다.

(2) 확률밀도함수(Probability density function : p.d.f)

확률밀도함수는 연속확률변수 X가 취할 수 있는 어떤 구간속의 실수값 x에 대하여 확률을 대응시키는 함수로서 확률변수의 값과 확률밀도 사이의 관계를 표현한 전체곡선으로 통상 $f(X)$로 표시한다.

확률밀도함수는 [그림 3-3]과 같이 연속확률변수가 어떤 구간 내에서 가능한 모든 값들을 취할 수 있을 때 분포의 모양은 부드러운 곡선이 된다. 따라서 연속확률분포에서의 확률은 확률밀도함수 $f(X)$와 X축 사이에 있는 구간의 면적을 구한다.

> **확률밀도함수**
>
> 확률밀도함수란 연속확률변수 X가 취할 수 있는 어떤 구간내의 실수값 x에 대하여 확률을 대응시키는 함수를 말한다.

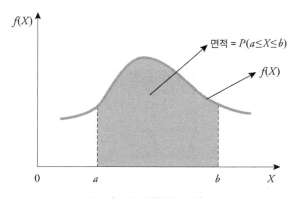

[그림 3-3] **확률밀도함수**

그림에서 X가 임의의 두 실수 a와 b사이의 구간에 속할 확률 $P(a \leq X \leq b)$는 줄 친 부분의 면적과 같다. 이와 같이 연속확률분포에서의 확률은 확률밀도함수 $f(X)$와 X축 사이에 있는 어느 구간의 면적으로 구한다. 따라서 X가 임의의 두 실수 a와 b 사이의 구간에 속할 확률은 확률밀도함수 $f(X)$를 적분하여 구한다.

$$P(a \leq X \leq b) = \int_a^b f(X)dx$$

확률밀도함수의 성질

① 모든 x 값에 대하여 $f(x) \geqq 0$이다.

② $P(a \leq X \leq b) = \int_a^b f(X)dx$

③ 확률밀도함수 아래의 전체면적은 1이다.

$$\int_{-\infty}^{\infty} f(X)dx = 1$$

(3) 누적분포함수(Cumulative distribution function)

확률변수 X의 **누적분포함수**는 일명 **누적확률함수**(Cumulative probability function)라고 도 하며, $F(x)$로 나타낸다. x가 임의의 실수를 나타낼 때 다음과 같이 정의한다. 즉, 누 적분포함수 $F(x)$는 확률변수 X가 x와 같거나 x보다 작은 값을 가질 확률이다.

$$F(x) = P(X \leq x), \quad -\infty < x < +\infty$$

연속확률변수인 경우 [그림 3-5]와 같이 누적분포함수는 확률밀도함수를 적분하여 얻 는다.

$$F(a) = \int_{-\infty}^a f(x)dx$$

누적분포함수 $F(x)$를 x에 관하여 다시 미분하면 확률밀도함수 $f(x)$를 얻는다.

$$\frac{dF(x)}{dx} = f(x), \qquad f(x) \geqq 0$$

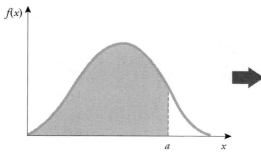

[그림 3-4] 확률밀도함수

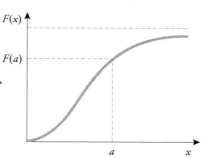

[그림 3-5] 누적분포함수

이산확률변수인 경우 누적분포함수는 각 확률값 x의 합으로 표시한다.

$$F(x) = \sum_{x_i < x} P(x_i)$$

누적분포함수의 성질

① $F(X)$는 비감소(단조증가)함수이다.

$$X_1 < X_2 \text{ 이면,} \quad F(X_1) < F(X_2)$$

② $F(+\infty) = 1, \quad F(-\infty) = 1,$

③ $P_r(a < X < b) = F(b) - F(a)$

④ $F(X) = P_r(X \leqq x)$

= 연속분포의 경우 : $F(X) = \displaystyle\int_{-\infty}^{x} f(x)dt$

= 이산분포의 경우 : $F(X) = \displaystyle\sum_{X \leqq x_i} P(X = x_i)$

단, 이산확률변수 X에 대하여 $P(X = x) = p(x)$로 표시
모든 x 값에 대하여 $f(x) \geqq 0$이다.

이산분포의 경우를 예를 들면, 동전을 두 번 던져 앞면이 나올 횟수가 한 번이거나 적을 확률은 얼마인지를 알아보자.

$$F(1) = P(X \leq 1) = P(0) + P(1) = 0.25 + 0.5 = 0.75$$

누적 이산 확률분포

x	$P(X = x_i)$	$F(X)$
0	0.25	0.25
1	0.50	0.75
2	0.25	1.00
계	1.00	

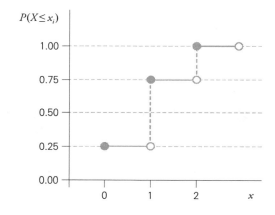

2.4 기대치와 분산

(1) 기대치(expected value)

확률변수의 **기대치**란 확률변수의 평균치를 말하며 확률분포의 중심위치를 나타낸다. 또한 기대치는 확률변수가 실수값에 대응하는 확률을 가중치로 하는 모든 값들의 가중평균이라고 할 수 있다. 일반적으로 기대치로 표현한다.

① X가 이산확률변수인 경우 $E(X) = \mu = \sum_{i=1}^{k} x_i\, P(x_i)$ 단, $P(X = x_i)$

② X가 연속확률변수인 경우 $E(X) = \mu = \int_{-\infty}^{+\infty} x_i \cdot f(x)dx$ 단, $P(X = x_i)$

예제 10 동전을 두 번 던져 앞면이 나올 횟수에 대한 확률분포는 다음과 같다. 기대치는?

X	0	1	2
$P(X)$	0.25	0.50	0.25

[풀이] $E(X) = \sum_{i=1}^{3} x_i\, p(x_i) = 0(0.25) + 1(0.50) + 2(0.25) = 1$

예제 11 어느 공장에서 주간 제품생산량은 일정치 않고 매주 변동하는 확률변수인데 다음과 같은 확률분포를 따른다고 한다. 기대치는?

X	$P(X)$
145	0.1
165	0.2
180	0.3
195	0.4
계	1.0

[풀이] $E(X) = 145(0.1) + 165(0.2) + 180(0.3) + 195(0.4) = 179.5$

기대치의 성질을 요약하면 다음과 같다.

기대치의 성질

① $E(a) = a$
② $E(aX) = aE(X)$
③ $E(X + b) = E(X) + b$
④ $E(aX + b) = aE(X) + b$
⑤ $E(a + bX) = a + bE(X)$

첫째 성질은 일정한 상수 a에 대한 기대치는 상수 a 그 자체가 된다.

둘째 성질은 확률변수 X에 일정한 상수 a를 곱한 확률변수 aX의 기대치는 확률변수 X의 기대치에 상수 a를 곱한 것과 같다.

셋째 성질은 확률변수 X에 일정한 상수 b를 더한 확률변수의 기대치는 확률변수 X의 기댓값에 상수 b를 더한 것과 같다. 또한 상수 b는 확률적으로 변하지 않는 일정수치이므로 상수의 기댓값은 상수 그자체이다.

넷째 성질은 확률변수 X에 일정한 상수 a를 곱한 확률변수 aX와 상수 b의 기댓값은 확률변수 X의 기댓값에 상수 a를 곱하여 상수 b 그 자체를 더한 것이다. 즉 상기 ②, ③식을 결합한 것과 같다.

다섯째 성질은 확률변수 X의 선형함수의 기대치가 된다.

예제 12 확률변수 X 및 Y의 기대치가 각각 10 및 14일 때 $E(3X-5Y+3)$의 값은 얼마인가?

[풀이] $E(X)=10,\ E(Y)=14$

$$3E(X)-5E(Y)+3 = 3 \times 10 - 14 \times 5 + 3 = -37$$

예제 13 주간 제품생산량 X의 기대치는 135개 이었다. 제조원가가 Y라고 할 때 함수식으로 표시하면 $Y=100+5X$이다. 제조원가 Y의 기대치는 얼마인가?

[풀이] $E(X)=135$

$$E(Y)=E(100+5X)=100+5 \cdot E(X)=100+5 \times 135 = 775원$$

(2) 분산 및 표준편차

확률분포가 얼마나 퍼져 있는가를 측정하기 위하여 확률변수의 분산이 이용되며 확률변수 X의 분산은 $Var(X)$로 표시한다. 경우에 따라 $Var(X)$를 σ^2로 표시한다. 즉, 확률분포에서 분산은 편차제곱의 기대되는 값이다.

① X가 이산확률변수인 경우 $Var(X) = \sigma^2 = E(X - \mu)^2 = \sum (x_i - \mu)^2 P(x_i)$

♣ $E(X - \mu)^2 = E(X^2 - 2\mu X + \mu^2) = E(X^2) - 2\mu\, E(X) + \mu^2$
$= E(X^2) - \mu^2 = E(X^2) - [E(X)]^2$
그리고 $E(X^2) = \mu^2 + \sigma^2$

② X가 연속확률변수인 경우 $Var(X) = \sigma^2 = \int_{-\infty}^{+\infty} (x_i - \mu)^2 \cdot f(x) dx$

$\sqrt{Var(X)} = \sigma$ ▶▶ 확률변수의 산포경향을 측정

예제 14 주간 제품생산량의 예에서 제품생산량 X의 확률분포는 다음과 같다. 확률분포 X의 분산을 구하라

X	$P(X)$
50	0.1
55	0.3
60	0.4
65	0.2
계	1.0

[풀이] 분산 계산 전 X의 기댓값을 구하면 $E(X) = 58.5$

$$Var(X) = (50 - 58.5)^2 (0.1) + (55 - 58.5)^2 (0.3)$$
$$+ (60 - 58.5)^2 (0.4) + (65 - 58.5)^2 (0.2) = 20.25$$

분산에 대한 몇 가지 성질을 살펴보면 다음과 같다.

① $Var(a) = 0$
② $Var(aX) = a^2 \cdot Var(X)$
③ $Var(X + b) = Var(X)$
④ $Var(aX + b) = a^2 \cdot Var(X)$

첫째 성질은 일정한 상수 a에 대한 분산은 0이 된다.

둘째 성질은 확률변수 X에 일정한 상수 a를 곱한 aX의 분산은 확률변수 X의 분산에 상수 a^2을 곱한 것과 같다.

셋째 성질은 확률변수 X에 일정한 상수 b를 더한 확률변수의 분산은 본래 확률변수의 분산과 같다. (상수 b는 불변이므로 분산 0임)

넷째 성질은 상기 ②와 ③식을 결합한 것이다.

예제 15 확률변수 X와 Y는 각각 독립적이다. $Var(5X+3Y)$을 구하라.

[풀이] $Var(5X+3Y) = 5^2 Var(X) + 3^2 Var(Y) = 25 Var(X) + 9 Var(Y)$

예제 16 확률변수 X의 평균이 25, 표준편차가 4라고 한다면 $E(2X^2+3X+4)$의 값은 얼마인가?

[풀이] $E(X) = E(2X^2+3X+4) = 2E(X^2) + 3E(X) + 4$

$\qquad = 2(\mu^2+\sigma^2) + 3\mu + 4 = 2(25^2+4^2) + 3(25) + 4 = 1361$

01 다음은 어느 회사 직원들의 학력과 직군의 두변수로 구분한 결합확률표이다. 어느 직원이 연구직에 근무한다면 그 사람이 대졸 이상일 확률은 얼마인가?

구 분	고졸(B_1)	대졸 이상(B_2)	합계
연구직(A_1)	0.2	0.4	0.6
사무직(A_2)	0.3	0.1	0.4
합계	0.5	0.5	1.0

02 다음 확률을 구하라.

① $P(A \cap B) = 0.4$, $P(B) = 0.5$일 때 $P(A/B)$ 계산

② $P(A/B) = 0.5$, $P(B) = 0.2$일 때 $P(A \cap B)$ 계산

③ $P(A \cap B) = 0.6$, $P(A/B) = 0.8$일 때 $P(B)$ 계산

03 S전자회사의 생산직 종업원에 대한 고용형태를 조사한 결과 다음과 같은 자료를 얻었다.

구 분	정규직(A)	비정규직($\overline{A}$)	합계
남자(B)	55	25	80
여자($\overline{B}$)	200	220	420
합계	255	245	500

① 각 사상이 발생할 확률을 결합확률표를 작성하여 완성하라.

② 임의의 한 종업원을 추출하였을 때 남자종업원이 비정규직일 확률을 계산하라.

③ 임의의 한 종업원을 추출하였을 때 여자종업원이 정규직일 확률을 계산하라.

04 어느 직장에서 20%가 여성이고 그중 25%가 결혼을 한 기혼자이다. 이 직장에서 무작위로 한 사람을 뽑았을 때 기혼자 여성일 확률을 계산하라.

05 두 명의 사격수가 동시에 목표지점에 사격을 하려고 한다. 통상적으로 두 사격수가 목표 지점을 명중시킬 확률은 각각 0.8, 0.7이라고 할 때 두 명 모두가 목표지점에 명중시킬 확률은 얼마인가?

06 주사위 1개와 동전 1개를 던지는 실험을 실시하였다.
① 이 실험의 근원사상을 나열하라.
② 주사위의 홀수가 나올 확률은?
③ 동전의 앞면이 나올 확률은?
④ 동전의 뒷면과 주사위의 홀수가 나올 확률은?

07 다음 함수식이 확률밀도함수인지를 구분하라.
① $f(X=x) = \dfrac{x}{6}$　　$(x = -1, 0, 1, 2$일 때$)$

② $f(X=x) = \dfrac{x^2+1}{10}$　　$(x = -1, 0, 1, 2$일 때$)$

③ $f(X=x) = \dfrac{x}{6}$　　$(x = 1, 2, 3$일 때$)$

08 다음은 150대의 가공기계를 가지고 있는 H정공사가 지난 1/4분기동안 하루에 고장난 기계댓수를 조사한 결과 다음과 같은 확률분포표를 작성하였다. 기계고장댓수 X의 확률분포이다. X의 기대치와 분산을 계산하라.

고장기계댓수(X)	발생확률($P(X=x)$)
0	0.01
1	0.07
2	0.16
3	0.34
4	0.27
5	0.10
6	0.05

① 확률변수 X의 기대치, 분산, 표준편차를 계산하라.

② $P(2 \leq X \leq 4)$의 확률을 계산하라.

③ $F(4)$를 구하라.

09 A자동차회사 중동지점의 일일 자동차 판매수량을 분석한 확률분포표가 다음과 같다. 일일 판매수량의 기대값을 구하라.

확률변수(X)	확률($P(X=x)$)
0	0.1
1	0.2
2	0.4
3	0.2
4	0.1

10 확률변수 X 및 Y의 기대치가 각각 5 및 3이며 일 때 $E(2X-3Y+6)$의 값을 구하라.

11 확률변수 X의 기대치가 5, 표준편차가 3일 때 기대치와 분산을 구하라.

① $2X-6$

② $5X$

③ $4X+4$

12 $X_1 \sim N(8, \ 16)$, $X_2 \sim N(12, \ 4)$일 경우 $Y = 2X_1 + 3X_2$라면 Y의 분포는? (단, X_1, X_2 는 독립임)

제4장

이산확률분포

1. 베르누이 분포

1.1 베르누이 분포의 기본개념

베르누이 시행(Bernoulli trial)이란 스위스의 수학자인 베르누이(Bernoulli : 1654~1705)에 의해 제안된 것으로, 어떤 실험이 두 가지 결과만을 기대하는 시행을 말한다. 즉 모집단에서 표본을 무작위로 추출할 때 확률변수의 결과는 두 개의 사상으로 한정하여 나누는 경우가 있을 것이다. 예를 들면, 어떤 의약개발이나 수술 등에서 성공이냐? 실패냐? 혹은 병원에서 신생아가 남자냐? 여자냐? 어떤 제품에 대한 검사에서 양호냐? 불량이냐? 혹은 합격이냐? 불합격이냐? 동전을 던졌을 때 앞면이냐? 뒷면이냐? 그리고 스포츠 경기에서의 승리냐? 패배냐? 하는 등과 같이 두 가지의 결과로 나타나는 실험결과를 말한다. 따라서 상기 예를 든 두 가지의 결과 중에서 흔히 성공(success : S)이라고 한다면 또 다른 것은 실패(failure : F)라고 한다면 이것을 Bernoulli trial이라고 한다.

Bernoulli 시행은 다음과 같이 세 가지 조건을 만족시켜야 한다.

베르누이 시행의 조건

① 확률변수 X의 값은 0 또는 1이다. 흔히 $x=1$의 사상을 성공(S), $x=0$을 실패(F)라고 한다.
② 각 시행에서 성공의 결과가 나타날 확률 $P(x=1)$은 일정하다. 그리고 성공할 확률과 실패할 확률을 합하면 1이다.
③ 여러 번에 걸친 베르누이시행은 각각 독립적이다.

베르누이 시행은 임의의 확률변수 X는 0, 1만을 취하여 $X=1$은 성공이라면 $X=0$는 실패로 나타내며 이를 베르누이 확률변수의 확률분포는 다음과 같다.

X	$P(X=x_i)$
0	$1-p$
1	p

성공의 확률을 $P(x=1)=p$라고 한다면 실패의 확률은 $P(x=0)=1-p$이다. 이때 확률질량함수(p.m.f)는 다음 식과 같이 됨을 알 수 있다.

베르누이 확률변수의 확률질량함수

$$p(x)=p^x(1-p)^{1-x}, \qquad x=0,1$$

1.2 베르누이 분포의 기댓값과 분산

확률변수 X가 베르누이 분포를 따를 때 그 기대값과 분산은 다음과 같다.

베르누이 확률변수의 기대값, 분산

$$E(X)=p$$
$$Var(X)=p(1-p)$$

[참고]

$$\mu=\sum x\cdot p(x)=p$$
$$\sigma^2=\sum(x-\mu)^2\cdot p(x)=(0-p)^2\cdot(1-p)+(1-p)^2\cdot p=p(1-p)$$
$$\sigma=\sqrt{p(1-p)}$$

예제 1 동전을 한번 던질 때 앞면이 나오면 성공이고, 뒷면이 나오면 실패라 하자. 이 실험의 평균, 분산, 표준편차를 구하라.

[풀이] 성공률 $p=\dfrac{1}{2}$, 실패율 $1-p=\dfrac{1}{2}$ 이므로

$$평균\mu=\frac{1}{2}, \quad 분산\sigma^2=\frac{1}{2}\times\frac{1}{2}=\frac{1}{4}, \quad 표준편차 \ \sigma=\sqrt{\frac{1}{4}}=0.5$$

2. 이항분포

2.1 이항분포의 기본개념

두 번 이상 던지는 실험에서 1이 나와서 성공할 수 있는 확률 등에 관심을 가지는 경우, 성공의 횟수 또는 실패의 횟수를 이항확률변수라고 한다. 이항확률변수의 확률분포를 **이항확률분포**(binomial probability distribution) 혹은 **이항분포**라고 한다.

이항분포의 확률변수 X는 n개의 독립적인 베르누이 확률변수의 합이므로 $X = X_1 + X_2 + ... + X_n$ 이 된다.

따라서 n번의 베르누이 시행이 독립적으로 시행될 때 각각의 시행이 성공할 확률을 P라고 할 때 성공회수 X가 따르는 분포를 이항확률분포라고 하며 이항분포의 확률변수 X에 대한 이항확률함수는 다음과 같다.

이항분포의 확률질량함수

$$p(X = x) = \binom{n}{x} P^x (1 - P)^{n-x}, \qquad X = 0, 1, 2, ..., n$$

단, $\binom{n}{X} = {}_n C_X$ n : 시행회수, X : 성공회수 P : 성공비율, $1 - P$: 실패비율

참고로 확률변수 X가 이항분포를 따를 때 $X \sim B(n, P)$라고 표시할 수도 있다.

2.2 이항분포의 기댓값과 분산

이항분포를 따르는 확률변수 X의 기대값과 분산은 다음과 같이 부적합품수(nP)의 분포와 부적합품률(P)의 분포로 구분하여 보면 다음과 같다.

(1) 부적합품수(nP)의 분포

$$E(X) = nP$$
$$Var(X) = nP(1-P)$$
$$D(X) = \sqrt{nP(1-P)}$$

[참고]

$$E(X) = E(X_1 + E_2 + \cdots + X_n) = E(X_1) + E(X_2) + \cdots + E(X_n) = P + P + \cdots + P = nP$$
$$Var(X) = V(X_1 + X_2 + \cdots + X_n) = V(X_1) + V(X_2) + \cdots + V(X_n)$$
$$= P(1-P) + P(1-P) + \cdots + P(1-P) = nP(1-P)$$

(2) 부적합품률(P)의 분포

표본 부적합품률 $p = \dfrac{X}{n}$ 이므로 이것을 대입하면

$$E(p) = P$$
$$Var(p) = P(1-P)/n$$
$$D(p) = \sqrt{P(1-P)/n}$$

[참고]

$$E(p) = E(\frac{X}{n}) = \frac{1}{n}E(X) = P$$
$$Var(p) = V(\frac{X}{n}) = \frac{1}{n^2}V(X) = P(1-P)/n$$

2.3 이항분포의 성질

> **이항분포의 성질**
>
> ① $p = 0.5$일 때 기대값 np에 대하여 좌우대칭
> ② $np \geqq 5$이고 $n(1-p) \geqq 5$일 때 정규분포에 근사
> ③ $p \leqq 0.1$이고 $np = 0.1 \sim 10$일 때 포아송 분포에 근사 ($n \geqq 50$)
> ④ 실험은 n번의 반복시행으로 이루어져 분포가 이산적이다.
> ⑤ 각 시행의 결과는 두 가지로만 분류된다.
> ⑥ 한 가지 결과가 나타날 확률은 p로 표시되며 매시행마다 같다.
> ⑦ 매 시행에 의한 특정사상의 출현확률은 독립적이다.
> ⑧ 불량률관리도의 기초이다.

예제 2 P아파트 지역의 가구당 2대 이상 승용차 보유율은 25%라고 한다. 5가구를 임의로 선택하여 조사하였을 때 2대 이상 보유 가구 수 X의 이항분포를 작성하고 이를 그래프로 그려라.

[풀이]

X	$P(X=x_i)$
0	$\binom{5}{0} 0.25^0 (1-0.25)^5 = 0.237$
1	$\binom{5}{1} 0.25^1 (1-0.25)^4 = 0.396$
2	$\binom{5}{2} 0.25^2 (1-0.25)^3 = 0.263$
3	$\binom{5}{3} 0.25^3 (1-0.25)^2 = 0.088$
4	$\binom{5}{4} 0.25^4 (1-0.25)^1 = 0.015$
5	$\binom{5}{5} 0.25^5 (1-0.25)^0 = 0.001$
	1.000

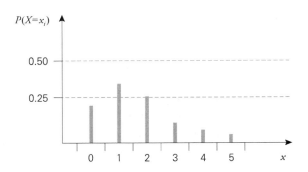

예제 3 부적합품률 $p = 0.05$인 모집단에서 $n = 4$의 시료를 샘플링할 때 부적합품이 하나도 없을 확률은 얼마인가?

[풀이] $p(0) = {}_4C_0\, 0.05^0\, (1 - 0.05)^{4-0} = 0.8145$

예제 4 어떤 사격선수가 표적을 명중시킬 확률은 0.8이다. 5발을 쏜다고 할 때
① 한발도 명중시킬 수 없는 확률은?
② 적어도 한발을 명중시킬 확률은?
③ 네발이상 명중시킬 확률은?

[풀이] ① $p(X = 0) = {}_5C_0\, 0.8^0\, (0.2)^5 = 0.00032$

② $p(X \geq 1) = 1 - p(X = 0) = 1 - 0.00032 = 0.99968$

③ $p(X \geq 4) = p(X = 4) + p(X = 5)$
$$= {}_5C_4\, 0.8^4\, (0.2)^1 + {}_5C_5\, 0.8^5\, (0.2)^0 = 0.7373$$

예제 5 A제약회사에서 4가지의 신약개발을 추진 중이다. 신약개발에 대한 성공률은 50%로 보고 있다. 신약개발에 대한 이항분포를 작성하고, 기대치와 분산 및 표준편차를 구하라.

[풀이] 다음과 같이 이항확률함수에 의거 이항분포를 작성하면,

$$P(X = 0) = {}_4C_0\, 0.5^0\, (1 - 0.5)^4 = 0.0625$$

$$P(X = 1) = {}_4C_1\, 0.5^1\, (1 - 0.5)^3 = 0.2500$$

$$P(X = 2) = {}_4C_2\, 0.5^2\, (1 - 0.5)^2 = 0.3750$$

$$P(X=3) = {}_4C_3\,0.5^3\,(1-0.5)^1 = 0.2500$$

$$P(X=4) = {}_4C_4\,0.5^4\,(1-0.5)^0 = 0.0625$$

따라서 기대치와 분산, 표준편차를 계산하면 다음과 같다.
- 기대치 $E(np) = np = 4 \times 0.5 = 2$
- 분산 $Var(np) = np(1-p) = 4 \times 0.5(1-0.5) = 1$
- 표준편차 $D(np) = \sqrt{np(1-p)} = \sqrt{4 \times 0.5(1-0.5)} = 1$

3. 포아송분포

3.1 포아송분포의 기본개념

포아송분포(poisson distribution)는 프랑스의 수학자인 포아송(Poisson : 1781~1840)에 의해 발견된 분포로서, 단위시간이나 단위공간에서 무작위하게 일어나는 사건의 발생 횟수에 적용되는 분포이다. 이러한 시행은 시행횟수 n이 무한히 크고 P가 0에 가까워 져서 nP가 m에 근접한다. 또한 포아송분포는 성공과 실패라는 두 상호배반적인 사상으로 구성되었다는 점에서 이항분포와 유사하나 연속적인 시간간격이나 면적 혹은 공간에서 발생하는 사상의 확률을 계산한다는 면에서는 이항분포와는 다르다.

포아송분포의 적용 사례를 보면 다음과 같다.
① 단위시간 내 발생한 사고건수
② 버스 도착율
③ 착륙하는 비행기 수
④ 안내실에 걸려오는 전화통화수
⑤ 하루 평균 응급환자 접수 건수
⑥ 단위면적당(m^2) 발생한 결점수
⑦ 자동차 한 대에서 발견된 흠집의 수

⑧ 용지 1면에서 발견한 오타건수(율) 등이 해당된다.

본래 이항분포에서 np를 일정하게 하고 $n = \infty$로 했을 때의 극한분포를 포아송분포라고 한다.

우선 **포아송분포의 조건**으로는 다음과 같이 열거해보면,

포아송 분포의 조건

① 한 단위시간이나 공간에서 일어나는 사건과 다른 단위시간이나 공간에서 발생한 사건과는 서로 독립이다.
② 극히, 작은 단위 시간 내에 둘 또는 그 이상의 사건이 일어날 가능성은 아주 적으므로 0으로 간주한다.
③ 단위 시간이나 공간에서 사건의 발생횟수는 일정하며 이는 시간이나 공간에 따라 변하지 않으나 단위시간이나 공간의 길이에 비례한다.

포아송 분포의 확률질량함수 $P(x)$는 다음과 같다.

포아송분포 확률함수

$$P(X = x) = \frac{e^{-m} \cdot m^x}{x!}, \qquad x = 0, 1, 2, ..., n$$

단, $e = 2.71828$ (자연로그의 밑수)
　　$m = $ 평균발생횟수 $(0 < m < \infty)$
　　$x = 0, 1, 2, \cdots$

3.2 포아송분포의 기댓값과 분산

포아송 분포를 따르는 확률변수 X의 기댓값과 분산은 다음과 같다.

포아송 분포의 기대값, 분산

$$E(X) = nP = m$$
$$Var(X) = nP(1 - P) = m(1 - 0) = m$$

3.3 포아송분포의 성질

> **포아송 분포의 성질**
>
> ① 이항분포에서 $p \leq 0.1$이면 x분포는 근사적으로 포아송분포로 취급한다.
> ② $m \geq 5$일 때 정규분포에 근사한다.
> ③ 포아송분포는 평균치와 분산 모두 $m = np$이다.
> ④ 분포가 이산적이다.

예제 6 단위 면적당 모평균 결점수가 $m = 3$인 모집단에서 단위 면적을 랜덤 샘플링했을 때 이 샘플에 결점이 3개 있을 확률을 구하시오.

[풀이] $m = 3$, $x = 3$

$$p(3) = \frac{e^{-3} \cdot 3^3}{3!} = \frac{e^{-3} \times 27}{3 \times 2 \times 1} = 0.2240$$

예제 7 종업원이 125명인 회사가 있다. 평균적으로 종업원의 결근율은 전체 종업원의 2%가량 된다고 할 때 임의의 종업원 중 5명 이상이 결근할 확률을 구하라?

[풀이] $m = 125 \times 0.02 = 2.5$, $x \geq 5$

$$p(x \geq 5) = 1 - p(x \leq 4)$$

$$= 1 - [\frac{e^{-2.5} \cdot 2.5^0}{0!} + \frac{e^{-2.5} \cdot 2.5^1}{1!} + \frac{e^{-2.5} \cdot 2.5^2}{2!} + \frac{e^{-2.5} \cdot 2.5^3}{3!} + \frac{e^{-2.5} \cdot 2.5^4}{4!}]$$

$$= 1 - (e^{-2.5} \times 10.856771) = 0.1088$$

예제 8 어느 회사의 고객상담실에 하루 동안 직접 고객이 방문하는 인원수가 평균 15명 정도이며, 포아송분포를 따른다고 한다. 다음 물음에 답하라.
① 하루 동안 고객상담실에 손님이 5명 올 확률은?
② 하루 동안 고객상담실에 손님이 0명도 오지 않을 확률은?
③ 하루 동안 고객상담실에 손님이 13명 이상 올 확률은?

[풀이] $m = 15$

$$① \; p(x = 5) = \frac{e^{-15} 15^5}{5!} = 0.001936$$

② $p(x=0) = \dfrac{e^{-15}15^{0}}{0!} = 0.000000306$

③ $p(x \geq 13) = \dfrac{e^{-15} \cdot 15^{13}}{13!} + \dfrac{e^{-15} \cdot 15^{14}}{14!} + \dfrac{e^{-15} \cdot 15^{15}}{15!} = 0.3005$

4. 초기하분포(Hyper-geometeric distribution)

4.1 초기하분포의 기본개념

초기하분포는 베르누이 분포, 이항분포에서와 같이 실험결과 둘 중 하나가 나타나는 경우에 이용된다. 하지만 초기하분포는 이항분포와 달리 **유한모집단**이며 **비복원추출**인 경우에 적용된다. 다시 설명하면, 이항분포는 매 시행마다 복원추출에 의해 이루어지므로 발생하는 확률이 일정하며, 이는 선행된 시행이 어떻든지 간에 후속시행에 전혀 영향을 주지 않는 독립적인 관계이다.

이에 반하여 초기하분포는 **비복원 추출**에 의해 이루어지므로 발생 확률(p)가 매 시행마다 일정하지 않다. 즉, 각 시행이 서로 독립적이지 않는 확률변수의 분포이다.

모집단의 크기가 N으로부터 표본의 크기 n개 랜덤하게 취할 때 표본 내 성공의 수 x(확률변수)의 초기하 분포의 확률함수는 다음과 같으며, [그림 4-1]에서와 같이 초기하 분포를 쉽게 이해할 수 있도록 개념도를 제시하였다.

초기하분포 확률함수

$$P(X=x) = \dfrac{\dbinom{NP}{x}\dbinom{N-NP}{n-x}}{\dbinom{N}{n}}, \quad x = 1,2,3,\cdots,n$$

단, N : 모집단의 크기
$\quad P$: 모집단의 비율
$\quad NP$: 모집단 내 성공수량
$\quad N-NP$: 모집단 내 실패수량
$\quad n$: 표본의 수
$\quad x$: 표본 내 성공수량 $\qquad\qquad n-x$: 표본 내 실패수량

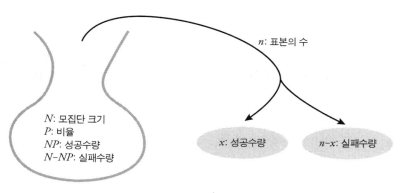

[그림 4-1] 초기하분포의 개념도

4.2 초기하분포의 기댓값과 분산

다음은 초기하 분포의 기대값과 분산 그리고 성질을 요약 정리한다.

초기하 분포의 기댓값, 분산

$$E(X) = n\frac{NP}{N} = nP$$

$$Var(X) = \frac{N-n}{N-1} \cdot nP(1-P) \qquad \text{단,} \quad \frac{N-n}{N-1} \text{는 유한수정계수임}$$

[참고]

$$E(X) = n\frac{NP}{N} = nP$$

$$Var(X) = \frac{N-n}{N-1} \cdot n\frac{NP}{N}(1-\frac{NP}{N}) = \frac{N-n}{N-1} \cdot nP(1-P)$$

4.3 초기하분포의 성질

초기하 분포의 성질

① lot의 크기 N이 무한대이면 이항분포와 같게 된다.
② 분포가 이산적이다.
③ 비복원 추출로 p가 일정하지 않다

예제 9 형광등 1,000개 중에서 통상 부적합품율이 5%이다. 여기서 랜덤샘플링을 실시하여 10개를 비복원 추출하였을 때 2개가 부적합품일 확률은?

[풀이] $p(x=2) = \dfrac{{}_{50}C_2 \cdot {}_{950}C_8}{{}_{1000}C_{10}} = 0.0743$

예제 10 K병원의 입원환자가 200명으로 집계되었으며 그 중 현재 흡연자 15%이고 비흡연자가 85%로 나타났다. 비복원추출로 5명을 임의로 뽑았을 때 적어도 한 명 이상 흡연자가 포함될 확률은?

[풀이] $p(x \geq 1) = 1 - p(x=0)$

$= 1 - \dfrac{{}_{30}C_0 \cdot {}_{170}C_5}{{}_{200}C_5} = 1 - 0.440 = 0.560$

예제 11 $N=50$, 불량개수 $NP=10$, 그리고 $n=5$일 때 $p(X=0)$일 확률은?

[풀이] $p(x=0) = \dfrac{{}_{10}C_0 \cdot {}_{40}C_5}{{}_{50}C_5} = 0.311$

예제 12 상기 예제에서 5개 중 포함될 불량수를 X라고 할 때, X의 기대치와 분산을 구하라?

[풀이] $N=50$, $NP=10$, $p=\dfrac{10}{50}=0.20$, $n=5$

$E(X) = np = 5 \times 0.2 = 1$

$$Var(X) = \frac{N-n}{N-1} np(1-p) = \frac{50-5}{50-1} 5(0.2)(0.8) = 0.735$$

$$D(X) = \sqrt{Var(X)} = \sqrt{0.735} = 0.86$$

∴ 5개 중에 포함될 불량평균수는 1개이며, 표준편차는 0.86개이다.

01 이항분포에서 모부적품비율 $P = 0.05$이며 $n = 300$일 때 부적합품의 표준편차는 얼마인가?

02 불량품이 5%인 공정에서 1개의 제품을 검사하여 불량품이면 $X = 1$, 양품이면 $X = 0$로 나타내면 확률변수 X가 베르누이 분포를 한다. 평균과 분산을 계산하라.

03 A공급자로부터 납품된 볼트를 수입검사를 하고 있다. 이 볼트의 통상 불량률은 1%이다. 1자루에 200개의 볼트가 들어있는 로트에서 20개를 무작위 비복원추출로 검사를 하였을 때 불량이 하나도 나오지 않을 확률을 구하라.

04 확률변수 X가 이항확률변수이며 $n = 7$, $p = 0.4$일 때
① 이항분포표를 작성하라.
② X의 평균과 분산을 계산하라.

05 보자기 속에 250개의 구슬이 있다. 이 중 빨강구슬이 50개 파랑구슬이 200개라고 할 때 임의로 구슬 5개를 비복원으로 꺼냈을 때 빨강구슬 2개가 나올 확률을 구하라.

06 어느 식당에 손님이 시간당 7명씩 온다. 1시간 동안 손님이 2명 이하 올 확률을 구하라.

07 S출판사의 페이지 당 오타수가 평균 1.5개라고 한다. 임의로 한 페이지를 선택했을 때 3개 이상 오타수가 발생할 확률을 계산하라.

08 G건설업체에서 1개월 동안 발생하는 안전사고 건수는 평균 2건이다. 사고건수가 2건 이하 발생된 확률을 구하라.

09 빨강, 주황, 노랑, 초록색의 4개의 전구에서 시료를 1개씩 5번을 랜덤샘플링을 취할 때 주황전구가 3번 나올 확률은?

10 모집단의 크기 $N = 1,000$, 불량률 $P = 0.03$인 공정으로부터 표본을 $n = 30$를 임의로 뽑았다. 불량품이 두 개 들어 있을 확률을 다음 분포에 의해 각각 계산하라.

① 초기하분포

② 이항분포

③ 포아송분포

11 B공급자로부터 볼트가 1,000개 입고되어 수입검사를 하고자 한다. 통상 이 공급자의 불량률은 2%이다. 이 중에서 20개를 임의로 비복원 추출로 수입검사를 하였을 때 다음 물음에 답하라.

① 불량품이 하나도 나오지 않을 확률은?

② 불량품이 2개 이하 나올 확률은?

③ 불량품이 20개 다 나올 확률은?

④ 불량품이 적어도 3개 나올 확률은?

12 A회사직원은 하루 핸드폰으로 평균 7회의 문자서비스를 제공받는다고 할 때 임의의 날에 3회의 문자서비스를 받을 확률은?

제5장

연속확률분포

1. 정규분포(Normal distribution)

1.1 정규분포의 기본개념

연속확률분포 중에서 **정규분포**는 가장 널리 활용되고 그 개념이 중요하다. 이 분포는 Abraham de Moirre(1667~1745), Pierre Laplace(1749~1827), C.F Gauss(1777~1855) 등에 의해서 수학적인 성질들과 이론적인 규칙으로 정립되었으며, 이 분포를 일명 **가우스 오차분포**라고 한다.

정규분포의 특징은 평균치(μ)에 대한 좌우대칭의 종모양의 분포이며, 평균치(μ)는 분포 곡선의 중심위치를 나타내고 표준편차(σ)는 곡선의 모양을 표시한다.

정규분포는 대표적인 연속확률분포 중의 하나이며 정규곡선 아래와 x축 사이의 전체 면적(확률)은 1이다.

확률변수 X의 기대값이 μ이고, 표준편차가 σ일 때 그 확률밀도함수(p.d.f) $f(x)$는 다음과 같이 표현한다.

정규분포 확률밀도함수

$$f(x) = \frac{1}{\sqrt{2\pi}\,\sigma}e^{-\frac{(x-\mu)^2}{2\sigma^2}}, \qquad\qquad -\infty < x < +\infty$$

단, μ : 평균치(모평균)
   σ : 표준편차(모표준 편차)
   e : 2.71828 자연대수의 밑(base)
   π : 3.14159 원주율

이 정규분포의 확률밀도함수는 확률변수 X가 정규분포 $X \sim N(\mu, \sigma^2)$에 따른다고 한다.

[그림 5-1]에서 정규분포의 확률밀도함수를 그림으로 표시하고 있다.

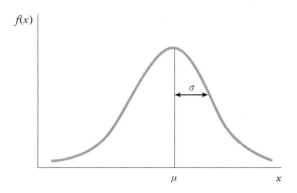

[그림 5-1] 정규확률밀도함수

정규분포의 성질을 요약하면 다음과 같다.

정규분포의 성질

① 평균치(μ)에 대한 좌우 대칭의 종모양의 분포
② 평균치(μ)는 분포 곡선의 중심위치
③ 표준편차(σ)는 곡선의 모양
④ 정규곡선 아래와 x축 사이의 전체 면적은 1이다.
⑤ 정규확률변수가 $-\infty$에서 $+\infty$까지 사이의 어떤 값도 가질 수 있지만 확률의 대부분은 평균을 중심으로 하여 제한된 범위에 위치한다.

정규확률밀도함수의 기댓값과 분산은 다음과 같다.

정규확률밀도함수의 기댓값, 분산

$$E(X) = \mu$$
$$Var(X) = \sigma^2$$

[참고]

$$E(X) = \int_{-\infty}^{\infty} x f(x) dx = \mu$$

$$Var(X) = E[(X-\mu)^2] = \int_{-\infty}^{\infty} (x-\mu)^2 f(x) dx = \sigma^2$$

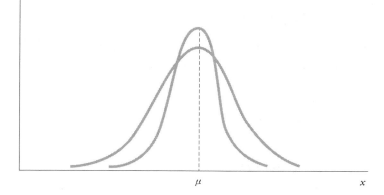

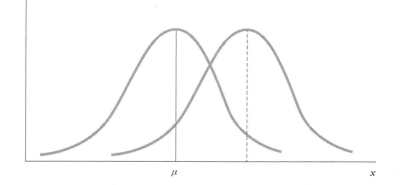

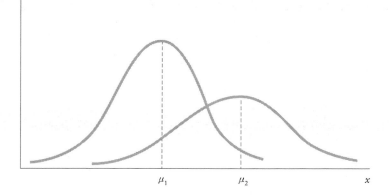

[그림 5-2] 평균과 표준편차의 차이에 따른 정규분포의 모양

따라서 정규분포의 모양은 평균과 표준편차에 따라 결정되며, 이것에 따라 [그림 5-2]와 같이 다양한 정규분포의 모양을 그릴 수 있다. 문제는 바로 여기에 있는 것이다.

이를 위하여 다양한 연속확률변수에 따라 일관된 기준에 의한 확률계산이 필요하며 위에서 제시하는 표준정규분포로 전환하게 된다.

1.2 표준정규분포

정규분포는 μ와 σ에 따라 여러 가지 모양을 갖기 때문에 서로 다른 모양의 분포를 비교하거나 면적크기의 계산에 의한 확률을 알기 어렵기 때문에 정규분포를 표준화하는데 이는 확률변수를 **표준화 확률변수**(standardized sample random variable)이라고 한다. 즉, 확률변수에서 평균을 뺀 것을 표준편차로 나눈 것이다.

이것을 $Z(U) = \dfrac{X-\mu}{\sigma}$ 로 표현하며 정규확률밀도함수 $f(x)$에 표준화 확률변수 $Z(U)$를 대입하여 분포변환하면 $\mu = 0$, $\sigma^2 = 1$ 의 표준정규분표 $N(0,\ 1^2)$에 따른다. 즉, 확률변수 X의 관찰치가 그 분포의 평균으로부터 몇 표준편차 거리만큼 떨어져 있는가를 Z로 나타낸다. 여기서 **표준화 확률변수** Z를 U라고도 표시한다.

(1) 표준화확률변수 $Z(U)$의 확률밀도함수는 다음과 같다.

표준정규분포의 확률밀도함수

$$f(Z) = \frac{1}{\sqrt{2\pi}} e^{-\frac{1}{2}z^2}, \qquad -\infty < x < \infty, \qquad Z = \frac{X-\mu}{\sigma}$$

표준정규분포의 기댓값과 분산

$$E(Z) = 0$$
$$Var(Z) = 1$$

$$E(Z) = E\left(\frac{X-\mu}{\sigma}\right) = \frac{1}{\sigma}\left[E(X) - \mu\right] = 0$$

$$Var(Z) = Var\left(\frac{X-\mu}{\sigma}\right) = \frac{1}{\sigma^2} Var(X-\mu) = \frac{1}{\sigma^2} Var(X) = 1$$

(2) 표본정규분포에서의 확률

표본정규분포의 p.d.f를 그래프로 그려보면 μ에 대하여 좌우대칭이고 산포의 정도는 σ에 의해 결정되며 분포의 면적은 다음 [그림 5-3]에서 나타낸다.

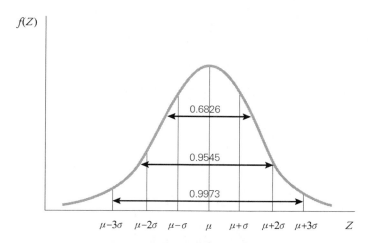

[그림 5-3] 정규분포의 확률밀도함수 그래프

$$P[\mu - \sigma \le X \le \mu + \sigma] = 0.6826 \quad \text{혹은} \quad P\left(-1 \le \frac{X-\mu}{\sigma} \le 1\right) = 0.6826$$

$$P[\mu - 2\sigma \le X \le \mu + 2\sigma] = 0.9544 \quad \text{혹은} \quad P\left(-2 \le \frac{X-\mu}{\sigma} \le 2\right) = 0.9544$$

$$P[\mu - 3\sigma \le X \le \mu + 3\sigma] = 0.9974 \quad \text{혹은} \quad P\left(-3 \le \frac{X-\mu}{\sigma} \le 3\right) = 0.9974$$

예제 1 우리나라 대기업의 평균수명은 40년, 표준편차가 10년의 정규분포를 이룬다고 가정하자. 년 수를 나타내는 확률변수 X가 10년, 20년, 30년, 40년, 50년, 60년, 70년일 때 이를 표준화 표본확률변수 Z로 바꾸어라.

[풀이] $X = 10$ $Z = \dfrac{X-\mu}{\sigma} = \dfrac{10-40}{10} = -3$

$X = 20$ $Z = \dfrac{X-\mu}{\sigma} = \dfrac{20-40}{10} = -2$

$X = 30$ $Z = \dfrac{X-\mu}{\sigma} = \dfrac{30-40}{10} = -1$

$X = 40$ $Z = \dfrac{X-\mu}{\sigma} = \dfrac{40-40}{10} = 0$

$X = 50$ $Z = \dfrac{X-\mu}{\sigma} = \dfrac{50-40}{10} = +1$

$X = 60$ $Z = \dfrac{X-\mu}{\sigma} = \dfrac{60-40}{10} = +2$

$X = 70$ $Z = \dfrac{X-\mu}{\sigma} = \dfrac{70-40}{10} = +3$

상기 예제에서 확률변수 X에 따라 표준화 표본확률변수 Z로 전환됨을 [그림 5-4]에서 나타낸다.

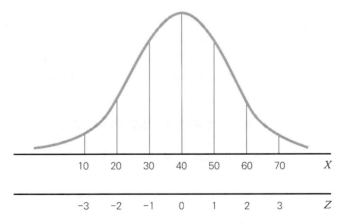

[그림 5-4] 확률변수 X와 표준화 표본확률변수 Z와의 관계

(3) 표본정규분포의 꼬리확률과 z값

[그림 5-5], [그림 5-6]에서와 같이 표준정규분포의 확률값의 α 즉, 백분위수 z_α는 $P(Z \leq z_\alpha) = \alpha$를 만족하는 점이며 $P(Z > z_\alpha) = 1 - \alpha$,

$P(z_{\alpha/2} < Z < z_{1-\alpha/2}) = 1 - \alpha$가 성립하고 $z_\alpha = -z_{1-\alpha}$, $z_{\alpha/2} = -z_{1-\alpha/2}$가 성립한다. 보다 구체적인 값은 부록 표준정규 분포표를 참고바람.

[표 5-1] 분위점과 확률관계

유의수준 α	양쪽의 경우	한쪽의 경우
$\alpha = 0.10$	$z_{1-\alpha/2} = z_{0.95} = 1.645$	$z_{1-\alpha} = z_{0.90} = 1.282$
$\alpha = 0.05$	$z_{1-\alpha/2} = z_{0.975} = 1.960$	$z_{1-\alpha} = z_{0.95} = 1.645$
$\alpha = 0.01$	$z_{1-\alpha/2} = z_{0.995} = 2.576$	$z_{1-\alpha} = z_{0.99} = 2.326$

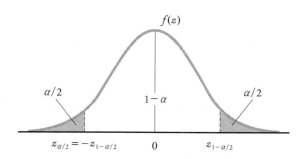

[그림 5-5] 표준정규분포의 양쪽확률

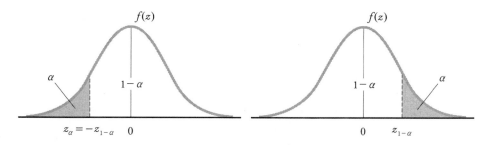

[그림 5-6] 표준정규분포의 한쪽확률

예제 2 공정에서 생산되는 제품치수의 평균이 $\mu = 24$, $\sigma^2 = 1.0$이다. 제품치수가 22이하의 제품이 나올 확률은? (단위:cm)

[풀이] $P(X \leq 22) = P\left(\dfrac{x - \mu}{\sigma} \leq \dfrac{22 - 24}{1.0}\right) = P(Z \leq -2) = 0.0228$

예제 3 어느 제약회사의 약품의 순도 기준은 95%이상이 되어야 한다. 공정평균 97%, 표준편차가 2.5%인 정규분포를 할 때 부적합품이 나올 확률은 얼마인가?

[풀이] $P(X < 95) = P(\frac{X - \mu}{\sigma} \leq \frac{95 - 97}{2.5}) = P(Z \leq -0.8) = 0.2119$

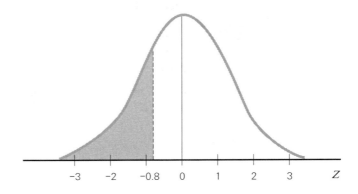

예제 4 확률변수 X가 $N(25, 5^2)$인 분포를 할 때 다음의 확률변수 조건에 대한 확률을 구하라.

① $X \leq 20$ ② $10 \leq X \leq 25$ ③ $X \geq 25$

[풀이] ① $P(X \leq 20) = P(\frac{x - \mu}{\sigma} \leq \frac{20 - 25}{5}) = P(Z \leq -1) = 0.1587$

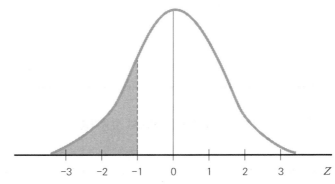

② $P(10 \leq X \leq 25) = P(\frac{10 - 25}{5} \leq \frac{x - \mu}{\sigma} \leq \frac{25 - 25}{5})$

$= P(-3 \leq Z \leq 0) = 0.4987$

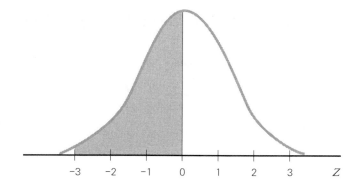

③ $P(X \geq 25) = P(\frac{x-\mu}{\sigma} \geq \frac{25-25}{5}) = P(Z \geq 0) = 0.500$

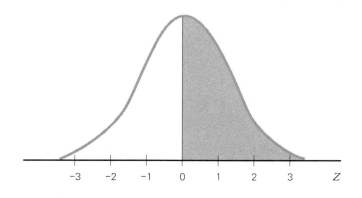

예제 5 건전지 제조회사에서 생산하는 건전지의 수명은 평균이 150시간, 표준편차가 20시
간인 정규분포를 한다고 한다.

① 건전지의 수명이 100시간 이하일 확률은?

② 건전지의 수명이 160시간 이상일 확률은?

③ 건전지의 수명이 135시간 이상, 165시간 이하일 확률은?

[풀이] ① $P(X \leq 100) = P(\frac{x-\mu}{\sigma} \leq \frac{100-150}{20}) = P(Z \leq -2.5) = 0.0062$

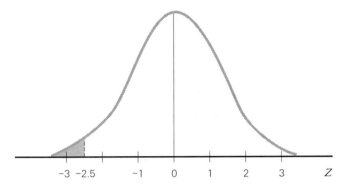

② $P(X \geq 160) = P(\frac{x-\mu}{\sigma} \geq \frac{160-150}{20}) = P(Z \geq 0.5) = 0.3085$

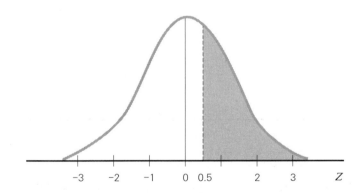

③ $P(135 \leq X \leq 165) = P(\frac{135-150}{20} \leq \frac{x-\mu}{\sigma} \leq \frac{165-150}{20})$

$= P(-0.75 \leq Z \leq 0.75) = 0.5468$

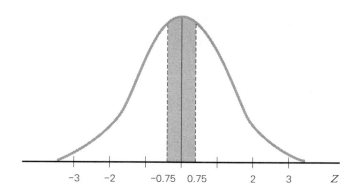

2. 통계량의 분포 : 표본분포

모집단 분포로부터 각각 독립적으로 추출된 n개의 관측 $X_1, X_2, \cdots, X_n$을 표본크기(sample size) n인 확률표본이라 한다. 표본분포는 확률표본 $X_1, X_2, \cdots, X_n$의 분포를 말한다. 즉, 표본분포란 모집단에서 추출한 같은 크기의 표본에서 얻은 표본통계량(표본평균, 표본분산, 표본비율 등)을 말한다. 따라서 통계량의 분포가 표본분포이다.

2.1 표본평균($\bar{x}$)의 분포

표본평균의 분포란 모집단의 모평균 μ와 모표준편차 σ으로부터 시료의 크기 n을 통일하게 추출하여 각각의 표본평균을 계산하였을 때 이 표본평균들의 확률분포를 말한다.

확률표본의 표본평균은 $\quad \bar{X} = \dfrac{X_1 + X_2 + \cdots + X_n}{n} = \dfrac{1}{n}\sum_{i=1}^{n} X_i$

[그림 5-7]의 표본평균의 분포는 모집단에서 n개씩 k번을 뽑아서 각각 표본의 평균을 계산하였을 때 표본평균 $\overline{X_1}, \overline{X_2}, \cdots, \overline{X_k}$의 확률분포를 말한다.

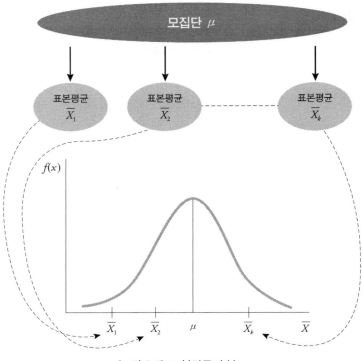

[그림 5-7] 표본평균의 분포

집단의 모평균 μ와 모표준편차 σ으로부터 시료의 크기 n을 동일하게 추출하여 각각의 표본평균을 계산하였을 때 이 표본평균들의 확률분포를 말한다.

다음의 예를 통하여 모집단의 분포와 표본평균의 분포를 비교해본다.

예제 6 S전자회사의 기술연구소의 디자이너가 4명이 근무하고 있다. 근무년수는 다음 표와 같으며 2명을 무작위로 복원추출하여 각 표본의 평균과 확률분포를 알아보자.

디자이너	근무년수 X	$P(X)$
1	3	1/4
2	5	1/4
3	7	1/4
4	9	1/4

[풀이] 이 모집단에 대한 확률분포의 평균과 분산, 표준편차를 구하면 다음과 같다.

$$\mu = E(X) = \sum X \, P(X) = 3\left(\frac{1}{4}\right) + 5\left(\frac{1}{4}\right) + 7\left(\frac{1}{4}\right) + 9\left(\frac{1}{4}\right) = 6$$

$$\sigma^2 = V(X) = \sum (X - \mu)^2 P(X)$$

$$= \left\{(3-6)^2 + (5-6)^2 + (7-6)^2 + (9-6)^2\right\}\frac{1}{4} = 5$$

$$\sigma = D(X) = \sqrt{5} = 2.236$$

이 모집단의 확률분포를 그림으로 나타내면 [그림 5-8]과 같이 표현된다.

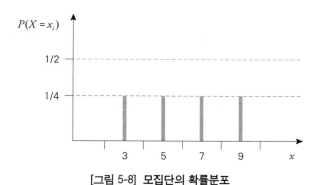

[그림 5-8] 모집단의 확률분포

이제 모집단에서의 표본의 크기 $n = 2$인 표본을 복원추출하면 가능한 표본의 총수는 $4 \times 4 = 16$개가 된다.

[표 5-2]는 표본의 크기가 2일 때의 가능한 표본과 표본평균 그리고 확률을 나타내고 있다.

[표 5-2] $n = 2$일 때 표본과 표본평균

표본	$\overline{X}$	$P(\overline{X})$	표본	$\overline{X}$	$P(\overline{X})$
(3, 3)	3	1/16	(7, 3)	5	1/16
(3, 5)	4	1/16	(7, 5)	6	1/16
(3, 7)	5	1/16	(7, 7)	7	1/16
(3, 9)	6	1/16	(7, 9)	8	1/16
(5, 3)	4	1/16	(9, 3)	6	1/16
(5, 5)	5	1/16	(9, 5)	7	1/16
(5, 7)	6	1/16	(9, 7)	8	1/16
(5, 9)	7	1/16	(9, 9)	9	1/16

[표 5-3]은 $n = 2$일 때 표본들과 표본평균을 정리하여 이것에 대응하는 확률을 나타내고 있다. 이것이 평균의 표본평균이다. [그림 5-9]는 표본평균의 확률분포로 나타낸 것이다.

[표 5-3] $n = 2$일 때 표본평균의 분포

$\overline{X}$	$P(\overline{X})$
3	1/16
4	2/16
5	3/16
6	4/16
7	3/16
8	2/16
9	1/16

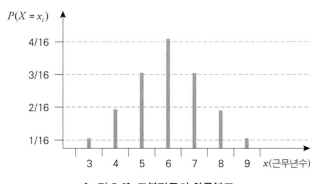

[그림 5-9] 표본평균의 확률분포

2.2 표본평균 분포의 기대치와 분산

결론적으로 보면, [그림 5-8]과 [그림 5-9]에 있는 확률분포를 각각 비교하여 보면 모집단의 분포는 균등분포를 보이고 있는 반면 표본분포는 종모양의 대칭으로 정규분포에 접근하고 있다. 특히 평균에 대해서는 모집단이나 표본의 평균이 같으며 분산의 경우 모집단의 분산을 표본의 크기(n)로 나눈 것과 같음을 알 수 있다.

표본평균 분포에서 기대치와 분산을 구하는 경우 표본평균 $\overline{X}$의 기대값 $E(\overline{X})$을 $\mu_{\overline{X}}$라고 하며, 분산 $V(\overline{X})$를 $\sigma_{\overline{X}}^2$라고 할 때 다음과 같은 관계가 성립된다.

평균의 표본분포의 기대치와 분산

$E(\overline{X}) = \mu_{\overline{X}} = \mu$

$V(\overline{X}) = \sigma_{\overline{X}}^2 = \dfrac{\sigma^2}{n}$

$V(\overline{X}) = \sigma_{\overline{X}}^2 = \dfrac{\sigma^2}{n} \cdot \dfrac{N-n}{N-1}$　　　(유한모집단인 경우)

$D(\overline{X}) = \sigma_{\overline{X}} = \dfrac{\sigma}{\sqrt{n}}$　(표준오차)

$D(\overline{X}) = \sigma_{\overline{X}} = \dfrac{\sigma}{\sqrt{n}} \cdot \sqrt{\dfrac{N-n}{N-1}}$　　(유한모집단인 경우)

위 식에서 모집단이 유한모집단인 경우 표본분포의 분산 계산 시 $N-n/N-1$ 이라는 유한 수정계수(correction factor)를 곱하여 준다.

[증명] $\mu_{\overline{X}} = E(\overline{X}) = E\left\{ \dfrac{1}{n}(X_1 + X_2 + \ldots + X_n) \right\} = \dfrac{1}{n}(n\mu) = \mu$

$\sigma_{\overline{X}}^2 = Var(\overline{X}) = Var\left\{ \dfrac{1}{n}(X_1 + X_2 + \ldots + X_n) \right\} = \dfrac{1}{n^2} Var(X_1 + X_2 + \ldots + X_n)$

$= \dfrac{1}{n^2}\left\{ Var(X_1) + Var(X_2) + \ldots + Var(X_n) \right\} = \dfrac{1}{n^2}(n\sigma^2) = \dfrac{\sigma^2}{n}$

예제 7 어느 금융회사의 펀드투자상담사 400명을 대상으로 근무년수를 조사한 결과 평균 7년, 분산 12년으로 나타났다. 이들 중에서 표본의 크기를 $n = 10$으로 하여 무작위로 표본을 뽑았을 때 이 표본분포의 평균과 분산을 각각 계산하라.

[풀이] $\mu = 7$, $\sigma^2 = 12$, $n = 10$ 이다.

$$\mu_{\overline{X}} = 7\,(\text{년}), \quad \sigma^2_{\overline{X}} = \frac{12}{10} = 1.2\,(\text{년}) \text{ 이다.}$$

위의 결과로부터 표본평균 $\overline{X}$의 평균은 모집단의 평균과 같으며 표본의 크기 n이 클수록 그 분산이 0에 가까워져서 결국 표본의 크기가 클수록 $\overline{X}$는 모집단의 평균인 μ 근처에 밀집되어 분포한다는 사실을 알 수 있다.

이제 모집단의 분포가 정규분표 $N(\mu, \sigma^2)$인 경우에는 정규분포의 성질에 의하여 $\overline{X}$도 평균이 μ이고, 분산이 $\frac{\sigma^2}{n}$인 정규분포를 한다.

표본평균 분포의 기대치와 분산

$X_1, X_2, \cdots, X_n$이 모집단 $N(\mu, \sigma^2)$으로부터 추출한 한 표본값을 나타내는 확률변수라 할 때, 이것들의 평균 $\overline{X} = \frac{1}{n}\sum_{i=1}^{n} X_i$는 평균이 μ, 분산이 $\frac{\sigma^2}{n}$인 정규분포 $N(\mu, \frac{\sigma^2}{n})$을 따른다.

또한, 모집단의 확률변수 $X \sim N(\mu, \sigma^2)$이면 표본평균의 분포의 확률변수 $\overline{X} \sim N(\mu, \frac{\sigma^2}{n})$이다. 표본평균이 정규분포이므로 표본평균을 표준화변수 Z로 변환하면 $Z = \frac{\overline{X} - \mu}{\sigma/\sqrt{n}}$ 로 되며 Z는 $N(0, 1)$인 표준정규분포에 따른다.

예제 8 $\overline{X}$를 $N(75, 100)$으로부터 추출된 표본의 크기 25인 확률표본의 평균이라고 할 때 $P(71 \leq \overline{X} \leq 79)$를 구하라.

[풀이] $P(71 \leq \overline{X} \leq 79) = P\left(\dfrac{71-75}{\dfrac{10}{\sqrt{25}}} \leq \dfrac{\overline{X}-\mu}{\dfrac{\sigma}{\sqrt{n}}} \leq \dfrac{79-75}{\dfrac{10}{\sqrt{25}}} \right)$

$$= P(-2 \leq Z \leq 2) = 0.9544$$

2.3 중심극한의 정리

모집단의 분포가 정규분포가 아닌 경우 평균의 표본분포 모양은 표본의 크기에 좌우가 된다. 즉 표본의 크기 n이 충분히 클 경우에 임의의 모집단으로부터의 표본평균의 분포는 정규분포에 근접한다는 것이다. 비록 모집단의 분포가 일양분포나 지수분포 등과 같이 정규분포가 아니더라도 표본의 크기 n이 커질수록 정규분포에 접근하고 있음을 알 수 있다.

중심극한의 정리란 μ, σ^2인 모집단에서 크기 n인 표본평균($\bar{x}$)을 표준화 확률변수로 변환할 때 $Z = \dfrac{\bar{x} - \mu}{\sigma/\sqrt{n}}$ 의 확률분포는 $n \to \infty$ 에서 표준정규분포 $N \sim (0,\ 1^2)$에 수렴한다. 이 정리에서 보면 모집단의 정규분포일 때 표본의 크기 n이 커지면 관찰된 평균치들이 평균을 중심으로 몰려드는 것을 알 수가 있다. 즉, 표본분포의 분산이 줄어들고 있다. 따라서 근사적으로 표본평균($\bar{x}$)의 분포는 $\bar{X} \sim N(\mu,\ \dfrac{\sigma^2}{n})$으로 접근한다는 것이다. 한편 모집단이 비정규분포일 때는 표본의 크기 n이 작은 경우, 표본분포가 정규분포의 모습을 보이지 못하나 $n = 30$일 때부터는 정규분포에 접근하고 있음을 보이고 있다. 따라서 표본의 크기가 충분히 클 경우인 $n \geq 30$인 경우에는 약간의 예외적인 경우를 제외하고는 모집단의 분포 특징에 관계없이 표본분포는 정규분포에 접근함을 알 수가 있다. 이것을 **중심극한정리**(central limit theorem)라고 한다.

중심극한정리

$X_1, X_2, \ldots, X_n$이 모집단 $N(\mu,\ \sigma^2)$으로부터 추출한 표본의 크기 n인 확률표본에서 표본평균 $\bar{X}$는 표본의 크기 n이 크면 근사적으로 정규분포 $N(\mu,\ \dfrac{\sigma^2}{n})$을 따른다. 즉 n이 클 때($n \geq 30$) $Z = \dfrac{\bar{X} - \mu}{\sigma/\sqrt{n}}$ 는 근사적으로 표준정규분포 $N(0, 1)$을 따른다.

3. 통계량 함수의 분포

통계량은 2개 이상의 통계량을 조합하거나 모수와 통계량을 조합한 것도 포함된다. 이러한 통계량의 분포를 통계량 함수의 분포라고 하며 통계적 품질관리에서는 검정이나 추정에 필요한 χ^2분포, t분포, F분포 등이 있다.

3.1 카이제곱(χ^2) 분포

이 분포는 영국의 수리통계학자인 Karl Pearson 고안한 것으로 편차제곱의 합 또는 표본분산 s^2와 관계되는 분포로서 모분산 σ^2에 대한 추론, 적합도 검정, 독립성 검정 등에 많이 사용된다. 특히 χ^2분포는 단일 모집단의 σ^2 검정과 추론에 유용하게 쓰인다.

χ^2 분포

표준확률변수 $Z_1, Z_2, \cdots, Z_n$이 서로 독립적이고 $N(0, 1)$인 경우, 이들 제곱의 합, $\chi^2 = Z_1^2 + Z_2^2 + \cdots + Z_n^2$은 자유도 n인 χ^2분포가 된다. 따라서 정규분포의 표준화 값과 χ^2분포 값은 $Z^2(\frac{\alpha}{2}) = \chi^2(1, \alpha)$의 관계가 된다.

즉, 단일 정규분포 $N(\mu, \sigma^2)$으로부터의 확률표본을 확률변수 $X_1, X_2, \cdots, X_n$ 이라 할 때, 표준확률변수 $Z_i = \dfrac{X_i - \mu}{\sigma}$를 제곱의 합으로 하면 $Z_i^2 = \left(\dfrac{X_i - \mu}{\sigma}\right)^2$이 되며, 이 통계량인 Z_i^2은 자유도 n인 **카이제곱분포**(χ^2 또는 chi-square distribution)를 이룬다.

이러한 개념을 바탕으로 χ^2의 계산은 $N(\mu, \sigma^2)$인 정규모집단으로부터 크기 n인 $X_1, X_2, \cdots, X_n$ 표본을 반복적으로 취할 때, 각 표본에 대해 표본분산 s^2을 계산하였을 때 확률변수 χ^2은 $\chi^2 = \dfrac{S}{\sigma^2} = \dfrac{(n-1)s^2}{\sigma^2}$ 단, s^2은 표본분산, S는 (편차) 제곱의 합으로 자유도($\nu = n - 1$)의 카이제곱분포에 따른다.

카이제곱은 연속확률분포로서 그 모양은 자유도($n-1$)의 크기에 따라 달라진다. [그림

5-10이은 자유도에 따라 카이제곱분포의 모양이 정규분포에 근사함을 나타내고 있다.

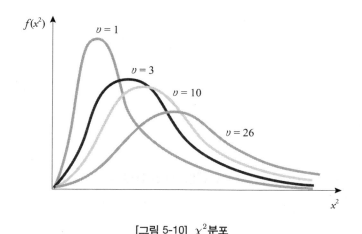

[그림 5-10] χ^2분포

χ^2**분포의 특성**을 나열하면 다음과 같다.

① χ^2분포의 모양은 다른 정규분포나 t분포처럼 좌우대칭이 아니며 오른쪽으로 긴 꼬리를 가지는 비대칭형분포이다.

② 확률변수 $X_1, X_2, \cdots X_n$이 $N(\mu, \sigma^2)$으로부터의 확률표본이라면 $\overline{X} = \sum_{i=1}^{n} X_i / n$,

$S = \sum_{i=1}^{n} (X_i - \overline{X})^2$이라고 하면 $\overline{X}$는 정규분포 $N(\mu, \sigma^2/n)$을 따르고 S/σ^2은 자유도 $\nu = n - 1$인 χ^2분포에 따른다.

③ 확률변수 X가 자유도ϕ의 카이제곱분포를 따르면 기대치와 분산 및 표준편차는 다음과 같다.

$$E(X) = \nu = n - 1, \quad V(X) = 2\nu = 2(n-1), \quad D(X) = \sqrt{2\nu} = \sqrt{2(n-1)}$$

④ χ^2분포는 연속확률분포이며 모수(parameter)는 자유도($\nu = n - 1$)이다.

이의 자유도에 따라 χ^2분포의 모양이 변하고 있음을 알 수 있고, 자유도가 커지면 점차 좌우 대칭모양을 이루어 정규분포에 접근한다.

⑤ 항상 양수 값만을 가진다. $(0 \leq \chi^2 \leq \infty)$

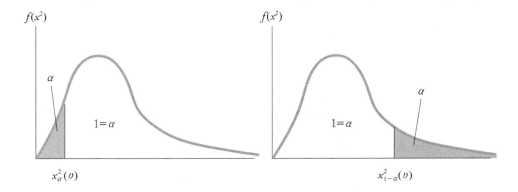

[그림 5-11] χ^2분포의 한쪽확률의 α (1)

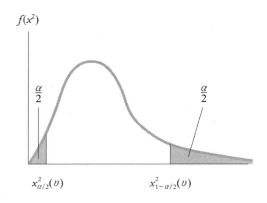

[그림 5-12] χ^2분포의 양쪽확률의 α (2)

[그림 5-11]은 확률면적 α를 한쪽확률인 왼쪽에 배치했을 때 $\chi_\alpha^2(\nu)$의 값으로 표시하고, 확률면적 α를 오른쪽에 배치했을 때 $\chi_{1-\alpha}^2(\nu)$의 χ^2값으로 표시한다. 예를 들면, 자유도가 10인 χ^2분포에서 한쪽확률 상측 5%로 $\chi_{0.95}^2$의 값을 부록 χ^2분포표에서 찾으면 $\chi_{1-\alpha}^2(\nu) = \chi_{0.95}^2(10) = 18.31$이 된다.

또한 [그림 5-12]는 확률면적 α를 양쪽확률을 고려할 때는 분포의 왼쪽에 $\chi_{\alpha/2}^2(\nu)$를 표시하고 오른쪽에는 $\chi_{1-\alpha/2}^2(\nu)$를 표시한다. 예를 들면 5%인 χ^2의 값은 부록 χ^2분포표에서 확률이 2.5%씩 나누어서 $\chi_{0.025}^2(10) = 3.247$ 및 $\chi_{0.975}^2(10) = 20.48$이 된다.

예제 9 다음 문제에 대하여 χ^2값을 구하라.

① $\nu = 12, \quad \alpha = 0.05$일 때 $\chi^2_\alpha(\nu)$

② $n = 16, \quad \alpha = 5\%$일 때 $\chi^2_{1-\alpha}(\nu)$

③ $n = 23, \quad \alpha = 5\%$일 때 $\chi^2_{\alpha/2}(\nu)$

④ $n = 23, \quad \alpha = 5\%$일 때 $\chi^2_{1-\alpha/2}(\nu)$

[풀이] 부록의 χ^2분포표에서 찾으면 다음과 같이 구한다.

① $\chi^2_{0.05}(12) = 5.226$

② $\chi^2_{0.95}(15) = 25$

③ $\chi^2_{0.025}(22) = 10.98$

④ $\chi^2_{0.975}(22) = 36.78$

3.2 t분포

t분포는 1908년 영국의 통계학자인 W.S. Gosset(1876~1937)가 고안한 분포로서, χ^2 분포와 같이 자유도에 의해 결정되는 분포이다. 일명 'Student t분포'라고 부르기도 한다. 이때 그는 아일랜드(Ireland) 양조장에서 근무하였으며 연구 결과는 본명 대신 필명을 사용하도록 하였기 때문에 'Student'라는 용어로 그의 논문 "The Probable Error of Mean"을 발표하였다.

$X_1, X_2, \cdots, X_n$ 이 모집단 $N(\mu, \sigma^2)$ 으로부터 추출한 표본의 크기 n인 확률표본에서 표본평균 $\overline{X}$는 표본의 크기 n이 크면 근사적으로 정규분포 $N(\mu, \dfrac{\sigma^2}{n})$을 따른다. 즉, n이 클 때 $Z = \dfrac{\overline{X} - \mu}{\sigma/\sqrt{n}}$ 는 근사적으로 표본정규분포 $N(0, 1)$을 따른다. 그런데 모평균에 대한 통계적 추론에서 모표준편차(σ)를 알 수 없을 경우, σ대신에 표본표준편차 $s = \sqrt{\dfrac{\sum_{i=1}^{n}(X_i - \overline{X})^2}{n-1}} = \sqrt{\dfrac{S}{n-1}}$ 을 대신 사용하여 Student화된 확률변수 $\dfrac{\overline{X} - \mu}{s/\sqrt{n}}$

는 자유도$(n-1)$의 t분포에 따른다.

t분포

$N(\mu, \sigma^2)$인 정규모집단으로부터 크기 n인 $X_1, X_2, \cdots, X_n$ 표본을 반복적으로 취할 때 그것의 표본평균이 $\overline{X}$이며, 표준편차가 s일 때 확률변수 t는

$$t = \frac{\overline{X} - \mu}{s/\sqrt{n}}$$

으로 자유도$(n-1)$의 t 분포에 따른다.

t분포의 특성을 살펴보면 다음과 같다.

① t분포의 모양은 [그림 5-13]과 같이 표준정규분포와 비슷하나 산포가 큰 것이 특징이며, 특히 자유도가 증가하면 t분포는 $N(0, 1)$분포에 수렴하며 $\nu = \infty$ 일 때 t분포는 $N(0, 1)$인 표준정규분포와 일치한다.

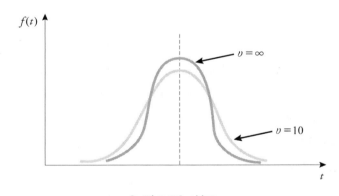

[그림 5-13] t분포

② $t = 0$에 관하여 좌우대칭
③ t분포표는 양쪽 $1 - \alpha/2$, 한쪽 $1 - \alpha$값이 표시되어 있다(부록 4 참고).
④ 자유도 ν인 t분포를 하는 확률변수 t의 기대치와 분산 및 표준편차는 다음과 같다.

$$E(t) = 0, \qquad V(t) = \frac{\nu}{\nu - 2}, \quad 단, \quad \nu > 2임. \qquad D(t) = \sqrt{\frac{\nu}{\nu - 2}}$$

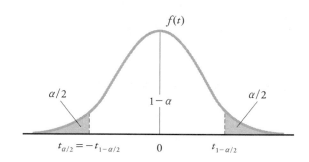

[그림 5-14] t분포표의 양쪽확률

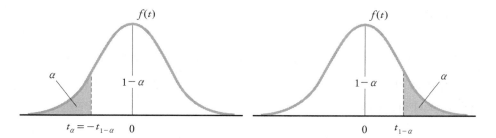

[그림 5-15] t분포표의 한쪽확률

[그림 5-14]는 t분포의 확률면적 α를 양쪽확률을 고려할 때는 분포의 왼쪽에 $t_{\alpha/2} = -t_{1-\alpha/2}$를 표시하고 오른쪽에는 $t_{1-\alpha/2}$를 표시한다. 예를 들면 자유도가 10인 t분포에서 양쪽확률 $\alpha = 5\%$인 경우 t분포 확률이 나뉘어져 2.5%로 되어서 $\pm t_{1-\alpha/2}(\nu) = \pm t_{0.975}(10) = \pm 2.228$이 된다.

또한 [그림 5-15]는 t분포의 한쪽확률인 왼쪽에 배치했을 때 $t_\alpha = -t_{1-\alpha}$의 값으로 표시하고, 오른쪽에 배치했을 때는 $t_{1-\alpha}$의 t분포 값으로 표시한다. 예를 들면, 자유도가 10인 t분포에서 $\alpha = 5\%$인 $t_{1-\alpha}(\nu) = t_{0.95}(10) = 1.812$가 된다. 따라서 좌우 위치에 따라 t확률값은 ± 1.812가 된다.

예제 9 다음 문제에 대하여 t값을 구하라.

    ① $\nu = 12$, $\alpha = 0.05$이며 양쪽확률을 고려할 때

    ② $n = 16$, $\alpha = 5\%$일 때 한쪽확률(하측)

    ③ $n = 23$, $\alpha = 5\%$일 때 한쪽확률(상측)

[풀이] 부록의 t분포표에서 찾으면 다음과 같이 구한다.

    ① $t_{1-\alpha/2}(\nu) = t_{0.975}(12) = \pm 2.179$

    ② $-t_{1-\alpha}(\nu) = -t_{0.95}(15) = -1.753$

    ③ $t_{1-\alpha}(\nu) = t_{0.95}(22) = 1.717$

3.3 F분포

F분포는 1925년 R. A. Fisher에 의해 발견된 분포로서, 두 모집단의 분산 σ_1^2과 σ_2^2이 같은지 비교 검정하기 위해서는 두 모집단에서 표본을 추출하여 두 표본분산(불편분산) V_1과 V_2를 비교한다.

F분포는 다음과 같이 두개의 χ^2변수의 비율로 나타내며, 두 분포 간에는 표본분산과 밀접한 관련성이 있음을 알 수 있다. χ^2분포가 정규분포를 따른다면 하나의 모집단에 대한 분산을 추정하는 데 사용되는 반면 F분포는 두 모집단의 분산을 비교하는 데 사용된다. 즉, 두 개의 정규모집단에서 얻어진 상호 독립적인 확률변수 χ_1^2, χ_2^2이 각각 자유도 $\nu_1 = n_1 - 1$, $\nu_2 = n_2 - 1$인 χ^2분포를 따를 경우, 각각의 자유도로 나눈 두 확률변수의 비는 $(\nu_1 = n_1 - 1)$, $(\nu_2 = n_2 - 1)$인 F분포를 따른다.

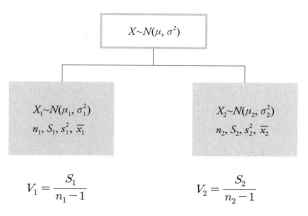

$$V_1 = \frac{S_1}{n_1 - 1} \qquad V_2 = \frac{S_2}{n_2 - 1}$$

[그림 5-16] F분포의 개념도

즉, F분포는 두 개의 정규모집단에서 얻어진 샘플링한 표본의 크기 n_1, n_2인 2개의 표본을 각각 정리하여 두 개의 식을 분산의 비로 표현하면 다음과 같다.

$$\frac{\chi_1^2}{\nu_1} = \frac{\dfrac{S_1}{\sigma_1^2}}{\nu_1} = \frac{\dfrac{s_1^2(n_1 - 1)}{\sigma_1^2}}{n_1 - 1} = \frac{s_1^2}{\sigma_1^2} = \frac{V_1}{\sigma_1^2}$$

$$\frac{\chi_2^2}{\nu_2} = \frac{\dfrac{S_2}{\sigma_2^2}}{\nu_2} = \frac{\dfrac{s_2^2(n_2 - 1)}{\sigma_2^2}}{n_2 - 1} = \frac{s_2^2}{\sigma_2^2} = \frac{V_2}{\sigma_2^2}$$

$$F = \frac{\dfrac{V_1}{\sigma_1^2}}{\dfrac{V_2}{\sigma_2^2}} = \frac{V_1 \cdot \sigma_2^2}{V_2 \cdot \sigma_1^2} \qquad \text{단, } \sigma_1^2 = \sigma_2^2 \text{인 경우에는 } \frac{\sigma_2^2}{\sigma_1^2} = 1 \text{이 되므로}$$

$$F = \frac{V_1}{V_2} \sim F_{1-\alpha}(\nu_1, \nu_2)$$

자유도 $\nu_1 = n_1 - 1$, $\nu_2 = n_2 - 1$의 F분포를 한다.

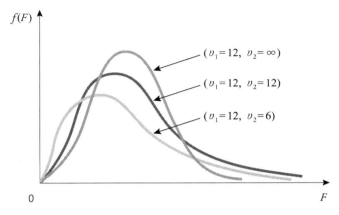

[그림 5-17] F분포

F**분포의 특성**을 나열하면 다음과 같다.

① F분포는 그림과 같이 오른쪽으로 기운 모양을 하는데 이것은 ν_1, ν_2의 조합에 의해 그 모양이 달라진다.

② F의 계산은 $F \rangle 1$과 같이, 즉 V_1, V_2중 큰 것을 분자에, 작은 것을 분모에 둔다.

③ 통계량 χ^2이 자유도 $\nu = n-1$인 χ^2분포를 할 때 $\dfrac{\chi^2}{\nu}$은 자유도 $\nu_1 = 1$, $\nu_2 = \infty$ 인 F분포를 한다. 예를 들면 $\chi^2 = \dfrac{S}{\sigma^2}$은 $\nu = n-1$인 χ^2분포를 하므로

$$\frac{\chi^2}{\nu} = \frac{\dfrac{S}{\sigma^2}}{\nu} = \frac{\dfrac{s^2(n-1)}{\sigma^2}}{n-1} = \frac{s^2(n-1)}{\sigma^2(n-1)} = \frac{V}{\sigma^2}$$ 은 분자가 자유도 $\nu = n-1$인 불

편분산, 분모 σ^2은 자유도 $\nu = \infty$인 불편분산이므로 $\dfrac{\chi^2}{\nu}$은

$\nu_1 = n-1$, $\nu_2 = \infty$인 F분포를 한다.

④ F분포는 자유도의 위치를 바꾸면 다음과 같은 관계가 성립한다.

$$F_{\alpha/2}(\nu_1, \nu_2) = \frac{1}{F_{1-\alpha/2}(\nu_2, \nu_1)}$$

$$F_\alpha(\nu_1, \ \nu_2) = \frac{1}{F_{1-\alpha}(\nu_2, \ \nu_1)}$$

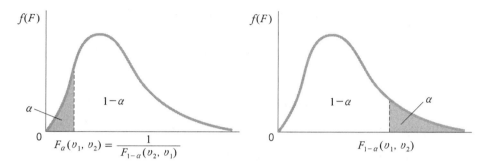

[그림 5-18] F분포표의 한쪽확률

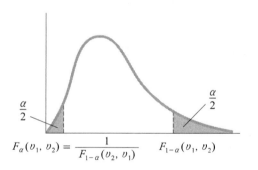

[그림 5-19] F분포표의 양쪽확률

[그림 5-18]은 F분포의 확률면적 α를 한쪽확률인 왼쪽(하측)에 배치했을 때 $F_\alpha(\nu_1, \ \nu_2) = \dfrac{1}{F_{1-\alpha}(\nu_2, \ \nu_1)}$ 의 값으로 표시하고, 확률면적 α를 오른쪽(상측)에 배치했을 때 $F_{1-\alpha}(\nu_1, \ \nu_2)$의 F값으로 표시한다. 예를 들면, 두 집단에서 각각의 자유도가 $\nu_1 = 10, \ \nu_2 = 5$인 F분포에서 한쪽확률(상측) 5%로 F분포표에서 찾으면 $F_{0.95}(10, \ 5)$ = 4.74가 된다.

또한 [그림 5-19]는 F분포의 확률면적 α를 양쪽확률을 고려할 때는 F분포의 왼쪽

(하측)에 $F_{\alpha/2}(\nu_1, \nu_2) = \dfrac{1}{F_{1-\alpha/2}(\nu_2, \nu_1)}$ 를 표시하고 오른쪽(상측)에는 $F_{1-\alpha/2}$ (ν_1, ν_2)로 표시한다. 예를 들면 두 집단의 자유도가 $\nu_1 = 12$, $\nu_2 = 7$인 F분포에서 양쪽확률 $\alpha = 5\%$인 경우 왼쪽(하측)에는 $F_{0.025}(12, 7) = \dfrac{1}{F_{0.975}(7, 12)} = 0.277$이 되고 오른쪽(상측)에는 $F_{0.975}(12, 7) = 4.67$이 된다.

예제 10 F분포표에서 다음 값을 구하라.

① $\nu_1 = 10$, $\nu_2 = 5$이며 $\alpha = 0.05$일 때 $F_{1-\alpha}(\nu_1, \nu_2)$ 값

② $n_1 = 16$, $n_2 = 5$　　$\alpha = 5\%$일 때 $F_{\alpha}(\nu_1, \nu_2)$값

③ $n_1 = 21$, $n_2 = 6$　　$\alpha = 5\%$일 때 $F_{1-\alpha/2}(\nu_1, \nu_2)$값

④ $n_1 = 13$, $n_2 = 7$　　$\alpha = 5\%$일 때 $F_{\alpha/2}(\nu_1, \nu_2)$값

[풀이] 부록의 F분포표에서 찾으면 다음과 같이 구한다.

① $F_{0.95}(10, 5) = 4.74$

② $F_{0.05}(15\ \ 4) = \dfrac{1}{F_{0.95}(4, 15)} = 0.327$

③ $F_{0.975}(20, 5) = 6.33$

④ $F_{0.025}(12, 6) = \dfrac{1}{F_{0.975}(6, 12)} = 0.268$

3.4 각 분포들 간의 상호관계

① 정규분포와 χ^2분포와의 관계

$Z(U) \sim N(0, 1^2)$일 때 $Z^2 \sim \chi^2(1)$이므로 $(Z_{1-\alpha})^2 = \chi^2_{1-\alpha}(1)$이다. 따라서 $Z_{1-\alpha} = \sqrt{\chi^2_{1-\alpha}(1)}$ 이 된다.

② t분포와 정규분포와의 관계

$t_{1-\alpha/2}(\nu)$에서 자유도 $\nu = \infty$이면 표준정규분포 $N(0,\ 1^2)$에 근접하게 된다. 따라서 $Z_{1-\alpha/2} = t_{1-\alpha/2}(\infty)$이 된다.

③ t분포와 F분포와의 관계

t분포는 $t = \dfrac{Z}{\sqrt{\chi^2/\nu}}$ 라고도 쓸 수 있다. $t^2 = \dfrac{Z^2}{\chi^2/\nu}$이고 $Z^2 \sim \chi^2(1)$이므로 t^2은 자유도가 $(1,\ \nu)$인 F분포에 따른다. 따라서 $[t_{1-\alpha/2}(\nu)]^2 = F_{1-\alpha}(1,\ \nu)$ 또는 $t_{1-\alpha/2}(\nu) = \sqrt{F_{1-\alpha}(1,\ \nu)}$ 가 된다.

④ χ^2분포와 F분포와의 관계

$$\chi^2 = \frac{S}{\sigma^2} = \frac{s^2 \cdot \nu}{\sigma^2} = \frac{V_1 \cdot \nu_1}{\sigma^2} = \nu_1 F_{1-\alpha}(\nu_1,\ \infty) \sim \chi^2_{1-\alpha}(\nu_1)$$ 이므로

$$\chi^2_{1-\alpha}(\nu) = \nu F_{1-\alpha}(\nu,\ \infty)$$ 이 된다.

01 확률변수 X가 평균 μ, 분산 σ^2인 정규분포를 이룰 때 다음 확률을 구하라.

① $P[\mu-\sigma \leq X \leq \mu+\sigma] = ($)

② $P[\mu-2\sigma \leq X \leq \mu+2\sigma] = ($)

③ $P[\mu-3\sigma \leq X \leq \mu+3\sigma] = ($)

02 평균 $\mu = 20$, 분산 $\sigma^2 = 16$인 정규분포를 이룰 때, 표준화 확률변수 Z를 구하라.

① $P(X \geq 20)$ ② $P(15 \leq X \leq 20)$

03 다음 표준화변수 Z을 이용하여 표준정규분포를 작도(作圖)하고, 확률을 구하라.

① $P(-0.25 \leq Z \leq 0.75)$

② $P(Z \leq -0.75)$

③ $P(Z \geq 2.08)$

04 A공정에서 생산한 브라켓의 평균무게가 800g이고 표준편차는 120g인 정규분포를 이룬다. 브라켓의 무게에 대한 확률변수 X가 다음의 조건일 경우 확률을 구하라.

① 브라켓의 무게가 700g에서 900g사이에 포함될 확률

② 브라켓의 무게가 700g이하일 확률

③ 브라켓의 무게가 900g이상일 확률

05 가구제조회사에서 접착제를 바르고 건조하는데 걸리는 시간은 평균 8분이 걸리며 표준편차는 2분인 정규분포를 할 때 다음 조건에 대한 확률을 계산하라.

① $P(6 \leq X \leq 10)$

② $P(X \leq 7)$

③ $P(X \geq 10)$

06 어떤 제조회사에서 생산하는 약품의 함량규격은 90%이상이어야 한다. 이 약품의 공정 평균함량은 95%, 표준편차 2.5%인 정규분포를 따를 때, 불량약품이 나올 확률은 얼마인가?

07 $N(4cm, \ 0.25cm)$ 일 때, X가 $3.75cm \sim 4.5cm$ 내에 포함될 확률은 얼마인가?

08 전구를 생산하는 공정에서 백열전구의 수명을 조사한 결과 평균수명이 500시간, 표준편차가 30시간인 계략적인 정규분포를 이룬다고 한다. 이 공정에서 생산하는 백열전구의 수명이 455시간에서 545시간 사이에 포함될 확률을 계산하라.

09 S분유에서 생산하는 분유의 영양소의 구성 비율에서 단백질의 함유량의 규격이 80%이상이 되어야 한다. 이 분유 공정을 조사한 결과 평균단백질의 함유량이 88%, 표준편차가 5%인 정규분포를 이룬다. 정상적인 단백질 함유량이 생산될 확률은 얼마인가?

10 $X \sim N(50, \ 5^2)$ 일 때 $P(X \geq 62)$ 일 때 확률을 구하라.

11 어떤 제품의 치수공차는 $25 \pm 0.7mm$ 이고, 공정평균은 $25mm$, 표준편차는 $0.25mm$ 일 때 부적합품이 나올 확률은?

12 $n = 15$인 χ^2분포에서 좌우측단의 확률면적이 5%일 때 상측(우측)의 χ^2분포는 어떻게 표시하는지를 나타내고 부록표를 통하여 χ^2값을 구하라.

검정

1. 검정(Test)의 개요

1.1 검정이란?

생산이나 기술개발 시 몇 개의 물품(부품, 제품)을 시료로 채취하여 그것의 특성치를 측정한다. 이러한 행위는 단지 표본으로 채취한 특성을 통하여 연구대상의 집단 혹은 알려고 하는 집단 등의 모집단에 대한 평균이나 산포의 상태에 관한 정보를 획득하여 조처를 취하려는 것이다. 이러한 과정의 통계적 수법의 하나로 검정(test)이 사용된다.

> **검정이란?**
>
> 모집단의 모수의 값이나 확률분포에 대하여 어떤 가설을 설정하고 이 가설의 성립여부를 표본의 데이터로 판단하여 통계적 결정을 내리는 것을 **통계적 가설검정**(statistical hypothesis testing) 혹은 **가설검정**(hypotheses test), 그리고 간단히 **검정**(test)이라고 한다.

검정은 추정과는 달리 '모집단에 관한 가설이 먼저 설정'되며 이 가설이 성립된다고 보아도 이상하지 않는가의 여부를 파악하기 위하여 표본의 데이터에서 얻은 통계량의 값을 구하여 판단한다.

예를 들어 쉽게 설명하자면, 검정은 집에 사람이 있느냐, 없느냐를 확인하는 것이고, 추정은 그 확인 결과 사람이 있다면 과연 몇 사람이 있는지 등의 양적인 추측을 의미한다. 따라서 추정과 검정의 학문적인 순리는 검정을 한 후 그 유의성이 확인되면 추정의 과정을 거치는 것이다.

> **검정의 사례**
>
> ① 어떤 원재료의 인장강도가 A사 제품과 B사 제품과의 차이가 있는가, 없는가?
> ② 성인남자의 B형 간염율은 0.05보다 낮은가, 높은가?
> ③ A 대학의 신입생들의 영어 평균점수가 60점보다 낮은가, 높은가?
> ④ 동일 공정의 기계 중 A기계와 B기계 중 각각의 불량률은 차이가 있는가, 없는가?
>   등의 판단에 관한 문제에 적용된다.

⑤ 환경오염 기준치를 지키는 준수율이 일정기준 미만인가, 이상인가?
⑥ 우리나라의 실업률이 주장하는 수치와 차이가 있는가, 없는가?

검정의 대상으로 삼는 가설을 **귀무가설**(null hypothesis)이라고 하며, 이에 대립하거나 반대하는 개념으로 부정하는 가설을 **대립가설**(alternative hypothesis) 혹은 연구가설이라고 한다. 보통 귀무가설은 기호로 H_0로, 대립가설은 H_1으로 표시한다.

귀무가설 H_0는 작업방법 개선 전·후, 설계변경 전·후, 금형수정 전·후, 작업자 A·B 등의 관계에서 '달라지지 않았다' 혹은 '같다'라는 관계를 가설로써 설정한다.

'귀무'라는 말은 설정된 가설이 채택되지 않으면 없는 것으로 본다는 의미가 내포되어 있다. 즉 '유의수준 5%로 귀무가설이 채택되었다'라고 하는 것은 기존의 주장, 의식, 인식관계가 변함이 없다는 것을 의미하므로 현재의 상황을 인정하는 소위 '보수파'로 해석할 수 있을 것이다.

이와 반대로, 대립가설 H_1은 귀무가설이 기각되었을 때 채택되는 가설이 되며 이 것은 상기 언급한 변경 전·후 관계가 '달라졌다', '차이가 있다', 'A보다 B가 크다' 등의 관계를 가설로써 설정되어진다. 즉 '유의수준 5%로 귀무가설이 기각되고 대립가설이 채택되었다'라고 하는 것은 현재를 부정하는 상황이므로 이를 소위 '개혁파'로 이해할 수 있을 것이다.

귀무가설과 대립가설

① **귀무가설** : 모집단에 대한 주장이나 가정의 진실을 검정하기 위하여 대상으로 삼는 가설
② **대립가설** : 귀무가설과 대립되거나 이 가설을 부정하는 경우 채택하는 가설

가설검점의 결과, 귀무가설이 사실인데도 불구하고 「변경 전·후 관계가 유의적인 관계, 즉 차이가 있다고 볼 수 있다.」고 잘못 판단하여 대립가설을 채택하는 오류를 '**제1종의 과오**'(Type Ⅰ error)라고 부르며, 통상 확률로 $\alpha = 1\%$ 또는 $\alpha = 5\%$로 설정하여 표시하며 이를 '**위험률**', '**유의수준**'(level of significance)이라고 부른다. 가설 검정에서는 제1종의 과오를 범하는 확률을 유의수준 α로 설정하고 가설 판단의 기준이 된다. 유의수

준을 결정하는 것은 실험목적이나 판정결과의 영향정도에 따라 달라진다. 따라서 특별한 조건이 주어지지 않으면 위험률 $\alpha = 5\%(0.05)$를 선택하는 것이 보통이다. 만일 차이가 없는데도 불구하고 있다고 잘못 판단하였을 때 손실이 매우 크거나, 실험 그 자체의 정보로만 활용하는 경우는 위험율 $\alpha = 1\%(0.01)$ 또는 그 이하의 값으로 선택한다.

위험률 / 유의수준

가설검정의 결과 귀무가설이 사실인데도 불구하고, 「변경 전·후 관계가 유의적인 관계, 즉 차이가 있다고 볼 수 있다.」고 잘못 판단하여 대립가설을 채택하는 오류의 확률

「변경 전·후 관계가 차이가 있다고 할 수 없다」라는 오류를 범할 수 있는데, 이는 귀무가설이 사실이 아닌데도 불구하고 이를 받아들이는 오류를 '제2종의 과오'(Type II error)라고 하며 β로 나타내며, $(1-\beta)$의 값을 검출력 혹은 **검정력**(power of a test)이라고 한다. **검출력**이란 검정하려는 귀무가설이 옳지 않은 경우에 이를 기각하는 확률이므로 귀무가설의 잘못을 검출하는 확률이 된다.

가설검정은 사실인 귀무가설을 기각하는 제1종의 과오를 가능한 작게 하고 귀무가설의 거짓을 찾아내는 검출력을 크게 하는 것이 바람직할 것이다. 검출력은 유의수준(α)이 클수록, 시료의 크기(n)이 클수록, $\mu_1 - \mu_2$의 차이가 클수록 좋아진다. 반면, 모표준편차(σ)는 작을수록 검출력이 좋아진다.

검정통계량도 하나의 확률변수이며 어떤 확률분포도 갖는다. 검정통계량의 분포를 알면 그 통계량이 취할 수 있는 구간을 **기각역**(rejection region)과 **채택역**(acceptance region)으로 나누어, 검정통계량의 계산된 값이 기각역에 위치하면 귀무가설을 기각하고, 채택역에 위치하면 채택하게 된다. 기각역과 채택역을 나누는 경계치를 **임계치** 혹은 **기각치**(critical value)라고 부른다.

유의수준이 결정되고 검정통계량의 계산된 값이 기각역에 위치하면 귀무가설을 기각하고, 채택역에 위치하면 채택하게 되며 이러한 기각역과 채택역을 나누는 기준 경계 지점

1.2 판단과오의 종류

검정과 관련하여 판단 과오의 종류에는 제1종의 과오와 제2종의 과오가 있다.

과오의 종류에 따라 다음과 같이 판단의 상황에서 저지를 수 있는 과오들을 예시하면 다음과 같다.

(1) 제1종의 과오(type Ⅰ error) − α

① 맞는데도 불구하고 틀렸다고 판단하는 과오

② 양품인데도 불구하고 불량품으로 판단하는 과오 − 생산자 위험

③ 무죄인데도 불구하고 유죄라고 판단하는 과오

④ 부하가 일을 잘하는데도 불구하고 잘못한다고 판단하는 과오

⑤ 귀무가설(H_0)을 채택해야 하는데도 불구하고 기각되어 버리는 과오

(2) 제2종의 과오(type Ⅱ error) − β

① 틀린데도 불구하고 맞다고 판단하는 과오

② 불량품인데도 불구하고 양품으로 판단하는 과오 − 소비자 위험

③ 유죄인데도 불구하고 무죄라고 판단하는 과오

④ 부하가 일을 잘 못하는데도 불구하고 잘한다고 판단하는 과오

⑤ 귀무가설(H_0)을 기각해야 하는데도 불구하고 채택되어 버리는 과오

[표 6-1]은 제1종 과오와 제2종 과오의 차이점을 표로써 비교하고 있다.

[표 6-1] 제1종 과오와 제2종 과오의 비교

검정결과＼H_0사실여부	H_0이 사실인 경우	H_0이 거짓인 경우
H_0 채택	옳은 결정 **신뢰도** $= 1-\alpha$	제2종의 과오 확률 $= \beta$
H_0 기각	제1종의 과오 유의수준, 위험률 $= \alpha$	옳은 결정 **검출력** $= 1-\beta$

주 : 1) 신뢰도$= 1-\alpha$ (사실을 사실이라고 판단하는 능력)
　　2) 검출력$= 1-\beta$ (거짓을 거짓이라고 판단하는 능력)

　귀무가설(H_0)을 채택 혹은 기각할 때 유의수준(위험율) α로 임계치를 설정하면 다음과 같은 제2종의 과오가 발생한다는 것을 전술한 바 있으며, 좀 더 상세하게 α, β간의 관계를 알아본다. [그림 6-1]에서 α, β 및 $(1-\beta)$의 관계를 다음과 같이 정리한다.

① 시료크기 n이 일정할 경우, 기각역을 넓히면 α는 증가하고 β는 감소한다.

② 시료크기 n이 증가할 경우, α는 증가하고 β는 감소한다.

③ 시료크기 n이 일정하면, α를 작게 할수록 β는 커진다.

④ α를 일정하게 하면, 시료의 크기가 클수록 β는 작아진다.

⑤ α값을 증가시키려면 n을 증가시키든가 혹은 σ를 감소시킨다.

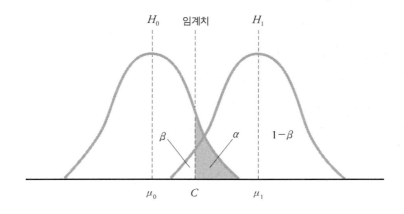

[그림 6-1] 제1종 과오와 제2종 과오

통계적 검정은 표본수가 적으므로 제2종의 과오(β)를 발견하기가 곤란할 뿐만 아니라 α에 대한 위험이 β보다 훨씬 크기 때문에 α의 과오를 제어하게 된다. 일반적으로 유의수준 α를 1%, 5%, 10%를 가지고 결정하는 이유가 여기 있다.

1.3 가설검정의 영역

가설검정에서 대립가설이 나오는 모수의 영역은 한쪽 또는 양쪽에 있게 된다. 즉 한쪽검정과 양쪽검정으로 나누어 알아본다.

(1) 한쪽검정(one-tailed test)

귀무가설(H_0)의 기각역을 분포의 한쪽만을 설정하는 검정으로 대립가설(H_1)이 부등호(<, >)의 관계를 표시한다. 또한 한쪽검정은 기각역의 원리상 한쪽밖에 고려할 수 없거나, 한쪽의 기각역을 무시하는 경우에 적용한다.

예를 들면, A와 B와의 관계에서 큰가, 작은가, 낮은가, 높은가, 좋은가, 나쁜가, 증가했나, 감소했나, 커졌나, 작아졌나, 두꺼운가, 얇은가? 등의 대소관계가 분명한 경우 적용한다. 이러한 검정을 단측검정이라고도 한다.

(2) 양쪽검정(two-tailed test)

귀무가설(H_0)의 기각역을 분포의 양쪽만을 설정하는 검정으로 대립가설(H_1)이 부등호($\neq$)의 관계를 표시한다. 예를 들면, A와 B와의 관계에서 차이가 있는가, 없는가, 다른가, 같은가, 변하였나, 변하지 않았나? 등의 대소관계가 분명하지 않은 경우 적용한다. 이러한 검정을 양측검정이라고도 한다.

[그림 6-2] 및 [표 6-2]를 통하여 한쪽검정과 양쪽검정에 대한 이해를 정확히 하도록 한다.

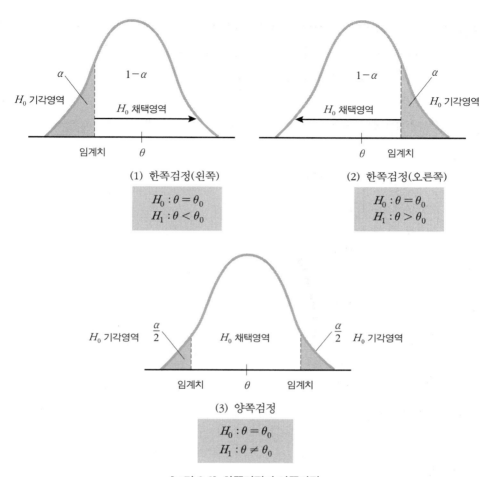

[그림 6-2] 한쪽검정과 양쪽검정

[표 6-2] 가설의 표시 방법

구 분		한 쪽 검 정		양 쪽 검 정
표시 방법	귀무 가설	$H_0 : \theta = \theta_0$ or $H_0 : \theta \geq \theta_0$	$H_0 : \theta = \theta_0$ or $H_0 : \theta \leq \theta_0$	$H_0 : \theta = \theta_0$
	대립 가설	$H_1 : \theta < \theta_0$	$H_1 : \theta > \theta_0$	$H_1 : \theta \neq \theta_0$
기각역		분포의 왼쪽에 기각역 있음	분포의 오른쪽에 기각역 있음	분포의 양쪽에 기각역 있음

예제 1 어느 식품회사의 원료 중 액상과당이 평균 10mg이 되어야 한다. 다음 문제를 가지고 가설을 세워라.

① 액상과당이 10mg과 차이가 있는지 없는지 알고 싶다.

② 액상과당이 10mg보다 작다고 할 수 있는가?

③ 액상과당이 10mg보다 크다고 할 수 있는가?

[풀이] ① $H_0 : \mu = 10mg$

$H_1 : \mu \neq 10mg$

② $H_0 : \mu = 10mg$

$H_1 : \mu < 10mg$

③ $H_0 : \mu = 10mg$

$H_1 : \mu > 10mg$

1.4 검정절차

(1) 모집단의 정보수집

예를 들면, 모수에 관한 정보로서 μ, σ를 알고 있는지, 모르는지 등을 파악한다.

(2) 가설 설정

가설에는 이미 설명한 바, 귀무가설(H_0)과 대립가설(H_1)을 설정한다.

H_0는 검정의 대상이 되는 가설이며, H_1는 H_0가 채택되지 않을 때 이에 대체되는 가설이다.

(3) 유의수준(위험률)을 결정

위험률 α의 선택에 따라 제1종의 과오가 결정된다. 일반적으로 흔히 사용되는 위험률 혹은 유의수준은 $\alpha = 5\%(0.05)$와 $1\%(0.01)$를 많이 사용한다.

작은 α의 선택은 경우에 따라 유리한 경우가 있다. 예를 들면 새로운 기계를 교체하고자 하는 경우 새로운 기계는 기존 기계보다 불량률을 줄일 수 있으므로 원가절감이 되지만 문제는 새로운 기계를 설치하려면 설치비용이 많이 들 것이다. 이 경우 α값으로 0.001과 같은 작은 값을 선택할 수 있다. 0.001을 선택하면 사실은 그렇지 않은데도 새 기계가 더 정확하다고 결론을 내릴 확률이 0.1%에 불과하다는 것이다.

큰 α의 선택은 전술한 내용과는 반대로 유리한 경우가 있다. 예를 들면 비행기 엔진 제조사가 엔진의 피스톤링 신제품의 내구성을 검정하는 경우 새 피스톤링으로 절감할 수 있는 비용이 견고하지 않은 경우 발생할 수 있는 엄청난 손해보다 크지 않은 것은 분명하다. 따라서 α값으로 0.1과 같은 큰 값을 선택할 수 있다. 피스톤링의 내구성에 차이가 실제로 없는데도 불구하고 잘못 판단을 내릴 확률이 커지지만, 중요한 점은 차이가 실제로 있는 경우 차이를 발견할 확률이 10%로 커진다는 것이다.

(4) 검정통계량 계산

검정을 위하여 적용할 수 있는 통계량의 분포를 결정하고, 귀무가설의 채택, 기각을 판정하기 위하여 사용하는 표본통계량을 **검정통계량**(test statistic)이라고 한다. 즉, 검정통계량은 귀무가설의 진실여부를 확인하기 위하여 해당 검정대상의 모집단으로부터 표본을 추출하여 계산을 한 표본통계량을 말한다. 예를 들면, 표본평균, 표본표준편차, 표본분산 및 표본비율 등이다.

검정통계량의 경우는 observed의 뜻으로, 첨자 o를 붙여서 $Z_o(U_o)$ t_o, χ_o^2, F_o 등으로 표기하며, 검정통계량의 골격을 다음과 같이 표현한다.

$$\text{검정통계량 골격} = \left\{ \begin{array}{c} Z_o(U_o) \\ t_o \\ \chi_o^2 \\ F_o \end{array} \right\} = \frac{\text{차이}}{\text{표준편차}}$$

검정의 대상은 크게 데이터의 속성에 따라 계량치 검정과 계수치 검정으로 구분한다. 계량치 검정에는 평균, 분산 등이 해당되며, 계수치 검정에는 비율, 부적합수 등이 포함된다. 또한 검정 대상의 모집단 수가 단일인지 아닌지 혹은 모표준편차(σ)를 알고 있는지 모르는지에 따라 적용되는 검정분포가 [표 6-3]에서 알 수 있다.

[표 6-3] 검정대상 및 검정분포

구분			검정대상	검정분포
계량치 검정	평균	단일모집단	모평균에 대한 검정(σ를 알 때)	Z분포
			모평균에 대한 검정(σ를 모를 때)	t분포
		두 모집단	모평균 차이에 대한 검정(σ를 알 때)	Z분포
			모평균 차이에 대한 검정 (두집단의 σ를 모르지만 같다고 할 때)	t분포
			대응관계의 평균치 차이 검정 (두집단의 σ를 모를 때)	t분포
	분산	단일모집단	모분산의 검정	χ^2분포
		두 모집단	두 모분산의 차이의 검정	F분포
계수치 검정	비율	단일모집단	모비율의 검정	Z분포
		두 모집단	두 모비율 간 차이의 검정	Z분포
	부적합수	단일모집단	모부적합수의 검정	Z분포
		두 모집단	두 모부적합수 차이의 검정	Z분포

(5) 임계치 설정

임계치 검정통계량의 분포를 알면 그 통계량이 취할 수 있는 구간을 **기각역**(rejection region)과 **채택역**(acceptance region)으로 나눈다. 기각역과 채택역을 나누는 경계치를 **임계치** 혹은 **기각치**(critical value)라고 부른다.

임계치는 해당 통계량의 분포 수치표에서 한쪽검정인지, 양쪽검정인지를 확인하고 결정된 α값과 자유도를 고려하여 부록 수치표에서 임계치를 찾아낸다.

그러나 정규분포를 따르는 $Z(U)$분포의 임계치는 [표 6-4]를 참고하여 양쪽검정일 때, 검정통계량 Z_o의 임계치는 $\alpha = 5\%$인 경우 $Z_{1-\alpha/2} = Z_{0.975} = 1.96$이 되며, $\alpha = 1\%$인 경우는 $Z_{1-\alpha/2} = Z_{0.995} = 2.576$이 된다. 또한, 한쪽검정의 경우는 $\alpha = 5\%$인 경우 $Z_{1-\alpha} = Z_{0.95} = 1.645$, $\alpha = 1\%$인 경우는 $Z_{1-\alpha} = Z_{0.99} = 2.326$이 된다는 것을 알 수 있으며, 이러한 경우의 수치는 암기해 둘 필요가 있다.

그 외, 다른 분포의 경우는 이 결정된 검정영역(한쪽, 양쪽검정), 자유도($\nu = n-1$)와 위험률(α) 등을 고려하여 해당 분포(t, χ^2, F분포 등)의 부록 수치표에서 찾아서 임계치를 설정한다.

[표 6-4] 정규분포에서의 $Z(\alpha)$에 따른 임계치

유의수준(α)	양쪽검정	한쪽검정
1% (0.01)	$Z_{1-\alpha/2} = Z_{0.995} = 2.576$	$Z_{1-\alpha} = Z_{0.99} = 2.326$
5% (0.05)	$Z_{1-\alpha/2} = Z_{0.975} = 1.96$	$Z_{1-\alpha} = Z_{0.95} = 1.645$
10%(0.10)	$Z_{1-\alpha/2} = Z_{0.95} = 1.645$	$Z_{1-\alpha} = Z_{0.90} = 1.282$

(6) 가설검정의 판정

이미 계산된 **검정통계량**의 수치와 해당 분포의 수치표에서 찾아낸 **임계치**와 비교하여 본 결과 검정통계량의 계산된 값이 채택역에 위치하면 귀무가설을 채택하고, 기각역에 위치하면 기각하게 된다. 이 때 유의수준 $\alpha = 5\%$로 유의적일 때「**유의적 이다**」라고 표현하고, 유의수준 $\alpha = 1\%$ 이상의 값으로 유의적일 때 「**고도로 유의적이다**」라고 표현한다.

[그림 6-3]은 $\alpha = 5\%$의 양쪽검정인 경우 귀무가설의 기각역과 채택역을 보여주고 있다. [표 6-4]에서 보면 $\alpha = 5\%$의 양쪽검정의 임계치가 1.96이 된다. 혹은 $\alpha = 5\%$이고 양쪽검정은 $\dfrac{\alpha}{2} = 0.025$이므로 표준정규분포표(1)에서 $0.5 - 0.025 = 0.475$의 확률값으로 Z값을 찾으며 $Z(0.025) = 1.96$이 된다. 따라서 표본으로부터 계산된 검정통계량 Z_o값이 $-1.96 < Z_o < 1.96$에 있으면 귀무가설(H_0)이 채택되고, $Z_o > 1.96$이거나 혹은 $Z_o < -1.96$에 있다면 귀무가설을 기각한다.

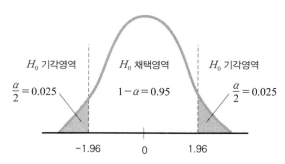

[그림 6-3] $\alpha = 5\%(0.05)$일 때 양쪽검정 채택역과 기각역

2. 계량치의 검정

2.1 모평균의 검정

모평균의 검정은 모집단의 평균과 기준치와의 관계를 확인하는 검정으로, 먼저 분산의 검정을 하여 유의하지 않은 경우에 한다. 이는 분산이 상이할 때는 그 정보 자체가 중요하므로 모평균에 관한 검정은 의미가 없을 가능성이 많기 때문이다.

(1) 모표준편차(σ)를 알고 있는 경우

표본평균 $\overline{x}$의 분포는 모집단의 분포 $N(\mu,\ \sigma^2/n)$를 따른다고 하면 검정통계량은 다음과 같다.

σ를 알고 있는 경우 모평균에 대한 검정통계량

$$Z_o = \frac{\overline{x} - \mu}{\sigma/\sqrt{n}}$$

검정의 순서는 다음과 같다.

① 귀무가설을 설정한다.

$$H_0 : \mu = \mu_0$$

② 대립가설을 설정한다.

$$H_1 : \mu \neq \mu_0 \quad \text{(양쪽검정인 경우)}$$

$$H_1 : \mu > \mu_0 \ \text{ 혹은 } \ H_1 : \mu < \mu_0 \text{ (한쪽검정인 경우)}$$

③ 표본의 평균($\overline{x}$)을 계산한다.

$$\overline{x} = \frac{\sum x_i}{n}$$

④ 검정통계량 Z_o를 계산 한다.

$$Z_o = \frac{\overline{x} - \mu}{\sigma / \sqrt{n}}$$

⑤ 유의수준(α)에 따라 [표 6-4]에서 임계치값을 읽어낸다.

⑥ 판단 : Z 분포표의 임계값과 검정통계량 Z_o값과 비교, 판단한다.

구분	귀무가설 채택		귀무가설 기각	
양쪽검정	$Z_o > -Z_{1-\alpha/2}$ 또는 $Z_o < Z_{1-\alpha/2}$		$Z_o < -Z_{1-\alpha/2}$ 또는 $Z_o > Z_{1-\alpha/2}$	
한쪽검정	왼쪽 검정	오른쪽 검정	왼쪽 검정	오른쪽 검정
	$Z_o > -Z_{1-\alpha}$	$Z_o < Z_{1-\alpha}$	$Z_o < -Z_{1-\alpha}$	$Z_o > Z_{1-\alpha}$

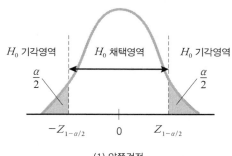

(1) 양쪽검정

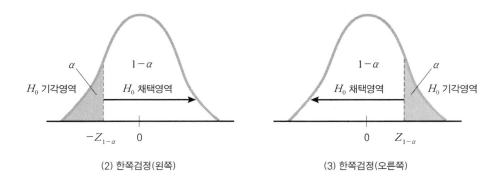

(2) 한쪽검정(왼쪽) (3) 한쪽검정(오른쪽)

예제 2 어느 식품회사의 캔 통조림의 중량에 대한 기준치는 500g이며 표준편차 $\sigma = 30$이라는 것을 알고 있다. 이 공정을 개선한 후 포장공정에서 20개의 샘플을 채취하여 측정한 결과 다음과 같다. 공정개선 후 중량이 달라졌다고 할 수 있겠는가?
유의수준 5%임.

490	504	520	515	524	509	505	498	507	510
521	508	510	527	505	513	530	512	503	517

[풀이] σ는 알고 있으며 양측정의 모평균에 관한 검정이다.

① $H_0 : \mu = \mu_0$

$H_1 : \mu \neq \mu_0$

② 평균 $\overline{x} = \dfrac{\sum x}{n} = \dfrac{10,228}{20} = 511.4$

검정통계량 $Z_o = \dfrac{\overline{x} - \mu}{\sigma / \sqrt{n}} = \dfrac{511.4 - 500}{30 / \sqrt{20}} = 1.699$

③ 임계치는 위험률 $\alpha = 5\%$, 양쪽검정이므로 $Z_{0.975} = 1.96$이다.

④ 판단

	검정통계량 Z_o	임계치 $Z_{0.975}$	판단
양쪽 검정	1.699	1.96	$Z_o = 1.699 < Z_{0.975} = 1.96$이므로 귀무가설($H_0$) 채택
의미	공정 개선 후 캔 통조림 중량은 기준치와 차이가 있다고 할 수 없다.		

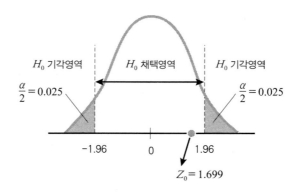

168 통계적 품질관리

예제 3 어떤 제약회사에서 자양강장제 음료를 개발하였다. 이 자양강장제는 기존의 것보다 적은 무수카페인 성분이 30mg미만 함유되어 있다고 설명한다. 이를 확인하기 위하여 공정에서 10개의 표본을 추출하여 시험하여 다음과 같이 데이터를 얻었다. 무수카페인 성분이 30mg보다 적게 함유되었다고 할 수 있겠는가를 검정하라. (단, $\sigma = 4$ 이고 위험률 5%임)

| 31 | 29 | 27 | 30 | 25 | 28 | 31 | 28 | 27 | 32 |

[풀이] σ는 알고 있으며 한쪽(왼쪽)의 모평균에 관한 검정이다.

① $H_0 : \mu = 30$ or $H_0 : \mu \geq 30$

   $H_1 : \mu < 30$

② 평균 $\overline{x} = \dfrac{\sum x}{n} = \dfrac{288}{10} = 28.8$

   검정통계량은 $Z_o = \dfrac{\overline{x} - \mu}{\sigma / \sqrt{n}} = \dfrac{28.8 - 30}{4 / \sqrt{10}} = -0.949$

③ 임계치는 위험률 $\alpha = 5\%$, 한쪽(왼쪽)검정이므로 $-Z_{0.95} = -1.645$ 이다.

④ 판단

한쪽 검정	검정통계량 Z_o	임계치 $-Z_{0.95}$	판단
	-0.949	-1.645	$Z_o = -0.949 > -Z_{0.95} = -1.645$이므로 귀무가설 채택
의미	자양강장제 음료에 무수카페인 성분이 30mg보다 적게 함유되었다고 할 수 없다.		

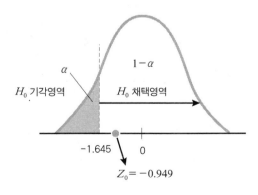

예제 4 경기지역 제조회사의 작년도 대졸 신입사원의 첫 급여액이 평균 200만 원이었다. 올해 동종 동일지역의 신입사원을 대상으로 98명을 표본으로 추출하여 조사를 해본 결과 평균이 206만 원, 표준편차가 21만 원으로 집계되었다. 올해 대졸 신입사원의 급여액이 올랐다고 할 수 있는지를 유의수준 $\alpha = 1\%$로 검정하라.

[풀이] σ는 알고 있으며 한쪽(오른쪽)의 모평균에 관한 검정이다.

① $H_0 : \mu = 200$만 원 or $H_0 : \mu \leq 200$만 원

$H_1 : \mu > 200$만 원

② 평균 $\bar{x} = 206$만 원

검정통계량은 $Z_o = \dfrac{\bar{x} - \mu}{\sigma / \sqrt{n}} = \dfrac{206 - 200}{21 / \sqrt{150}} = 3.499$

③ 임계치는 위험률 $\alpha = 1\%$이며 한쪽검정이므로 $Z_{0.99} = 2.326$이다.

④ 판단

한쪽 검정	검정통계량 Z_o	임계치 $Z_{0.99}$	판단
	3.499	2.326	$Z_o = 3.499 > Z_{0.99} = 2.326$이므로 귀무가설 기각
의미	경기지역 제조회사의 작년도 대졸 신입사원의 첫 급여액에 비해, 올해 대졸 신입사원의 급여액이 올랐다고 할 수 있다. ($\alpha = 1\%$)		

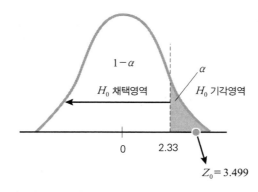

(2) 모표준편차(σ)를 모르는 경우

σ를 모르기 때문에 크기 n의 시료평균 $\bar{x}$의 분포에서 σ를 불편분산 제곱근 $\sqrt{V}$로 대치하면 $t = \dfrac{\bar{x} - \mu}{\sqrt{V}/\sqrt{n}}$ 는 자유도 ν의 t분포에 의해 검정한다.

또한, t분포는 σ를 모르고 소표본($n < 30$)에 경우에 적용한다.

σ를 모르는 경우 모평균에 대한 검정통계량

$$t_o = \frac{\bar{x} - \mu}{\sqrt{V}/\sqrt{n}}$$

검정 절차는 다음과 같다.

① 가설을 세운다.

  $H_0 : \mu = \mu_O$

  $H_1 : \mu \neq \mu_0$ (양쪽검정 경우), $H_1 : \mu > \mu_o$ 혹은 $H_1 : \mu < \mu_o$ (한쪽검정 경우)

② $\bar{x} = \dfrac{\sum x_i}{n}$, $s = \sqrt{V} = \sqrt{\dfrac{S}{\nu}}$ ($\nu = n - 1$)

  검정통계량의 값 t_o를 계산한다.   ☞ $t_o = \dfrac{\bar{x} - \mu}{\sqrt{V}/\sqrt{n}}$

③ 임계치는 유의수준(α)과 자유도 $\nu = n - 1$에 따라 t분포표에서 수치를 읽어낸다.

④ 판단 : t 분포표의 값과 검정통계량 t_o값과 비교, 판단한다.

구분	귀무가설 채택		귀무가설 기각	
양쪽검정	$t_o > -t_{1-\alpha/2}(\nu)$ 또는 $t_o < t_{1-\alpha/2}(\nu)$		$t_o \leftarrow t_{1-\alpha/2}(\nu)$ 또는 $t_o > t_{1-\alpha/2}(\nu)$	
한쪽검정	왼쪽 검정	오른쪽 검정	왼쪽 검정	오른쪽 검정
	$t_o > -t_{1-\alpha}(\nu)$	$t_o < t_{1-\alpha}(\nu)$	$t_o < -t_{1-\alpha}(\nu)$	$t_o > t_{1-\alpha}(\nu)$

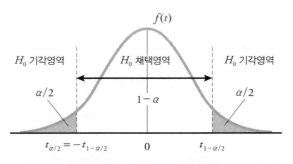

[그림 6-4] t분포표의 양쪽검정

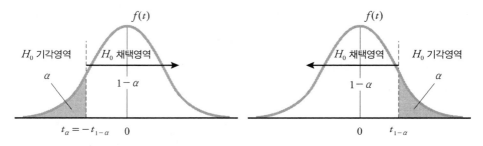

[그림 6-5] t분포표의 한쪽검정

예제 5 A유통회사의 물류창고에서 화물트럭으로 의정부에 있는 체인점까지 통상 소요시간이 50분 정도라고 한다. 최근에 새로운 순환도로가 부분적으로 개통되면서 소요시간을 측정한 데이터가 다음과 같다. 통상 소요시간과 부분 개통된 도로의 소요시간과는 차이가 있는지를 유의수준 5%에서 검정하라.

48	49	47	46	48	49	50	47	49

[풀이] σ는 모르고 있으며 양쪽검정의 모평균에 관한 검정이다.

① $H_0 : \mu = 50$

$H_1 : \mu \neq 50$

② 평균 $\overline{x} = \dfrac{\sum x}{n} = \dfrac{433}{9} = 48.111$,

변동 $S = \sum x_i^2 - \dfrac{(\sum x_i)^2}{n} = 20{,}548 - \dfrac{(433)^2}{9} = 12.8889$

불편분산 $V = \dfrac{S}{n-1} = \dfrac{12.8889}{9-1} = 1.6111$ 이므로

검정통계량은 $t_0 = \dfrac{\overline{x} - \mu}{\sqrt{V} / \sqrt{n}} = \dfrac{48.111 - 50.0}{\sqrt{1.6111} / \sqrt{9}} = -4.4657$

③ 임계치는 위험률 $\alpha = 5\%$ 이며 양쪽검정이므로 $-t_{0.975}(8) = -2.306$ 이
다.

④ 판단

양쪽 검정	검정통계량(t_o)	임계치 $-t_{0.975}(8)$	판단
	-4.4657	-2.306	$t_o = -4.4657 \leftarrow t_{0.975}(8) = -2.306$ 이므로 H_0기각, H_1채택
의미	통상 소요시간과 부분 개통된 도로의 소요시간과는 차이가 있다고 할 수 있다. ($\alpha = 5\%$)		

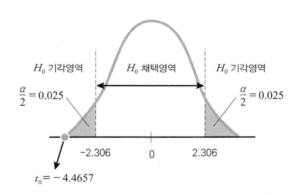

예제 6 새로운 공정에서 시험제작한 섬유 제품의 수분함량의 모평균이 기준으로서 설정된 값 6.0% 보다 작은가의 여부를 검정하라. 제품의 로트로부터 10개의 시료를 랜덤하게 채취하여 측정하였더니 다음과 같은 값이 얻어졌다. 위험률 5%로 검정하라.

| 5.5 | 5.9 | 6.0 | 5.2 | 5.7 | 6.2 | 5.4 | 5.9 | 6.3 | 5.8 | (단위 %) |

[풀이] σ는 모르고 있으며 한쪽검정의 모평균에 관한 검정이다.

① $H_0 : \mu = 6.0$

$H_1 : \mu < 6.0$

② 평균 $\overline{x} = \dfrac{\sum x}{n} = \dfrac{57.9}{10} = 5.79$,

변동 $S = \sum x_i^2 - \dfrac{(\sum x_i)^2}{n} = 336.33 - \dfrac{(57.9)^2}{10} = 1.089$

불편분산 $V = \dfrac{S}{n-1} = \dfrac{1.089}{10-1} = 0.121$ 이므로

검정통계량은 $t_0 = \dfrac{\overline{x} - \mu}{\sqrt{V}/\sqrt{n}} = \dfrac{5.79 - 6.01}{\sqrt{0.121}/\sqrt{10}} = -1.909$

③ 임계치는 위험률 $\alpha = 5\%$ 이며 한쪽검정이므로 $-t_{0.95}(9) = -1.833$ 이다.

④ 판단

한쪽 검정	검정통계량(t_o)	임계치 $-t_{0.95}(9)$	판단
	-1.909	-1.833	$t_o = -1.909 \leftarrow t_{0.95}(9) = -1.833$ 이므로 H_0기각, H_1이 채택되므로 유의적
의미	새로운 공정에서 시험제작한 수분함량은 기준으로 설정된 6.0%보다 작다고 할 수 있다. ($\alpha = 5\%$)		

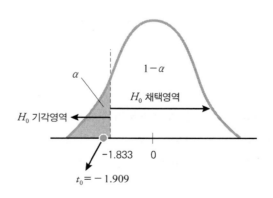

2.2 모평균의 차의 검정

(1) 2조의 평균치의 차의 검정(표준편차 σ를 알고 있을 때)

2조의 모집단으로부터 각각의 표본을 독립적으로 n_1 및 n_2개씩 샘플링하여 특성치를 측정한 결과 2개의 모집단간에 차이가 있다고 할 수 있는가를 검정한다. 이때 2조의 모집단에 대한 표준편차 σ는 알고 있다고 한다.

표본의 크기 n_1의 평균 $\overline{x_1}$, 표본의 크기 n_2의 평균 $\overline{x_2}$ 라고 하면 $(\overline{x_1} - \overline{x_2})$ 의 표본분포의 차이는 평균이 $(\mu_1 - \mu_2)$, 표준편차 $\sqrt{\dfrac{\sigma_1^2}{n_1} + \dfrac{\sigma_2^2}{n_2}}$ 인 정규분포를 따르므로, 검정통계량은 다음과 같다.

σ를 알고 있는 경우 두 모평균차에 대한 검정통계량

$$Z_o(U_o) = \frac{\overline{x_1} - \overline{x_2}}{\sqrt{\dfrac{\sigma_1^2}{n_1} + \dfrac{\sigma_2^2}{n_2}}}$$

σ를 아는 경우 두 모평균 차이의 검정 판단

σ를 알고 있는 경우 두 모평균에 대한 차이의 가설검정 판단은 다음 표와 같이 σ를 알고 있는 경우 단일 모평균에 대한 Z 검정 판단과 동일하다.

구분	귀무가설 채택		귀무가설 기각	
양쪽검정	$Z_o > -Z_{1-\alpha/2}$ 또는 $Z_o < Z_{1-\alpha/2}$		$Z_o < -Z_{1-\alpha/2}$ 또는 $Z_o > Z_{1-\alpha/2}$	
한쪽검정	왼쪽 검정	오른쪽 검정	왼쪽 검정	오른쪽 검정
	$Z_o > -Z_{1-\alpha}$	$Z_o < Z_{1-\alpha}$	$Z_o < -Z_{1-\alpha}$	$Z_o > Z_{1-\alpha}$

예제 7 A사 제품과 B사 제품의 어떤 재료의 시료를 각각 11개, 13개씩 랜덤 샘플링하여 인장강도를 측정한 결과 다음과 같다. A사 제품과 B사 제품의 재료의 인장강도에 대한 모

평균에 차이가 있다고 할 수 있는가? $\alpha = 5\%$임.

단, 표준편차는 각각 $\sigma_A = 5.0 kg/mm^2$, $\sigma_B = 4.0 kg/mm^2$

A사	47	47	38	46	45	44	38	46	33	37	42
B사	37	36	35	41	39	41	43	35	31	35	33	29	34

[풀이] σ는 알고 있으며 양쪽검정의 2조간 모평균의 차이에 관한 검정이다.

① $H_0 : \mu_A = \mu_B$

  $H_1 : \mu_A \neq \mu_B$

② 평균 $\overline{x_A} = \dfrac{462}{11} = 42.1$, $\overline{x_B} = \dfrac{469}{13} = 36.1$

  검정통계량 $Z_o = \dfrac{\overline{x_1} - \overline{x_2}}{\sqrt{\dfrac{\sigma_1^2}{n_1} + \dfrac{\sigma_2^2}{n_2}}} = \dfrac{42.1 - 36.1}{\sqrt{\dfrac{5.0^2}{11} + \dfrac{4.0^2}{13}}} = 3.21$

③ 임계치는 위험률 $\alpha = 5\%$, 양쪽검정이므로 $Z_{1-\alpha/2} = Z_{0.975} = 1.96$ 이다.

④ 판단

양쪽 검정	검정통계량 (Z_o)	임계치 $Z_{0.975}$	판단
	3.21	1.96	$Z_o = 3.21 > Z_{0.975} = 1.96$ 이므로 H_0 기각, H_1 이 채택되므로 유의적임
의미	A사 제품과 B사 제품의 재료의 인장강도에 대한 모평균에 차이가 있다고 할 수 있다. $\alpha = 5\%$		

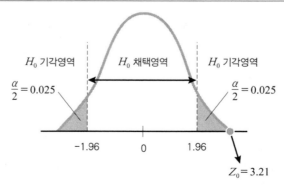

예제 8 K대학의 L교수가 공업계열학과와 보건계열학과의 신입생을 대상으로 교양과목인 '영어회화'를 한 반 개설하였다. 마지막 날 동시에 종합평가시험을 실시하여 다음과 같은 데이터가 나왔다. 통상적으로 계열별 신입생들의 점수는 정규분포를 따른다고 알려져 있으며 공업계열학과의 신입생들이 보건계열학과 신입생보다 영어회화 점수가 높다고 한다. 과연 이 주장이 사실인지 유의수준 5%로 검정하라.

구 분	공업계열학과(A)	보건계열학과(B)
모표준편차(σ)	5.0	5.4
표본의 크기(n)	25	30
표본평균($\overline{x}$)	85	80

[풀이] σ는 알고 있으며 한쪽검정의 2조간 모평균의 차이에 관한 검정이다.

① $H_0 : \mu_A = \mu_B$

   $H_1 : \mu_A > \mu_B$

② 검정통계량 계산   평균 $\overline{x_A} = 85$, $\overline{x_B} = 80$ 이므로

$$Z_o = \frac{\overline{x_1} - \overline{x_2}}{\sqrt{\dfrac{\sigma_1^2}{n_1} + \dfrac{\sigma_2^2}{n_2}}} = \frac{85 - 80}{\sqrt{\dfrac{5^2}{25} + \dfrac{5.4^2}{30}}} = 3.561$$

③ 임계치는 위험률 $\alpha = 5\%$이며 한쪽검정이므로 $Z_{0.95} = 1.645$ 이다.

④ 판단

	검정통계량 (Z_o)	임계치 $Z_{0.95}$	판단
한쪽 검정	3.561	1.645	$Z_o = 3.561 > Z_{0.95} = 1.645$이므로 H_0기각, H_1이 채택되므로 유의적임
의미	공업계열학과의 신입생들이 보건계열학과 신입생 보다 영어회화 점수가 높다고 할 수 있다. $\alpha = 5\%$		

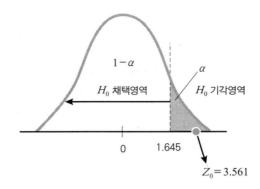

(2) 2조의 평균치의 차의 검정(표준편차 σ_1과 σ_2를 모르고 있을 때)

2조의 모집단으로부터 각각의 σ를 모르는 경우 표본을 n_1 및 n_2개씩 샘플링하여 특성치를 측정한 결과 2개의 모집단간에 차이가 있다고 할 수 있는가를 검정한다. 이때 가설검정은 자유도 $(n_1 + n_2 - 2)$인 t분포를 한다.

이 t분포를 이용함에 있어서 사전에 필요한 가정이 필요하다.
- 두 모집단의 분산은 모르나 동일하다고 할 때
- 두 표본으로부터 추출하는 표본은 독립표본이라고 할 때

모평균차의 검정에서 두 모집단의 모표준편차 σ를 모를 때 추정은 두 모집단간의 **통합된 불편분산 제곱근** $\sqrt{V}$ 로 추정하여 대치한 통계량은 다음과 같이 되며 두 모집단에 대한 조합의 자유도 $\nu_1 + \nu_2 = n_1 + n_2 - 2$ 인 t분포를 적용한다.

두 모집단의 σ^2을 모르나 동일하다고 할 때 모평균차에 대한 검정통계량

$$t_o = \frac{\overline{x_1} - \overline{x_2}}{\sqrt{V} \cdot \sqrt{\dfrac{1}{n_1} + \dfrac{1}{n_2}}}$$

단, 여기서 $\sqrt{V} = \sqrt{\dfrac{S_1 + S_2}{\nu_1 + \nu_2}} = \sqrt{\dfrac{S_1 + S_2}{n_1 + n_2 - 2}}$

$\nu_1 = n_1 - 1$, $\nu_2 = n_2 - 1$

σ를 모르는 경우 두 모평균 차이의 검정 판단

σ를 모르는 경우 두 모평균에 대한 차이의 가설검정 판단은 다음 표와 같이 σ를 모르는 경우 단일 모평균에 대한 t검정 판단과 동일하다.

구분	귀무가설 채택		귀무가설 기각	
양쪽 검정	$t_o > -t_{1-\alpha/2}(n_1+n_2-2)$ 또는 $t_o < t_{1-\alpha/2}(n_1+n_2-2)$		$t_o < -t_{1-\alpha/2}(n_1+n_2-2)$ 또는 $t_o > t_{1-\alpha/2}(n_1+n_2-2)$	
한쪽 검정	왼쪽 검정	오른쪽 검정	왼쪽 검정	오른쪽 검정
	$t_o >$ $-t_{1-\alpha}(n_1+n_2-2)$	$t_o <$ $t_{1-\alpha}(n_1+n_2-2)$	$t_o <$ $-t_{1-\alpha}(n_1+n_2-2)$	$t_o >$ $t_{1-\alpha}(n_1+n_2-2)$

예제 9 어떤 재료를 두 종류의 온도 800(℃)와 1000(℃)에서 열처리를 하여 각각 인장강도를 측정하였다. 두 종류의 인장강도의 모평균 간 차이가 있는지 검정하라.($\alpha = 5\%$)

800(℃)	99	98	96	95	96	97	100	99	98	95
1000(℃)	90	95	96	93	90	93	97	93	95	94

[풀이] σ는 모르고 있으며 양쪽검정의 2조간 모평균간의 차이에 관한 검정이다.

① $H_0 : \mu_A = \mu_B$

$H_1 : \mu_A \neq \mu_B$

② 평균 $\overline{x_A} = \dfrac{973}{10} = 97.3$, $\overline{x_B} = \dfrac{936}{10} = 93.6$

$S_A = 94{,}701 - \dfrac{(973)^2}{10} = 28.1$, $S_B = 87{,}658 - \dfrac{(936)^2}{10} = 48.44$

$\sqrt{V} = \sqrt{\dfrac{S_1 + S_2}{\nu_1 + \nu_2}} = \sqrt{\dfrac{28.1 + 48.4}{20 - 2}} = 2.06155$ 이므로

검정통계량은 $t_o = \dfrac{\overline{x_1} - \overline{x_2}}{\sqrt{V} \cdot \sqrt{\dfrac{1}{n_1} + \dfrac{1}{n_2}}} = \dfrac{97.3 - 93.6}{2.06155 \times \sqrt{\dfrac{2}{10}}} = 4.013$

③ 임계치는 $\alpha = 5\%$ 이고 양쪽검정이므로 $t_{0.975}(18) = 2.101$ 이다.

④ 판단

	검정통계량(t_o)	임계치 $t_{0.975}(18)$	판단
양쪽 검정	4.013	2.101	$t_o = 4.013 > t_{0.975}(18) = 2.101$ 이므로 H_0기각, H_1이 채택되므로 유의적
의미		두 종류의 열처리 간 온도 800℃와 1000℃일 때 인장강도에 대한 모평균 간 차이가 있다고 할 수 있다. ($\alpha = 5\%$)	

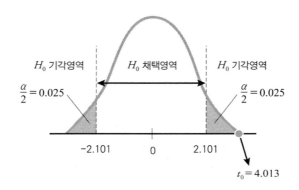

(3) 대응하는 2조의 평균치의 차의 검정

2개의 로트로부터 대응하는 2조의 데이터를 얻었을 때 각각 n개씩의 표본을 채취하여 측정했을 때 대응하는 모평균에 차이가 있다고 할 수 있는가, 어떤가를 검정한다. 여기서 대응하는 한 쌍의 데이터인 경우 데이터의 차 $d_i = (x_i - y_i)$, $\bar{d} = \dfrac{\sum d_i}{n}$ 이라면, 다음과 같이 통계량 t_o는 자유도 $\nu = (n-1)$의 t분포를 한다.

대응하는 2조의 평균치의 차에 대한 검정통계량

$$t_o = \frac{\bar{d}}{\sqrt{V_d/n}}$$

단, $V_d = \dfrac{S_d}{n-1}$, $\quad S_d = \sum d_i^2 - \dfrac{(\sum d_i)^2}{n}$, $\quad n = $ 대응하는 조의 수

예제 10 특수 식이요법이 혈청 콜레스테롤(cholesterol)에 미치는 영향의 정도를 하기 위하여 9명을 대상으로 2개월간 특수 식이요법을 실시하였다. 식이요법 실시 전후의 혈청 콜레스테롤량은 다음과 같다. 특수 식이요법이 혈청 콜레스테롤량을 감소시키는 데 영향을 미쳤는지 유의수준 95%로 검정하라.

식이요법＼인원	1	2	3	4	5	6	7	8	9
실시 전	280	279	284	244	208	287	302	265	310
실시 후	275	276	271	240	207	274	298	269	283

[풀이] ① $H_0 : \mu_A = \mu_B$

$H_1 : \mu_A > \mu_B$

d_i	5	3	13	4	1	13	4	-4	27	$\sum d_i$ =66
d_i^2	25	9	169	16	1	169	16	16	729	$\sum d_i^2$ =1,150

② $\bar{d} = \dfrac{\sum d_i}{n} = \dfrac{69}{9} = 7.333$

$S_d = \sum d_i^2 - \dfrac{\left(\sum d_i\right)^2}{n} = 1,150 - \dfrac{66^2}{9} = 666, \; V_d = \dfrac{666}{9-1} = 83.25$ 이므로

검정통계량은 $\quad t_o = \dfrac{\bar{d}}{\sqrt{V_d/n}} = \dfrac{7.333}{\sqrt{83.25/9}} = 2.411$

③ 임계치는 $\alpha = 5\%$ 이고 한쪽검정이므로 $t_{1-\alpha}(\nu) = t_{0.95}(8) = 1.860$

④ 판단

한쪽 검정	검정통계량(t_o)	임계치 $t_{0.95}(8)$	판단
	2.411	1.860	$t_o = 2.411 > t_{0.95}(8) = 1.860$이므로 H_0기각, H_1이 채택되므로 유의적
의미	특수 식이요법이 혈청 콜레스테롤량을 감소시키는 데 영향을 미쳤다고 볼 수 있다. ($\alpha = 5\%$)		

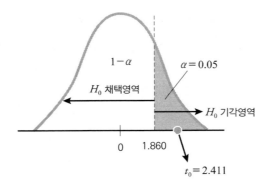

2.3 분산의 검정

(1) 모분산의 검정(모분산과 기준치와의 차이)

어떤 모집단으로부터 표본 n개를 샘플링하여 특성치를 측정한 경우와 모집단의 기준으로 설정한 σ^2과 차이가 있다고 할 수 있는가, 어떤가를 검정한다.

크기 n의 표본에서 편차제곱의 합(변동) S를 구하고 통계량 χ^2을 구하면 $\chi^2 = \dfrac{S}{\sigma^2}$는 자유도 $\nu = (n-1)$ 의 χ^2분포를 따르므로 검정통계량은 다음과 같다.

모분산 검정통계량

$$\chi_o^2 = \frac{S}{\sigma^2}$$

[판단]

χ_o^2과 $\chi^2(\nu, \alpha)$의 기각역을 비교하여 판단한다.

즉, ㉠ 양쪽검정에서 $\chi_o^2 > \chi_{1-\alpha/2}^2(\nu)$ 또는 $\chi_o^2 < \chi_{\alpha/2}^2(\nu)$이면 H_o은 기각되고 유의적인 차이가 있다고 할 수 있다.

㉡ 한쪽검정에서 기준치보다 작은가에 대한 왼쪽검정에서 $\chi_o^2 < \chi_\alpha^2(\nu)$이면 H_o은 기각되고 유의적인 차이가 있다고 할 수 있다.

ⓒ 한쪽검정에서 기준치보다 큰가에 대한 오른쪽검정에서 $\chi_o^2 > \chi_{1-\alpha}^2(\nu)$ 이면 H_o은 기각되고 유의적인 차이가 있다고 할 수 있다.

구분	귀무가설 채택		귀무가설 기각	
양쪽검정	$\chi_o^2 < \chi_{1-\alpha/2}^2(\nu)$ 또는 $\chi_o^2 > \chi_{\alpha/2}^2(\nu)$		$\chi_o^2 > \chi_{1-\alpha/2}^2(\nu)$ 또는 $\chi_o^2 < \chi_{\alpha/2}^2(\nu)$	
한쪽검정	왼쪽 검정	오른쪽 검정	왼쪽 검정	오른쪽 검정
	$\chi_o^2 > \chi_{\alpha}^2(\nu)$	$\chi_o^2 < \chi_{1-\alpha}^2(\nu)$	$\chi_o^2 < \chi_{\alpha}^2(\nu)$	$\chi_o^2 > \chi_{1-\alpha}^2(\nu)$

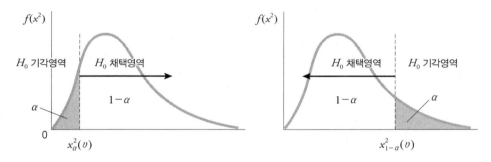

[그림 6-6] χ^2분포의 한쪽검정

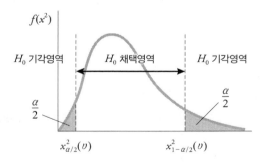

[그림 6-7] χ^2분포의 양쪽검정

예제 11 열경화 수지인 적층판의 휨(bending)의 분산의 변화가 문제이다. 제품의 로트로부터 10개의 시료를 랜덤으로 샘플링하여 측정한 결과 다음과 같은 데이터가 나왔다. 종래의 기준으로 설정한 분산 $\sigma^2 = 0.0010$과 차가 있다고 할 수 있겠는가? (위험률 $\alpha = 5\%$임)

DATA : -0.03 0.01 -0.05 -0.03 -0.01 -0.05 0.13 -0.01 0.04 0.03

[풀이] 양쪽검정이고 모분산에 관한 검정이다.

① $H_0 : \sigma^2 = 0.0010$

$H_1 : \sigma^2 \neq 0.0010$

② $S = \sum x_i^2 - \dfrac{(\sum x_i)^2}{n} = 0.0265 - \dfrac{0.03^2}{10} = 0.02641$ 이므로

검정통계량은 $\chi_o^2 = \dfrac{S}{\sigma^2} = \dfrac{0.02641}{0.0010} = 26.41$

③ 임계치는 위험률 $\alpha = 5\%$, 양쪽검정이므로

$\chi_{1-\alpha/2}^2(\nu) = \chi_{0.975}^2(9) = 19.0$이다.

④ 판단

양쪽 검정	검정통계량(χ_o^2)	임계치 $\chi_{0.975}^2(9)$	판단
	26.41	19.0	$\chi_o^2 = 26.41 > \chi_{0.975}^2(9) = 19.0$ 이므로 H_0기각, H_1이 채택되므로 유의적
의미	\multicolumn{3}{l}{종래의 기준으로 설정한 분산 $\sigma^2 = 0.0010$과 차가 있다고 할 수 있다. ($\alpha = 5\%$)}

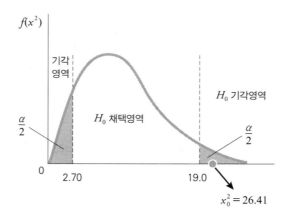

예제 12 새로운 공정에서 시험 제작된 어떤 섬유제품의 함수량의 모분산이 기준으로서 설정되어 있는 값 $\sigma^2 = 0.2$보다 작다고 할 수 있겠는가를 검정하라. 9개의 샘플을 랜덤하게 샘플링하여 측정하였더니 다음과 같은 데이터가 얻어졌다. (위험률 5%)

| DATA : | 5.5 | 6.0 | 5.2 | 5.7 | 6.2 | 5.4 | 5.9 | 6.3 | 5.8 |

[풀이] 한쪽검정이고 모분산에 관한 검정이다.

① $H_0 : \sigma^2 = 0.2$

  $H_1 : \sigma^2 < 0.2$

② $S = \sum x_i^2 - \dfrac{(\sum x_i)^2}{n} = 301.52 - \dfrac{52^2}{9} = 1.076$ 이므로

  검정통계량은 $\chi_o^2 = \dfrac{S}{\sigma^2} = \dfrac{1.076}{0.2} = 5.378$

③ 임계치는 위험률 $\alpha = 5\%$, 한쪽검정으로서 기준치보다 작은 경우,

  $\chi_\alpha^2(\nu) = \chi_{0.05}^2(8) = 2.733$이다.

④ 판단

	검정통계량(χ_o^2)	임계치 $\chi_{0.05}^2(8)$	판단
양쪽 검정	5.378	2.733	$\chi_o^2 = 5.378 > \chi_{0.05}^2(8) = 2.733$ 이므로 H_0 채택. 유의적이라고 할 수 없다.
의미	기준값인 모분산은 0.2보다 작다고 할 수 없다.($\alpha = 5\%$)		

(2) 두 모분산의 차의 검정

두 개의 로트로부터 독립적으로 각각 크기 n_1 및 n_2의 표본을 뽑았다고 할 때 두 모분산의 비율에 대한 검정은 표본으로부터 구한 통계량인 편차제곱의 합(변동)을 S_1과 S_2을 구한 다음 이것을 가지고 표본분산인 불편분산 V_1과 V_2의 비, $F = \dfrac{V_1}{V_2}$ 는 자유도 $\nu_1 = n_1 - 1$, $\nu_2 = n_2 - 1$인 F분포를 따르므로 검정통계량은 다음과 같다.

두 모분산 차이의 검정통계량

$$F_o = \frac{V_1}{V_2} > 1$$

단, V_1이 V_2보다 크다고 가정하여 분자에 위치함

참고로, 두 개의 집단에서의 편차제곱의 합과 불편분산의 계산식 다음과 같다.

$$S_1 = \sum x_1^2 - \frac{\left(\sum x_1\right)^2}{n_1} \quad \longrightarrow \quad V_1 = \frac{S_1}{n_1 - 1}$$

$$S_2 = \sum x_2^2 - \frac{\left(\sum x_2\right)^2}{n_2} \quad \longrightarrow \quad V_2 = \frac{S_2}{n_2 - 1}$$

[판단]

F_o 검정통계량과 F분포와의 H_o의 기각역의 설정과 판단은 다음과 같다.

불편분산이 큰 쪽의 자유도를 분자의 자유도로서 ν_1이라면

① 양쪽검정 : $F_o > F_{1-\alpha/2}(\nu_1, \ \nu_2)$ 이면 귀무가설 H_0가 기각되므로 유의적이라고 판단.

② 한쪽검정 : $F_o > F_{1-\alpha}(\nu_1, \ \nu_2)$ 이면 귀무가설 H_0가 기각되므로 유의적이라고 판단.

구분	귀무가설 채택		귀무가설 기각	
양쪽 검정	$F_o < F_{1-\alpha/2}(\nu_1, \nu_2)$ 또는 $F_o > F_{\alpha/2}(\nu_1, \nu_2)$		$F_o > F_{1-\alpha/2}(\nu_1, \nu_2)$ 또는 $F_o < F_{\alpha/2}(\nu_1, \nu_2)$	
한쪽 검정	왼쪽 검정	오른쪽 검정	왼쪽 검정	오른쪽 검정
	$F_o > F_\alpha(\nu_1, \nu_2)$	$F_o < F_{1-\alpha}(\nu_1, \nu_2)$	$F_o < F_\alpha(\nu_1, \nu_2)$	$F_o > F_{1-\alpha}(\nu_1, \nu_2)$

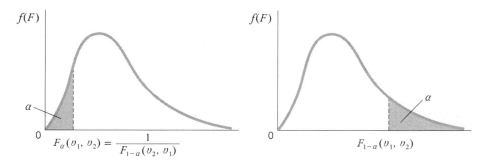

[그림 6-8] F분포의 한쪽검정

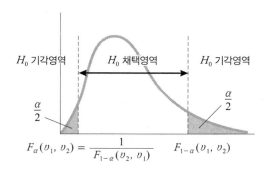

[그림 6-9] F분포의 양쪽검정

F분포의 양쪽검정에서 두 모분산의 차이 검정에서 $\alpha = 5\%$일 때 오른쪽 꼬리면적은 $1 - \dfrac{\alpha}{2} = 1 - \dfrac{0.05}{2} = 0.975$인 F_U의 값과 왼쪽 꼬리면적은 $\dfrac{\alpha}{2} = \dfrac{0.05}{2} = 0.025$인 F_L의 값을 부록 F분포표에서 찾을 수 있다.

똑같은 방법으로, F분포의 한쪽검정에서 두 모분산의 차이 검정에서 $\alpha = 5\%$일 때 오른쪽 검정은 $1 - \alpha = 1 - 0.05 = 0.95$인 F_U의 값이 결정되며, 왼쪽검정은 $\alpha = 0.05$인 F_L의 값을 부록 F분포표에서 찾을 수 있다.

예제 13 경강선재를 700℃, 800℃의 두 종류로 열처리를 하였을 경우, 재료의 인장강도는 700℃로 열처리한 쪽의 모분산이 800℃로 열처리한 쪽의 모분산이 크다고 할 수 있 겠는가를 위험률 5%로 검정하라.

인장강도 데이터

700℃ 열처리 (A)	33	29	42	32	42	41	42	44	33	45	38		
800℃ 열처리 (B)	35	37	31	32	33	29	27	31	39	37	30	34	36	28

[풀이] ① $H_0 : \ \sigma_A^2 = \sigma_B^2$

   $H_1 : \ \sigma_A^2 > \sigma_B^2$

② $S_A = 16421 - \dfrac{421^2}{11} = 308.18182$, $V_A = \dfrac{308.18182}{11 - 1} = 30.818$

   $S_B = 15225 - \dfrac{459^2}{14} = 176.357$, $V_B = \dfrac{176.357}{14 - 1} = 13.566$ 이므로

   검정통계량은 $F_o = \dfrac{V_A}{V_B} = \dfrac{30.818}{13.566} = 2.2717$

③ 임계치는 $\alpha = 5\%$, 한쪽(오른쪽)검정이므로 $F_{0.95}(10, \ 13) = 2.67$이 된다.

④ 판단

한쪽 검정	검정통계량 (F_o)	임계치 $F_{0.95}(10,\ 13)$	판단
	2.2717	2.67	$F_o = 2.2717 < F_{0.95}(10,\ 13) = 2.67$이므로 H_0 채택. 유의적이라고 할 수 없다.
의미	\multicolumn{3}{l}{경강선재의 열처리 온도의 수준 A, B간은 모분산의 차이가 있다고 볼 수 없다. ($\alpha = 5\%$)}

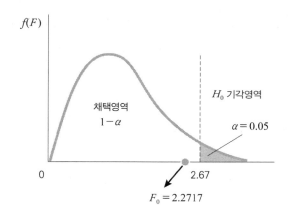

예제 14 A사와 B사가 납품하고 있는 납제품의 치수에 대해 기준면으로부터 측정점까지의 간격을 측정하였다. 두 모분산이 서로 다르다고 할 수 있겠는가를 유의수준 5%로 검정하라.

건반납 A	0.04	-0.06	-0.04	0.03	0.06	0.11	-0.09	0.01	0.03	-0.03
건반납 B	0.04	0.02	-0.01	0.00	-0.03	0.02	0.07	0.01	0.03	0.00

[풀이] ① $H_0 : \sigma_A^2 = \sigma_B^2$

$H_1 : \sigma_A^2 \neq \sigma_B^2$

② $S_A = 0.0334 - \dfrac{0.06^2}{10} = 0.03304$, $V_A = \dfrac{0.03304}{10-1} = 0.00367111$

$S_B = 0.0093 - \dfrac{0.15^2}{10} = 0.00705$, $V_B = \dfrac{0.00705}{10-1} = 0.0007833$

검정통계량은 $F_o = \dfrac{V_A}{V_B} = \dfrac{0.00367111}{0.0007833} = 4.687$

③ 임계치는 $\alpha = 5\%$, 양쪽검정이므로 $F_{0.975}(9,\ 9) = 4.03$ 이 된다.

④ 판정

	검정통계량 (F_o)	임계치 $F_{0.975}(9,\ 9)$	판단
양쪽 검정	4.687	4.03	$F_o = 4.687 > F_{0.975}(9,\ 9) = 4.03$이므로 H_0 기각. 유의적이라고 할 수 있다.
의미	건반납 A사, B사 제품의 기준면으로부터 측정점까지 치수의 모분산에 차이가 있다고 할 수 있다. ($\alpha = 5\%$)		

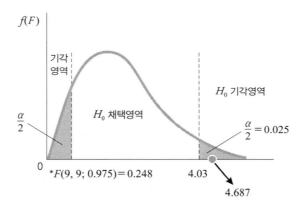

3. 계수치의 검정

계수치의 검정은 모부적합품율, 시장점유율, 발병률, 감염자수, 고장률, 출산률, 부적합품수, 결점수, 사절수, 사고건수, 단위당 결점수 등과 같은 계수치 데이터에 관한 검정으로 주로 정규분포 근사방법으로 검정한다. 또한 카이제곱(χ^2)분포에 의한 근사방법으로 적합도 검정(goodness-of-fit test), 분할표에 의한 검정(contingency table test) 등이 적용되고 있다.

3.1 모부적합품률(모비율)의 검정

(1) 모부적합품률(모비율)의 검정

① 가설수립

모집단의 비율, 즉 모부적합품률(모비율) P가 표본비율 혹은 특정한 값 p와의 관계정도를 검정하기 위하여 다음 표와 같이 세 가지 형태에 따라 정리해 본다.

구분	양쪽검정	한쪽검정	
		왼쪽검정	오른쪽검정
귀무가설 (H_0)	$P = p$	$P = p$ or $P \geq p$	$P = p$ or $P \leq p$
대립가설 (H_1)	$P \neq p$	$P < p$	$P > p$

② 검정통계량 계산

모부적합품률(모비율)의 검정은 모비율 P인 집단에서 취한 n개중 특성치 x개의 표본비율 $p = \dfrac{x}{n}$는 평균이 P, 표준편차가 $\sqrt{\dfrac{P(1-P)}{n}}$ 인 이항분포를 하고 $p \leq 0.5$, $nP \geq 5$, $n(1-P) \geq 5$인 경우는 중심극한정리에 의하여 정규분포에 근사한다. 따라서 비율의 표본분포에는 정규분포를 이용한다.

$$\text{기대치} : E(p) = P$$

$$\text{표준편차} : \sigma_p = \sqrt{\frac{P(1-P)}{n}}$$

표본비율에 대한 정규분포의 근사치로서의 $Z(U)$의 모부적합품률(모비율) 검정통계량은 다음과 같다.

모비율 검정통계량

$$Z_o = \frac{p - P}{\sqrt{\dfrac{P(1-P)}{n}}}$$

단, P : 모비율(기준치), p : 표본비율

---

③ 임계치 설정

[표 6-4] 정규분포에서의 $Z(\alpha)$에 따른 임계치를 참고바란다.

④ 판단

Z 분포표의 임계값과 검정통계량의 Z_o값과 비교, 판단한다.

단일 모부적합품률(모비율)의 검정 판단

단일 모비율의 가설검정 판단은 다음 표와 같이 σ를 알고 있는 경우 단일 모평균에 대한 Z검정 판단과 동일하다.

구분	귀무가설 채택		귀무가설 기각	
양쪽검정	$Z_o > -Z_{1-\alpha/2}$ 또는 $Z_o < Z_{1-\alpha/2}$		$Z_o < -Z_{1-\alpha/2}$ 또는 $Z_o > Z_{1-\alpha/2}$	
한쪽검정	왼쪽 검정	오른쪽 검정	왼쪽 검정	오른쪽 검정
	$Z_o > -Z_{1-\alpha}$	$Z_o < Z_{1-\alpha}$	$Z_o < -Z_{1-\alpha}$	$Z_o > Z_{1-\alpha}$

예제 15 A공단지역의 공기오염에 관한 환경법 준수율이 통상 70%라고 알고 있다. 최근 한 환경단체에서는 70%가 아니라고 주장하고 있다. 그러나 주무관청은 여전히 70%라고 알고 있기 때문에 이를 검정하고자 한다. 공단 내 임의로 선택한 공장 50개를 대상으로 조사를 한 결과 32개가 준수하고 있는 것으로 밝혀졌다. 환경법 준수율이 달라졌다고 할 수 있겠는가? 위험률 5%임.

[풀이] ① $H_0 : P = p$

$H_1 : P \neq p$

② $p = \dfrac{x}{n} = \dfrac{32}{50} = 0.64$

$Z_o = \dfrac{p - P}{\sqrt{\dfrac{P(1-P)}{n}}} = \dfrac{0.64 - 0.7}{\sqrt{\dfrac{0.7(1-0.7)}{50}}} = -0.926$

③ 임계치는 $Z_{0.975} = -1.96$이다.

④ 판단

	검정통계량 (Z_o)	임계치 $Z_{0.975}$	판단
양쪽 검정	-0.926	-1.96	$Z_o = -0.926 > Z_{0.975} = -1.96$이므로 H_0채택. 유의적인 수준이라고 할 수 없다.
의미			환경법 준수율 70%는 달라졌다고 할 수 없다. $\alpha = 5\%$

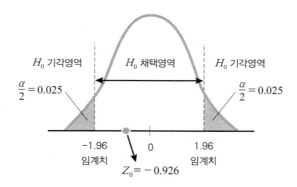

예제 16 현재, 적용되고 있는 평균불량률은 8%이다. 새로운 설비를 도입하여 불량률을 검사해 본 결과 160개 중에서 8개가 불량으로 판정되었다. 새로 도입된 설비는 현재의 불량률보다 좋아졌다고 볼 수 있겠는가? 단 위험률은 5%임.

[풀이] ① $H_0 : P = 8\%$

$H_1 : P < 8\%$

② $p = \dfrac{x}{n} = \dfrac{8}{160} = 0.05$

$Z_o = \dfrac{|p - P|}{\sqrt{\dfrac{P(1-P)}{n}}} = \dfrac{0.05 - 0.08}{\sqrt{\dfrac{0.08(1-0.08)}{160}}} = -1.399$

③ 임계치는 한쪽검정으로 위험률 5%이므로 $Z_{0.95} = 1.645$ 이다.

④ 판단

한쪽 검정	검정통계량 (Z_o)	임계치 $Z_{0.95}$	판단
	-1.399	-1.645	$Z_o = -1.399 > -Z_{0.95} = -1.645$ 이므로 H_0 채택. 유의적인 수준이라고 할 수 없다.
의미	새로 도입된 설비의 불량률은 평균불량률보다 좋아졌다고 할 수 없다. $\alpha = 5\%$		

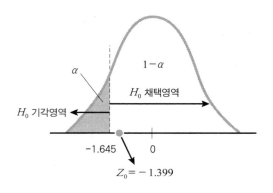

(2) 모부적합품률(모비율)간 차의 검정

모부적합품률(모비율)간 차의 검정은 두 모집단간의 비율에 대한 차이 비교를 할 때 사용한다. 예를 들면, A기계와 B기계간의 부적합품률 차이가 있는지의 여부, 두 회사 간의 시장 점유율의 차이 비교, 두 정당간의 지지도 비교 등의 문제에서 적용하게 된다. 모부적합품률(모비율)간 차의 검정에서의 전제조건은 두 모집단에서 독립적으로 표본을 추출한다는 점과 $n \geq 30$인 대표본으로 $nP \geq 5$, $n(1-P) \geq 5$ 이어야 한다.

① 가설수립

두 모집단의 비율, 즉 $P_A - P_B$ 에 대한 관계정도를 검정하기 위하여 다음 표와 같이 세 가지 형태에 따라 정리해 본다.

구분	양쪽검정	한쪽검정	
		왼쪽검정	오른쪽검정
귀무가설 (H_0)	$P_A = P_B$ or $P_A - P_B = 0$	$P_A = P_B$ or $P_A \geq P_B$	$P_A = P_B$ or $P_A \leq P_B$
대립가설 (H_1)	$P_A \neq P_B$ or $P_A - P_B \neq 0$	$P_A < P_B$ or $P_A - P_B < 0$	$P_A > P_B$ or $P_A - P_B > 0$

② 검정통계량 계산

귀무가설 $H_0 : P_1 = P_2$ 의 검정은 두 모집단이 공통인 모부적합품률 P를 갖는다고 가정하고 있으므로 $(p_1 - p_2)$의 분포는 표본크기 n_1, n_2가 클 때 이항분포가 근사적으로 정규분포에 따른다는 조건하에서

평 균　$E(p_1 - p_2) = P_1 - P_2 = p_1 - p_2$

표준편차　$D(p_1 - p_2) = \sqrt{\dfrac{p_1(1-p_1)}{n_1} + \dfrac{p_2(1-p_2)}{n_2}}$

따라서, 검정통계량은 다음과 같다.

모부적합품률(모비율) 간의 차이 검정통계량

$$Z_o = \frac{p_1 - p_2}{\sqrt{\bar{p}(1-\bar{p})\left(\dfrac{1}{n_1} + \dfrac{1}{n_2}\right)}}$$

단,　$p_1 = \dfrac{x_1}{n_1}$,　$p_2 = \dfrac{x_2}{n_2}$,　통합표본비율　$\bar{p} = \dfrac{x_1 + x_2}{n_1 + n_2}$

③ **임계치 설정**

[표 6-4] 정규분포에서의 $Z(\alpha)$에 따른 임계치를 참고바란다.

④ 판단

Z 분포표의 임계값과 검정통계량의 Z_o값과 비교, 판단한다.

모부적합품률(모비율) 간의 차이 검정 판단

두 모비율 간 차이 가설검정의 판단은 다음 표와 같이 σ를 알고 있는 경우 단일 모평균에 대한 Z검정 및 단일 모비율의 가설검정 판단과 동일하다.

구분	귀무가설 채택		귀무가설 기각	
양쪽검정	$Z_o > -Z_{1-\alpha/2}$ 또는 $Z_o < Z_{1-\alpha/2}$		$Z_o < -Z_{1-\alpha/2}$ 또는 $Z_o > Z_{1-\alpha/2}$	
한쪽검정	왼쪽 검정	오른쪽 검정	왼쪽 검정	오른쪽 검정
	$Z_o > -Z_{1-\alpha}$	$Z_o < Z_{1-\alpha}$	$Z_o < -Z_{1-\alpha}$	$Z_o > Z_{1-\alpha}$

예제 17 A기계와 B기계에 있어서의 불량품수는 다음과 같은 데이터를 얻었다. 두 기계간의 불량률의 차이가 있다고 할 수 있는가? 위험률 5%임.

기 계	검사수량	불량품수
A	1000	95
B	900	80

[풀이] ① $H_0 : p_A = p_B$

$H_1 : p_A \neq p_B$

② $p_A = \dfrac{95}{1000} = 0.095$, $p_B = \dfrac{80}{900} = 0.08889$, $\bar{p} = \dfrac{95+80}{1000+900} = 0.092$

검정통계량은

$$Z_o = \frac{p_1 - p_2}{\sqrt{\bar{p}(1-\bar{p})\left(\dfrac{1}{n_1} + \dfrac{1}{n_2}\right)}} = \frac{0.095 - 0.08811}{\sqrt{0.092(1-0.092)\left(\dfrac{1}{1000} + \dfrac{1}{900}\right)}} = 0.460$$

③ 임계치는 양쪽검정으로 위험률 5%이므로 $Z_{0.975} = 1.96$ 이다.

④ 판단

	검정통계량 (Z_o)	임계치 $Z_{0.975}$	판단
양쪽 검정	0.460	1.96	$Z_o = 0.460 < Z_{0.975} = 1.96$이므로 H_0채택. 유의적인 차이가 있다고 할 수 없다.
의미	A와 B기계 간 불량률에 대한 차이가 없다고 할 수 있다. $\alpha = 5\%$		

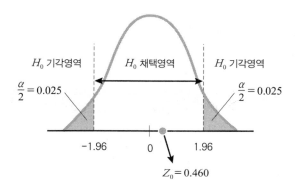

3.2 모부적합수(모결점수)의 검정

(1) 모부적합수(모결점수)의 검정

부적합은 규정된 특성값, 치수, 속성(계수치), 성능 등의 요구사항을 충족하지 못하는 것을 말하며 하나 이상의 부적합을 포함하는 경우 부적합품이라고 한다. 하나의 제품이나 부품에 몇 개의 부적합이 있어도 부적합품은 1개가 있는 것이다. 따라서 표면의 홈, 핀홀, 옹이 등의 결점을 요즈음에는 '부적합'으로 표현되고 있다.

① 가설수립

모집단의 결점수, 즉 모부적합수 C가 표본부적합수 c와의 관계정도를 검정하기 위하여 다음 표와 같이 세 가지 형태에 따라 정리해 본다.

구분	양쪽검정	한쪽검정	
		왼쪽검정	오른쪽검정
귀무가설 (H_0)	$C = c$	$C = c$ or $C \geq c$	$C = c$ or $C \leq c$
대립가설 (H_1)	$C \neq c$	$C < c$	$C > c$

② 검정통계량 계산

$C > 5$인 경우는 포아송분포는 정규분포에 근사하므로 이러한 성질의 조건을 정규분포에 이용하면 된다. 포아송분포는 평균이 C, 표준편차가 $\sqrt{C}$이므로 검정통계량은 다음과 같이 주어진다.

모부적합수의 검정통계량

$$Z_o = \frac{c - C}{\sqrt{C}}$$

단, c : 표본부적합수 C : 모부적합수

③ 임계치 설정

[표 6-4] 정규분포에서의 $Z(\alpha)$에 따른 임계치를 참고바란다.

④ 판단

Z 분포표의 임계값과 검정통계량의 Z_o값과 비교, 판단한다.

단일 모부적합수의 검정 판단

단일 모부적합수의 가설검정 판단은 다음 표와 같이 σ를 알고 있는 경우 단일 모평균에 대한 Z검정 및 단일 모비율의 가설검정 판단과 동일하다.

구분	귀무가설 채택		귀무가설 기각	
양쪽검정	$Z_o > -Z_{1-\alpha/2}$ 또는 $Z_o < Z_{1-\alpha/2}$		$Z_o < -Z_{1-\alpha/2}$ 또는 $Z_o > Z_{1-\alpha/2}$	
한쪽검정	왼쪽 검정	오른쪽 검정	왼쪽 검정	오른쪽 검정
	$Z_o > -Z_{1-\alpha}$	$Z_o < Z_{1-\alpha}$	$Z_o < -Z_{1-\alpha}$	$Z_o > Z_{1-\alpha}$

예제 18 종래의 한 로트의 모부적합수 $C = 16$ 이었다. 작업방법을 개선한 후는 표본의 부적합수 $c = 20$이 나왔다. 모부적합수가 달라졌다고 할 수 있겠는가? 위험률 5%임.

[풀이] ① $H_0 : C = 16$

$H_1 : C \neq 16$

② $c = 20$, $C = 16$

$$Z_o = \frac{c - C}{\sqrt{C}} = \frac{20 - 16}{\sqrt{16}} = 1.0$$

③ 임계치는 양쪽검정으로서 $\alpha = 5\%$ 이므로 $Z_{0.975} = 1.96$ 이다.

④ 판단

양쪽 검정	검정통계량 (Z_o)	임계치 $Z_{0.975}$	판단
	1.0	1.96	$Z_o = 1.0 < Z_{0.975} = 1.96$이므로 H_0채택. 유의적인 차이가 있다고 할 수 없다.
의미	모부적합수와는 유의적인 차가 있다고 할 수 없다. $\alpha = 5\%$		

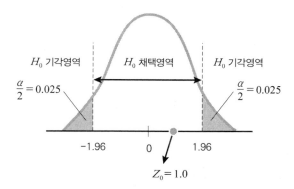

(2) 두 모부적합수의 차의 검정

두 모부적합수 차의 검정은 두 모집단간의 부적합수에 대한 차이 비교를 할 때 사용한다. 예를 들면, A생산라인과 B생산라인 간의 기포수 발생의 차이여부, 두 도장공정의 핀홀 차이 비교 등의 문제에서 적용하게 된다.

① 가설수립

두 모집단의 부적합수의 차이, 즉 $C_A - C_B$ 에 대한 관계정도를 검정하기 위하여 다음 표와 같이 세 가지 형태에 따라 정리해 본다.

구분	양쪽검정	한쪽검정	
		왼쪽검정	오른쪽검정
귀무가설 (H_0)	$C_A = C_B$	$C_A = C_B$ or $C_A \geq C_B$	$C_A = C_B$ or $C_A \leq C_B$
대립가설 (H_1)	$C_A \neq C_B$	$C_A < C_B$	$C_A > C_B$

② 검정통계량 계산

두 개의 모집단의 부적합수의 차에 관한 검정에도 $C > 5$ 인 경우는 포아송분포는 정규분포에 근사하므로 이러한 성질의 조건을 정규분포에 이용하면 된다.

검정통계량은 다음과 같다.

두 모부적합수의 차이 검정통계량

$$Z_o = \frac{c_1 - c_2}{\sqrt{c_1 + c_2}}$$

단, c_1 = 모집단 1의 표본결점수, $\quad c_2$ = 모집단 2의 표본결점수

③ 임계치 설정

[표 6-4] 정규분포에서의 $Z(\alpha)$ 에 따른 임계치를 참고바란다.

④ 판단

Z 분포표의 임계값과 검정통계량의 Z_o값과 비교, 판단한다.

두 모부적합수의 차이 검정 판단

두 모부적합수의 차이 가설검정 판단은 다음 표와 같이 σ를 알고 있는 경우 단일 모평균에 대한 Z검정, 단일 모비율 및 단일 모부적합수의 가설검정 판단과 동일하다.

구분	귀무가설 채택		귀무가설 기각	
양쪽검정	$Z_o > -Z_{1-\alpha/2}$ 또는 $Z_o < Z_{1-\alpha/2}$		$Z_o < -Z_{1-\alpha/2}$ 또는 $Z_o > Z_{1-\alpha/2}$	
한쪽검정	왼쪽 검정	오른쪽 검정	왼쪽 검정	오른쪽 검정
	$Z_o > -Z_{1-\alpha}$	$Z_o < Z_{1-\alpha}$	$Z_o < -Z_{1-\alpha}$	$Z_o > Z_{1-\alpha}$

예제 19 어느 철판 제조공장에서 A, B 생산라인이 2개 있다. A공정에서는 $10m^2$당 흠집수가 30개 있고, B공정에서는 $10m^2$당 흠집이 37개 있다. A, B공정의 기포의 수는 차이가 있는가? 위험률 5%임.

[풀이] ① $H_0 : C_A = C_B$

$H_1 : C_A \neq C_B$

② 검정통계량은

$$Z_o = \frac{c_1 - c_2}{\sqrt{c_1 + c_2}} = \frac{30 - 37}{\sqrt{30 + 37}} = -0.855$$

③ 임계치는 양쪽검정으로서 $\alpha = 5\%$ 이므로 $-Z_{0.975} = -1.96$ 이다.

④ 판단

	검정통계량 (Z_o)	임계치 $Z(0.025)$	판단
양쪽 검정	-0.855	-1.96	$Z_o = -0.855 > -Z_{0.975} = -1.96$이므로 H_0채택. 유의적인 차이가 있다고 할 수 없다.
의미	A, B 두 생산라인의 모결점수 간의 차이는 있다고 할 수 없다. $\alpha = 5\%$		

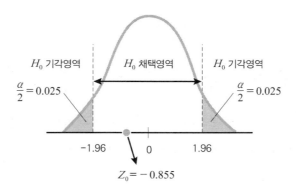

4. 적합도의 검정 및 분할표에 의한 검정

4.1 적합도 검정

조사에서 얻은 자료의 데이터시트나 도수분포에 대응하는 모집단의 확률분포가 포아송분포나 정규분포 등 어떤 분포의 경우, 특정분포라고 해도 좋은가 어떤가에 대한 확인할 때 적합도 검정(test goodness-of- fit)을 적용한다. 적합도 검정은 영국의 Karl Pearson(1857~1936)에 의해 처음으로 χ^2 검정통계량을 제안하였다.

그는 n이 큰 경우에 χ^2은 자유도($k-1$)을 갖는 χ^2분포에 따른다는 것을 보였다.

χ^2의 적합도 검정은 측정도수와 기대도수와의 차이를 제곱하거나 혹은 실측치와 이론치와의 차이를 제곱한 것을 각각 기대도수나 이론치를 나눈 것의 합을 χ_o^2검정통계량으로 계산한 것과 χ^2분포표와 비교하여 귀무가설의 채택, 기각을 판단하는 유의성을 확인하는 방법이다.

우선, 적합도 검정에서의 가설은 다음과 같이 수립한다.

$$H_0 : P_1 = P_2 \cdots = P_n \ (\text{주어진 비율이 적합하다.})$$
$$H_1 : \text{적어도 하나의 비율은 나머지와 같지 않다.}$$

즉, n개의 시료를 k개의 속성으로 분류한 후 기대도수와 실제 측정도수가 잘 적합한지를 다음 검정통계량을 사용한다.

이것을 적합도 검정을 위한 Pearson의 χ^2 통계량이라고 한다.

$$\chi_o^2 = \sum_{i=1}^{k} \frac{(n_i - nP_i)^2}{nP_i} = \sum_{i=1}^{k} \frac{(O_i - E_i)^2}{E_i}$$

$$= \sum_{i=1}^{k} \frac{(\text{실측치} - \text{이론치})^2}{\text{이론치}} = \sum_{i=1}^{k} \frac{(\text{측정도수} - \text{기대도수})^2}{\text{기대도수}}$$

단, n_i : 속성(구간)별 측정치, 도수.　　nP_i = 기대치 = E_i

　　O_i : Observed frequency ,　　　E_i : Expected frequency

　　k : 측정도수와 기대도수 대응수

적합도 검정에서의 판단은 $\chi_o^2 = \sum_{i=1}^{k} \frac{(O_i - E_i)^2}{E_i} > \chi^2(k-1,\ \alpha)$ 이면 H_0 기각한다.

이 χ^2 적합도 검정은 두 가지로 분류하여 생각할 수 있다.

● 각 속성이 차지하는 확률 p_i가 주어지는 경우

일정 확률이 주어지는 경우는 기대도수 내지 이론치 자체가 바로 도출됨을 의미하며, χ^2 검정시의 자유도는 $\nu = (k-1)$ 이다.

● 각 속성이 차지하는 확률 p_i가 주어지지 않는 경우

각 구간 혹은 속성마다 확률 p_i가 제시되지 않는 경우로 이 때는 표본으로부터 모두 분포의 평균 $m(np)$, 분산 σ^2 등을 추정하여야 하며, χ^2 검정시의 자유도는 추정되는 모수의 수만큼 감소된다.

즉, χ^2 검정시의 자유도 $\nu = (k-1) - (추정되는\ 모수의\ 수)$

예제 20 주사위 120회 굴러서 각 눈이 나오는 수를 세어 보았더니 다음 표와 같다. 이 주사위를 정확하게 던졌다면 이 주사위는 바르게 만들어졌다고 할 수 있겠는가? 위험률 5%임.

눈	1	2	3	4	5	6
횟 수	13	25	27	28	13	14

[풀이] 주사위의 각 눈금이 나오는 모비율을 $P_1, P_2, \cdots, P_6$ 라고 하면

① $H_0 : P_i = \dfrac{1}{6}$

$H_1 : P_i \neq \dfrac{1}{6}$

② 각 눈금의 기대치는 $E_i = nP_i = 120 \times \dfrac{1}{6} = 20$ 이므로

$$\chi_o^2 = \sum_{i=1}^{k} \frac{(O_i - E_i)^2}{E_i}$$

$$= \frac{(13-20)^2 + (25-20)^2 +, \cdots,+ (14-20)^2}{20} = 13.60$$

[판단]

$\alpha = 5\%$, 자유도 $\nu = k-1 = 5$ 이며, $\chi_o^2 = 13.6 > \chi_{0.95}^2(5) = 11.07$이므로 귀무가설 H_0은 기각되고 대립가설 H_1이 채택되어 유의적이라고 할 수 있다.

즉, 주사위가 바르게 만들어졌다고 할 수 없다.

예제 21 어떤 공장에서 기계가 고장나는 회수를 매일 기록하고 있다. 지난 180일간의 기계의 고장회수를 표로 나타내 보니 다음과 같다. 기계 고장회수가 포아송 분포를 따르는가를 위험률 5%로 검정하라.

기계 고장회수	0	1	2	3	4	5	6	합계
일 수	82	42	31	12	8	3	2	180

[풀이] ① H_0 : 기계고장건수가 포아송분포에 따른다.

H_1 : 기계고장건수가 포아송분포에 따르지 않는다.

② 포아송분포의 모수 m을 추정한다.

모수 m의 추정값을 평균 고장회수 $\bar{x}$로 한다면

$$\bar{x} = \frac{\sum(기계고장회수 \times 일수)}{n}$$

$$= \frac{(0 \times 82) + (1 \times 42) + (2 \times 31) + (3 \times 12) + (4 \times 8) + (5 \times 3) + (6 \times 2)}{180}$$

$$= 1.1$$

여기서 $m = 1.1$ 이 되며 확률은 포아송분포 공식에 의해 계산되며, 그 기대도수는 아래표와 같다.

기계고장회수	0	1	2	3	4	5	6	합 계
관측도수 O_i	82	42	31	12	8	3	2	180
확률 ($m = 1.1$)	0.333	0.366	0.201	0.074	0.021	0.004	0.001	1
기대도수 E_i	59.94	65.88	36.18	13.32	3.78	0.72	0.18	180

$$p(x=0) = \frac{e^{-1.1}1.1^0}{0!} = 0.333$$

$$p(x=1) = \frac{e^{-1.1}1.1^1}{1!} = 0.366$$

$$p(x=2) = \frac{e^{-1.1}1.1^2}{2!} = 0.201$$

$$p(x=3) = \frac{e^{-1.1}1.1^3}{3!} = 0.074$$

$$p(x=4) = \frac{e^{-1.1}1.1^4}{4!} = 0.021$$

$$p(x=5) = \frac{e^{-1.1}1.1^5}{5!} = 0.004$$

$$p(x=6) = \frac{e^{-1.1}1.1^6}{6!} = 0.001$$

단, 5이하의 기대도수인 고장회수 4회, 5회, 6회 계급의 기대도수를 합하여 3회의 기대도수와 합쳐져 한 급으로 함.

검정통계량 $\chi_o^2 = \sum_{i=1}^{k} \frac{(O_i - E_i)^2}{E_i}$

$$\chi_o^2 = \frac{(82-59.94)^2}{59.94} + \frac{(42-65.88)^2}{65.88} + \cdots, + \frac{(3-0.72)^2}{0.72} + \frac{(2-0.18)^2}{0.18}$$

$$= 20.239$$

[판단]

$\alpha = 5\%$ 이며, 자유도 $\nu = (k-1) - (추정되는\ 모수의\ 수) = 4-1-1 = 2$이며 $\chi_o^2 = 20.239 > \chi_{0.95}^2(2) = 5.99$ 이므로 귀무가설 H_0은 기각되고 대립가설 H_1이 채택되는바 유의적이라고 할 수 있다. 즉, 기계고장회수 분포가 포아송분포를 따른다고 할 수 없다.

4.2 분할표에 의한 검정

χ^2분포를 이용하는 계수치의 검정방법 중에서 대표적인 것으로는 앞서 설명한 적합

도의 검정과 지금 설명하려는 것으로 분할표를 이용하여 <u>독립성의 검정</u>과 <u>동일성의 검정</u>을 들 수 있다. 이 검정 방법은 검정 방법론상으로는 동일하지만 양자의 시료채취방법과 결과에 대한 해석만 다를 뿐이다.

분할표는 모집단으로부터 채취한 계수치 데이터를 행과 열로 분류한 표로서 행이 r개, 열이 c개이면 r×c 분할표라고 하며, [표 6-5]과 같은 r×c 분할표에서 계산한다.

$$\chi^2 = \sum_{i=1}^{r} \sum_{j=1}^{c} \frac{(O_{ij} - E_{ij})^2}{E_{ij}}$$

단, O_{ij} = 관측도수 (i의 행과 j의 열에 있는 칸의 숫자)

E_{ij} = 기대도수 = $\frac{(n_{i.})(n_{.j})}{n}$

의 통계량은 자유도 (r-1)(c-1)인 χ^2분포를 한다.

[표 6-5] r×c 분할표

분류기준	B_1 B_2 B_3 ··· B				합계
A_1		O_1	O_1		n_1
A_2		O_2	O_2		n_2
.					
.					
A					
합계	$n_{.1}$	$n_{.2}$	$n_{.3}$ ···	$n_.$	

(1) 독립성의 검정

두 가지 속성을 구분하여 그 중 하나의 속성이 다른 하나의 속성에 전혀 영향을 미치지 않을 때 이들 속성은 상호 독립적이라고 한다. 이 검정에서는 시료 n개만을 정하여 데이터를 채취하고 두 가지 속성에 따라 분류한 분할표를 사용하여 "두 가지 속성이 상호 독립적이다."라는 귀무가설 H_0를 다음과 같이 검정한다.

① 가설을 설정한다.

만약 두 가지 속성이 독립적이라면 각 결합확률은 주변확률의 곱과 같아야 하므로

$$H_0 : p_{ij} = p_{i.} \times p_{.j} \qquad i = 1, 2, \cdots, r \qquad j = 1, 2, \cdots, c$$

$$H_1 : p_{ij} \neq p_{i.} \times p_{.j}$$

② 검정통계량 χ_0^2을 구한다.

$$\chi_0^2 = \sum_{i=1}^{r} \sum_{j=1}^{c} \frac{(O_{ij} - E_{ij})^2}{E_{ij}} \qquad \qquad \text{단,} \ E_{ij} = \frac{(n_{i.})(n_{.j})}{n}$$

③ 유의성을 판단한다.

$\chi_0^2 \geqq \chi^2[(r-1)(c-1) : \alpha]$ 이면 유의로 H_0를 기각하고 H_1를 채택한다.

예제 22 어느 식료품 회사가 새로운 통조림 두 종류를 개발하여 어떤 통조림을 더 좋아하는가의 기호가 나이에 따라 차이가 없는지를 보기 위하여 다음의 질문서 결과를 얻었다. 나이에 따라 통조림 A와 B를 좋아하는 비율이 다르다고 볼 수 있는지를 $a = 0.05$ 에서 검정하라.

나 이	통조림 A	통조림 B	질문서 응답자
20세 미만	65	58	123
30세 미만	52	86	138
40세 미만	43	41	84
40세 이상	48	58	106

[풀이] ① $H_0 : \ p_{ij} = p_{i0} p_{0j}$

$H_1 : \ p_{ij} \neq p_{i0} p_{0j}$

② 검정통계량 계산

		20세 미만 (B_1)	30세 미만 (B_2)	40세 미만 (B_3)	40세 이상 (B_4)	합 계 (T_{i0})
통조림 A (A_1)	측정도수(n_{1j})	65	52	43	48	208
	기대도수(E_{1j})	56.73	63.65	38.74	48.89	(T_{10})
	$(n_{1j} - E_{1j})^2 / E_{1j}$	1.206	2.132	0.468	0.016	3.822

통조림B (A_2)	측정도수(n_{2j})	58	86	41	58	243 (T_{20})
	기대도수(E_{2j})	66.27	74.35	45.26	57.11	
	$(n_{2j}-E_{2j})^2/E_{2j}$	1.032	1.825	0.401	0.014	3.272
	합 계(T_{0j})	123 (T_{01})	138(T_{02})	84 (T_{03})	106 (T_{04})	451 (T)

$$\text{검정통계량 } \chi_0^2 = \sum_{i=1}^{r}\sum_{j=1}^{c}\frac{(n_{ij}-E_{ij})^2}{E_{ij}} = 3.822 + 3.272 = 7.094$$

③ 자유도 $\nu = (2-1)(4-1) = 3$ 이며, 위험률 $\alpha = 0.05$ 이다.

④ χ^2 수치표값은 $\chi_{0.95}^2(3) = 7.815$ 이다.

[판정]

$\therefore \chi_0^2 = 7.094 \leq \chi_{0.95}^2(3) = 7.815$ 이다. 즉, 귀무가설 H_0이 채택되므로, 나이에 따라 통조림 A와 B를 좋아하는 비율이 다르다고 볼 수 없다. $(\alpha = 0.05)$

(1) 동일성의 검정

몇 개의 모집단이 분석하고자 하는 문제의 특성에 대하여 동일성을 갖는지의 여부를 검정하는 것이다. 이 검정에서는 시료 n개를 서브모집단 $A_1, A_2, \cdots, A_r$ 로부터 각각 $n_1, n_2, \cdots, n_r$ 개씩 미리 정하여 채취하고 n_i개를 $B_1, B_2, \cdots, B_c$ 의 속성에 따라 분류한 분할표를 사용한다.

① 가설을 설정한다.

만약 두가지 속성이 독립적이라면 각 결합확률은 주변확률의 곱과 같아야 하므로

$$H_0 : p_{ij} = p_{i0}p_{0j} \quad i = 1, 2, \cdots, r \quad j = 1, 2, \cdots, c$$
$$H_1 : p_{ij} \neq p_{i0}p_{0j}$$

② 검정통계량 χ_0^2을 구한다.

$$\chi_0^2 = \sum_{i=1}^{r}\sum_{j=1}^{c}\frac{(O_{ij}-E_{ij})^2}{E_{ij}} \qquad \text{단, } E_{ij} = \frac{(n_{i.})(n_{.j})}{n}$$

③ 유의성을 판단한다.

$\chi_0^2 \geqq \chi_{1-\alpha}^2((r-1)(c-1))$ 이면 유의로 H_0를 기각하고 H_1를 채택한다.

예제 23 어느 유리공장에서 A_1, A_2, A_3, A_4 의 4종의 방법으로 각각 100개씩의 꽃병을 만들어, 이것을 외관검사에 의하여 양품, 불량품으로 나누었더니, 다음과 같은 데이터를 얻었다. 제조방법에 따라 모불량률이 다르다고 할 수 있는가를 $a = 0.05$ 에서 검정하라.

〈4×2 분할표의 데이터〉

부차모집단 \ 등급	양품	불량품	합 계
A_1법	90	10	100
A_2법	86	14	100
A_3법	96	4	100
A_4법	88	12	100
합 계	360	40	400

[풀이] A_i법을 사용하였을 때 j번째 등급($j = 1$은 양품, $j = 2$은 불량품)이 될 확률은 p_{ij}로 나타내면

① H_0 : $p_{12} = p_{22} = p_{32} = p_{42} = p_2$ $\left(단, p_2 = \dfrac{T_{02}}{T} = \dfrac{40}{400} = 0.1\right)$

H_1 : $p_{12} \neq p_{22} \neq p_{32} \neq p_{42} \neq p_2$

(제조방법 A_i에 따라 모불량률 p_j가 다르다.)

② 검정통계량 계산

$$\chi_0^2 = \sum_{i=1}^{4}\sum_{j=1}^{2} \frac{(n_{ij} - E_{ij})^2}{E_{ij}} = 6.222 \left(단, E_{ij} = \frac{T_{i0} \cdot T_{0j}}{T}\right)$$

		A_1법	A_2법	A_3법	A_4법	합 계
양품 (B_1)	측정도수(n_{i1})	90	86	96	88	360 (T_{01})
	기대도수(E_{i1})	90	90	90	90	
	$(n_{i1}-E_{i1})^2/E_{i1}$	0	0.178	0.4	0.044	0.622
불량품 (B_2)	측정도수(n_{i2})	10	14	4	12	40 (T_{02})
	기대도수(E_{i2})	10	10	10	10	
	$(n_{i2}-E_{i2})^2/E_{i2}$	0	1.6	3.6	0.4	5.6
합 계		100 (T_{10})	100 (T_{20})	100 (T_{30})	100 (T_{40})	400 (T)

③ 자유도 $\nu = (r-1)(c-1) = 3$ 이며, 위험률 $\alpha = 0.05$ 이다.

④ 검정통계량 $\chi_0^2 = 6.222$ 이며, χ^2 수치표 값은 $\chi_{0.95}^2(3) = 7.815$ 이다.

[판정]

∴ $\chi_0^2 = 6.222 \leqq \chi_{0.95}^2(3) = 7.815$ 즉, 귀무가설 H_0이 채택되므로 제조방법에 따라 모불량률이 다르다고 할 수 없다.($\alpha = 0.05$)

(3) 2×2 분할표에 의한 검정

이 분할표는 $m \times n$ 때와 같이 기대치를 써서 그대로 χ_0^2을 계산하면 근사도가 나빠진다. 그것은 이항분포는 비연속적분포인데, 연속분포인 χ^2분포로서 근사시킨 탓이다. 이 때는 다음의 Yates의 식을 사용하면 된다.

$$\chi^2 = \frac{\left(|ad-bc|-\dfrac{T}{2}\right)^2 \cdot T}{T_1 T_2 T_A T_B}$$

여기서 a, b, c, d 는 데이터로서 적어도 3보다 커야한다.

이때, 자유도는 $\nu = (2-1)(2-1) = 1$

2×2 분할표

	1	2	계
A	a	c	TA
B	b	d	TB
계	T_1	T_2	T

예제 24 A반과 B반은 같은 작업을 하고 있다. 이들의 작업결과를 조사하였더니 다음 표와 같다. 반별 차이가 있는지 검정하라.(신뢰율 95%)

반별	합격수	불합격수	합계
A	89	16	105
B	78	18	96
합계	167	34	201

[풀이] $H_0 : P_A = P_B$

$H_1 : P_A \neq P_B$

$$\chi_0^2 = \frac{\left(|89 \times 18 - 78 \times 16| - \dfrac{201}{2} \right)^2 \times 201}{167 \times 34 \times 105 \times 96} = 0.226$$

$\chi_0^2 < \chi_{0.95}^2(1) = 3.842$ 이므로 귀무가설 H_0이 채택되므로 A, B반은 불량수로는 차이가 없다고 판단됨.

01 어떤 공정에서 제조되는 부품의 특성치가 모평균이 50.10mm이고 모표준편차가 0.07mm 인 정규분포를 따른다고 한다. 이 공정에서 40개의 부품을 랜덤 샘플링을 취하여 측정한 결과 평균이 50.09mm로 산출되었다. 유의수준 5%로 모평균에 대한 차이가 있는지를 검정하라.

02 관절에 붙이는 파스의 접착력 평균 $0.015 kg/mm^2$이었다. 새로운 개발한 파스의 접착력 실험한 결과 다음과 같은 결과치를 얻었다. 새로 개발된 파스의 접착력은 기존 파스와 차이가 있는지 검정하라. (신뢰율 95%)

0.018, 0.017, 0.016, 0.014, 0.015, 0.017, 0.018, 0.016, 0.015, 0.018

03 두 회사 제품을 각각 로트로부터 시료를 뽑아서 인장강도를 측정하였더니 다음과 같은 데이터를 얻었다. 두 회사 제품의 평균치에 차이가 있다고 할 수 있는가?
단, 두 회사 각각 모표준편차가 $5 kg/mm^2$, 위험률 5%임.

A사	22,	25,	26,	18,	25,	23,	24,	25,	26,	18,	22,	23
B사	21,	20,	23,	19,	27,	26,	19,	20,	23,	19,	26,	25

04 두 회사에 대한 시험 성적서를 가지고 부품치수의 모분산에 대한 차이가 있는지를 판단하라. (위험률 5%)

A사	0.42,	0.47,	0.35,	0.46,	0.35,	0.42,	0.41,	0.39
B사	0.43,	0.40,	0.43,	0.39,	0.37,	0.35,	0.40,	0.45

05 건강음료를 생산하는 회사에서 캔에 대한 손잡이부분의 개봉장력을 측정하기 위하여 캔 20개를 추출하여 본 결과 표준편차가 0.09온스로 나타났다. 모분산이 0.01온스보다 작다고 할 수 있는지 유의수준 5%로 검정하라.

06 귀무가설 $H_0 : P = 0.05$를 검정하기 위하여 모집단으로부터 $n = 120$의 시료를 추출하여 조사한 결과, 불량품이 8개 나왔다. 이 경우의 검정통계량은 얼마인가?

07 병렬공정으로 가동하고 있는 나사산 가공기계 두 대가 있다. A기계에서 300개를 시료로 뽑아 검사한 결과 15개가 불량이 나왔으며, B기계에서는 250개를 뽑아 검사한 결과 11개가 불량이 나왔다. 두 기계간 불량률의 차이가 있다고 할 수 있는가? (위험률 1%)

08 C공정의 평균 부품가공 부적합품률이 3%로 알려져 있다. 공정개선 후 150개의 부품을 검사한 결과 4개가 부적합품으로 판정되었다. 공정개선 효과가 있는지를 검정하라. (유의수준 5%)

09 다음은 최근 3개월 간 A, B 공급자에게 외주처리한 도금제품에 대한 외관검사(핀홀, 찍힘, 스모그현상 등)를 실시한 결과 다음과 같이 데이터를 얻었다. 공급자 A, B회사에 대한 불량률의 차이가 있는지를 검정하라.($\alpha = 5\%$)

공급자	검사수량	불량개수
A	110	5
B	98	3

10 종래의 모결점수가 35개이었다. 공정을 개선한 후 시료의 결점수가 25개 나왔다. 모결점수가 달라졌다고 할 수 있는가? (위험률 5%)

11 Y 유리가공제조회사에서 A, B 생산라인이 2개 있다. 지난 1개월 간 외관검사 결과 A공정에서는 m^2당 부적합수가 78개, B공정에서는 m^2당 부적합수가 85개로 나타났다. A, B공정 간 부적합수에 대한 차이가 있는지 유의수준 5%로 검정하라.

12 병렬로 가동하고 있는 공정에서 A공정은 평균 1대당 결점수가 5개, B공정은 7개가 검출된다. A, B공정간 결점수가 차이가 있는지 유의수준 1%로 검정하라.

13 다음에 제시하는 2×2분할표에서 Yates의 χ_o^2의 계산식을 작성하라.

구분	1	2	계
A	a	c	T_A
B	b	d	T_B
계	T_1	T_2	T

14 다음 표는 주사위를 60회 던져서 1에서 6까지의 눈이 몇 회 나타나는가를 기록한 것이다. 이 주사위에 대한 적합도 검정을 실시하여 주사위의 눈금 간 출현회수가 차이가 있는지를 검정하라.

눈	1	2	3	4	5	6	합계
관찰치	12	11	8	7	13	9	60

15 A, B반별 같은 작업을 하고 있다. 작업에 대한 검사를 할 결과 다음과 같은 표를 얻었다. 두 반의 부적합품수 발생이 차이가 있는지를 확인하기 위하여 Yates의 식을 적용하여 2×2분할표에 의한 검정을 실시하라. $\alpha = 5\%$

반별	적합품수	부합품수	계
A	258	13	271
B	269	18	287
계	527	31	558

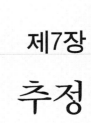

제7장

추정

1. 추정의 개요

표본(시료)의 특성을 분석하여 얻은 정보를 통하여 모집단의 특성을 추측하는 것을 **통계적 추정**(statistical estimation) 또는 **모수의 추정**(estimation of population parameter)이라고 한다. 여기서 **모수**란 모집단의 특성을 나타내는 수치(평균, 분산, 비율 등)를 말한다.

표본으로부터 모집단의 모수를 추정하는 목적은 본래 전수확인이나 전수검사라는 것이 현실적으로 시간, 비용, 인력 등의 제한적 요소가 많기 때문에 샘플링이라는 절차를 통해 알고자 하는 모집단의 정보를 정확하게 예측하여 적절한 시정조처를 취하기 위함이다.

추정량과 추정치

모수의 추정량이란 표본의 정보를 획득하여 모집단의 모수를 추정하는 근사값을 제시하는 확률변수이며, 추정치란 추정량의 특정값을 말한다.

추정량과 추정치를 예를 들어 설명하면, Y지역의 아파트 거주자에 대한 가구당 차량 소유대수를 알아보기 위하여 200명에 대한 표본을 추출하여 평균 차량소유대수를 구한 결과 1.8대라고 할 때 표본평균 $\bar{x}$는 모평균 μ의 추정량이 되고 모평균의 추정값은 1.8대가 된다.

모집단의 모수를 추정하는 방법에는 **점추정**(point estimation)과 **구간추정**(interval estimation)이 있다.

또한 어떤 구간을 설정하여 이 범위 내에 모수가 포함하고 있을 것이라고 추정하는 것을 **구간추정**(interval estimation)이라고 한다.

2. 점추정

2.1 점추정량의 조건

모집단의 모수를 추정하는 데 사용하는 점추정량은 여러 가지가 있다. 예를 들면 모평균을 추정하기 위해서는 표본평균 $\bar{x}$ 뿐만 아니라 중앙값(메디안), 최빈치 등을 사용할 수 있다. 따라서 일반적으로, 치우침이 없고 정밀도가 좋은 추정량이 되기 위해서는 다음 조건을 갖추어야 한다.

(1) 불편성(unbiasedness)

추정량($\hat{\theta}$)의 표본분포의 기대값이 추정하고자 하는 모집단 모수 θ와 같아질 때 추정량 ($\hat{\theta}$)는 모수의 불편추정량이라고 한다.

$$E(\hat{\theta}) = \theta$$

(2) 유효성(efficiency)

두 추정량이 모두 불편추정량인 상황에서 $\hat{\theta}_1$과 $\hat{\theta}_2$가 있을 때 각 분산을 비교하여 $\hat{\theta}_1$의 분산이 작으면 유효성을 갖는다고 하고 $\hat{\theta}_1$을 유효추정량(efficient estimator)이라고 한다.

$$E(\hat{\theta}_1) = E(\hat{\theta}_2) = \theta \text{ 이고 } Var(\hat{\theta}_1) < Var(\hat{\theta}_2)$$

(3) 일치성(consistency)

표본수가 증가할수록 표본에서 얻는 추정량 $\hat{\theta}$가 얼마든지 모수 θ에 가까운 추정량은 모집단 특성 θ에 대한 일치추정량(consistent estimator)이라고 한다.

(4) 충분성(sufficiency)

모집단의 모수 θ를 추정하기 위하여 동일 표본으로부터 얻은 다른 어떤 추정량보다 더 많은 정보를 제공하는 추정량을 충분충족량(sufficient estimator) 이라고 한다.

2.2 점추정량과 점추정치

표본의 데이터로부터 모수를 추정할 때 단일의 값이 되도록 추정하는 절차 또는 함수를 **점추정량**(point estimator)이라고 하며 그 추정량의 구체적인 값을 **점추정치**(point estimate)라고 부른다.

[표 7-1]에서 제시한 바와 같이 모수인 모분산(σ^2)을 추정하기 위해서 통계량 표본분산(s^2)을 사용할 때 s^2는 점추정량이며, s^2의 값은 점추정치이다.

[표 7-1] **점추정량과 점추정치의 예시**

모수	점추정량	점추정치
모평균(μ)	$\overline{x} = \dfrac{\sum x_i}{n}$	$\overline{x} = 160.2cm$
모분산(σ^2)	$s^2 = \dfrac{S}{n-1}$	$s^2 = 2.54$
모비율(P)	$p = \left(\dfrac{x_i}{n}\right)$	$\hat{p} = 0.75$

분포의 기대치를 이용하여 단 하나의 수치로 모수를 추정하는 것을 말하며 다음과 같은 통계량을 사용한다.

① 모평균 μ의 점추정

$$\overline{x} \rightarrow \mu \ \ (\text{또는 } \hat{\mu} = \ \overline{x} \text{로 표시})$$

② 모분산 σ^2의 점추정

$$s^2(V) \rightarrow \sigma^2 \ (\text{또는 } \widehat{\sigma^2} = \ s^2(V) \text{ 로 표시})$$

③ 모표준편차 σ의 점추정

$$\frac{\overline{R}}{d_2} \rightarrow \sigma$$

예제 1 어느 K업체 직원들의 평균신장을 파악하기 위하여 랜덤으로 직원 30명을 선정하여 키를 측정하였다. μ, σ^2 및 σ를 추정하라.

163	161	168	161	157	162	153	159	164	170
152	160	157	168	150	165	156	151	162	150
156	152	161	165	168	167	165	168	159	156

[풀이] $\hat{\mu} = \overline{x} = \dfrac{\sum x_i}{n} = 160.20$

$$S = \sum x_i^2 - \frac{(\sum x_i)^2}{n} = 770,962 - \frac{4,806^2}{30} = 1,040.8$$

$$\hat{\sigma^2} = s^2(V) = \frac{S}{n-1} = \frac{1,040.8}{29} = 35.8896$$

$$\sigma = s(\sqrt{V}) = \sqrt{35.8896} = 5.99$$

3. 구간추정

3.1 구간추정의 개념

점추정은 하나의 모수 θ에 대한 한 개의 추정은 진실한 모수값에서 얼마나 떨어져 있는지에 관해서는 정보를 제공하고 있지 않기 때문에 모수가 포함하고 있을 것으로 추측되는 구간을 제공하는 것이 더 의미가 있을 것이다.

어떤 구간 내에 모수의 참값이 포함되는 것을 기대하는 추정치를 범위로 나타내는 것을 **구간추정**(interval estimation)이라고 한다. 즉, 표본으로부터 정보를 이용하여 모수의 참값이 속할 것으로 기대되는 범위를 구하는 것이다.

이 모수의 참값을 신뢰한계 사이에 포함될 가능성을 나타낼 확률로서 이를 **신뢰율**, **신뢰수준 및 신뢰도**(confidence coefficient)이라고 하며 일반적으로 신뢰도는 90%, 95%, 99% 등이 있으며 대개 95% 신뢰도가 많이 사용된다. 즉 신뢰도 95%라고 하면 신뢰구간이 모수를 그 구간 안에 포함시킬 확률이 0.95라는 뜻이다.

위험률과 신뢰율

- 위험률, 유의수준(level of significance) $= \alpha$
- 신뢰율, 신뢰수준, 신뢰도(confidence coefficient) $= 1 - \alpha$

각각의 신뢰수준 하에서 구한 구간 혹은 일정 확률의 범위 내에서 모수가 포함되리라고 기대되는 구간을 **신뢰구간**(confidence interval)이라고 한다.

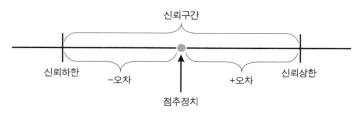

[그림 7-1] **신뢰구간의 개념도**

위험률 α는 신뢰도 $1 - \alpha$와는 상반되는 개념으로 신뢰구간을 설정하는 데 영향을 미치며 동시에 모수와 통계량 간의 차이인 오차한계도 신뢰구간 형성에 밀접한 관계가 있다.

α의 값이 작을수록 신뢰수준은 높아지며 신뢰구간의 폭은 넓어진다. 또한 이 구간의 하한과 상한을 결정하는 것은 표본의 수에 따라 결정된다. 즉 샘플의 크기(n)이 클수록, 표준편차가 적을수록 신뢰구간의 폭이 좁아져서 추정의 정밀도가 좋아진다. 이 구간의 양쪽, 하한과 상한을 **신뢰한계**(confidence limit)라고 한다. 신뢰구간의 왼쪽을 신뢰하한(lower confidence limit)이라고 하며, 오른쪽을 신뢰상한(upper confidence limit)이라고 한다.

• 구간추정 = 점추정 ± <u>위험률 × 표준편차</u>
                    (허용오차)

3.2 구간추정의 일반적인 순서

[순서 1] 알고자하는 모집단이나 lot 로부터 랜덤하게 n개의 시료를 채취한다.

시료의 개수는 상황을 고려하되 가능한 30개 정도나 그 이상으로 데이터의 신뢰성 차원에서 권장한다.

[순서 2] 채취한 시료로부터 해당 모수의 통계량을 계산한다.

모평균을 알고자 할 때 $\bar{x}$, 모표준편차를 알고자 할 때 $\sqrt{V}$, 모상관계수를 알고자할 때 r 등을 계산한다.

[순서 3] 점추정량의 분포로부터 신뢰율을 나타내는 면적을 구한다.

[순서 4] 점추정량을 중심으로 ±허용오차(위험율, 표준편차)를 계산하여 구간을 설정한다.

3.3 구간추정의 구분

(1) 계량치의 추정

ⓐ 모평균의 추정 : σ를 알 때와 σ를 모를때

ⓑ 두 모평균의 차의 추정

    ◉ 모표준편차를 알 때

    ◉ 모표준편차를 모를때 $\begin{cases} \sigma를\ 모르나\ 같다 \\ \sigma를\ 모르며\ 같지\ 않다 \end{cases}$

    ◉ 대응이 있는 평균치의 차의 추정

ⓒ 산포의 추정

    ◉ 모표준편차의 추정

◉ 모분산의 추정

◉ 모분산비의 추정

(2) 계수치의 추정

ⓐ 모부적합품률(모비율)의 추정

ⓑ 2조의 모부적합품률(모비율)의 차의 추정

ⓒ 부적합수(결점수)의 추정

◉ 모부적합수의 추정

◉ 단위당 부적합수의 추정

◉ 모부적합수의 차의 추정

4. 계량치의 구간추정

계량치의 추정에는 모평균, 모평균의 차, 모표준편차, 모분산 및 모분산의 차의 등이
있다.

4.1 모평균의 구간추정

모평균 μ의 추정에는 모표준편차 σ를 알고 있는 경우와 모르는 경우의 두 가지 방법
이 있다.

모평균 μ의 신뢰구간의 한계는 $\bar{x} \pm Z(\frac{\alpha}{2}) \sigma_{\bar{x}}$ 로 나타낼 수 있다. 여기서 모수가 신
뢰구간의 상한과 하한을 벗어날 수 있는 제1종의 과오인 α를 결정해야 한다. [그림 7-1]
과 같이 추정에서는 ±를 통하여 상한과 하한으로 양분되기 때문에 일반적으로 α를 $\frac{\alpha}{2}$
로 표시한다. 예를 들면 $\alpha = 5\%(0.05)$라고 하면 모수가 상한을 벗어날 확률은 0.025,
하한을 벗어날 확률은 마찬가지로 0.025가 된다.

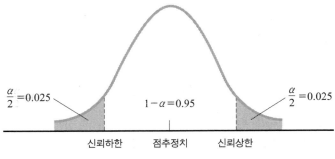

$$\frac{\alpha}{2} = 0.025 \qquad 1-\alpha = 0.95 \qquad \frac{\alpha}{2} = 0.025$$

신뢰하한   점추정치   신뢰상한

[그림 7-1] 95% 신뢰수준

(1) 모표준편차(σ)를 알 때

모집단에서 확률변수 $X \sim N(\mu,\ \sigma^2)$인 정규분포에서 표본평균의 표본분포는 $\overline{x} \sim N(\mu,\ \frac{\sigma^2}{n})$인 정규분포에 따르며 표본통계량인 표준화 확률변수 $Z = \dfrac{\overline{x} - \mu}{\sigma/\sqrt{n}}$ $\sim N(0,\ 1)$인 표준정규분포에 따른다.

모평균의 신뢰율$(1-\alpha)$인 신뢰구간은 $1-\alpha = P\left[-Z_{1-\alpha/2} \leq Z \leq Z_{1-\alpha/2}\right]$가 되며, 이 때 앞 식에 $Z = \dfrac{\overline{x} - \mu}{\sigma/\sqrt{n}}$를 대입하면 다음 식이 된다.

$$1-\alpha = P\left[-Z_{1-\alpha/2} \leq \frac{\overline{x} - \mu}{\sigma/\sqrt{n}} \leq Z_{1-\alpha/2}\right]$$

위 식에서 μ에 대하여 정리하면 다음과 같이 신뢰구간을 구하는 식을 도출한다.

$$1-\alpha = P\left[\overline{x} - Z_{1-\alpha/2}\frac{\sigma}{\sqrt{n}} \leq \mu \leq \overline{x} + Z_{1-\alpha/2}\frac{\sigma}{\sqrt{n}}\right]$$

σ를 알 때 모평균에 대한 양쪽 구간추정

$$\hat{\mu} = \overline{x} \pm Z_{1-\alpha/2}\frac{\sigma}{\sqrt{n}}$$

참고로, 정규분포 하에서 신뢰구간을 설정할 때 $Z_{1-\alpha/2}$값은 위험률(α) 혹은 신뢰율

$(1 - \alpha)$ 에 따라 결정되며 부록에서 제시하는 표준정규분포표(3)을 참고하길 바라며, 흔히 이용하는 $Z_{1-\alpha/2}$값은 다음 [표 7-2]와 같다.

[표 7-2] 위험률(α)에 따른 $Z_{1-\alpha/2}$값

위험률	신뢰율	$1 - \alpha/2$	$Z_{1-\alpha/2}$값
α	$1 - \alpha$		
1% (0.01)	99% (0.99)	0.995	2.576
5% (0.05)	95% (0.95)	0.975	1.960
10% (0.10)	90% (0.90)	0.950	1.645

[추정의 절차]

[순서 1] 측정의 데이터로부터 시료의 평균 $\overline{x}$를 구한다.

[순서 2] 신뢰도($1 - \alpha$)을 목적에 따라 정한다. 즉, 신뢰도 95%, 99%, 90% 중에서 선택한다.

[순서 3] 신뢰도에 대한 $Z_{1-\alpha/2}$의 값을 구한다.

[순서 4] $Z_{1-\alpha/2} \dfrac{\sigma}{\sqrt{n}}$ 의 값을 구한다.

[순서 5] 신뢰한계를 계산한다.

신뢰상한 $\overline{x} + Z_{1-\alpha/2} \dfrac{\sigma}{\sqrt{n}}$

신뢰하한 $\overline{x} - Z_{1-\alpha/2} \dfrac{\sigma}{\sqrt{n}}$

예제 2 어느 회사의 직원들의 건강검진 결과, 체중에 대한 산포 $\sigma = 7kg$ 로 알려져 있다. 그 중에서 랜덤하게 80명을 대상으로 체중을 측정한 결과 평균이 $62kg$이었다. 이 회사 직원들의 체중을 모평균 95% 신뢰구간으로 추정하라.

[풀이] $\hat{\mu} = \overline{x} \pm Z_{1-\alpha/2} \dfrac{\sigma}{\sqrt{n}} = 62 \pm 1.96 \dfrac{7}{\sqrt{80}} = 60.466 \sim 63.534$

예제 3 어떤 제약회사에서 약품을 제조하는데 그 순도(%)의 표준편차 $\sigma = 0.5\%$ 임을 알고 있다. 이때 12개의 시료를 무작위로 추출하여 다음과 같은 데이터를 얻었다. 순도에 대한 모평균을 99% 구간 추정하라.

| 11.65 | 11.50 | 12.35 | 12.10 | 11.60 | 11.67 | 11.89 | 12.15 | 12.34 | 11.89 | 11.87 | 11.95 |

[풀이]

$$\hat{\mu} = \overline{x} \pm Z_{1-\alpha/2}\frac{\sigma}{\sqrt{n}} = 11.913 \pm 2.576\frac{0.5}{\sqrt{12}} = 11.913 \pm 0.372 = 11.541 \sim 12.285$$

(2) 모표준편차(σ)를 모를 때

어떤 모집단에 대해 산포의 정보인 σ를 모르는 상태에서 표본의 크기 $n < 30$인 경우에 모평균을 추정하는 것으로, 표본통계량 $Z(U) = \dfrac{\overline{X} - \mu}{\sigma/\sqrt{n}}$ 에서 모표준편차 σ를 모르기 때문에 표본표준편차 $s(\sqrt{V})$를 σ 대신 사용하면 Z통계량에서 t통계량으로 전환하여 적용한다.

$$t = \frac{\overline{x} - \mu}{s/\sqrt{n}}$$

통계량 t는 자유도 $\nu = (n-1)$인 t분포를 한다. 즉, 모집단이 정규분포를 하고 있지만 모표준편차인 σ를 모르는 경우에는 통계량 t의 확률밀도함수를 적용하는 것이다.

모평균의 신뢰율$(1-\alpha)$인 신뢰구간은 $1 - \alpha = P\left[-t_{1-\alpha/2}(\nu) \leq t \leq t_{1-\alpha/2}(\nu)\right]$ 가 되며,

이 때 앞 식에 $t = \dfrac{\overline{x} - \mu}{s/\sqrt{n}}$ 를 대입하면 다음 식이 된다.

$$1 - \alpha = P\left[-t_{1-\alpha/2}(\nu) \leq \frac{\overline{x} - \mu}{s/\sqrt{n}} \leq t_{1-\alpha/2}(\nu)\right]$$

위 식에서 μ에 대하여 정리하면 다음과 같이 신뢰구간을 구하는 식을 도출한다.

$$1 - \alpha = P\left[\overline{x} - t_{1-\alpha/2}(\nu)\frac{s}{\sqrt{n}} \leq \mu \leq \overline{x} + t_{1-\alpha/2}(\nu)\right]$$

σ를 모를 때 모평균에 대한 양쪽 구간추정

$$\hat{\mu} = \overline{x} \pm t_{1-\alpha/2}(\nu)\frac{s}{\sqrt{n}}$$

예제 4 다음은 A회사의 직원 12명을 임의로 뽑아서 혈압(mmHg)을 측정한 데이터이다. 이 회사의 직원에 대한 평균혈압을 신뢰도 95%로 구간추정 하라.

| 122.6 | 121.5 | 137.3 | 132.1 | 121.6 | 141.6 | 136.9 | 122.5 | 132.4 | 141.9 | 138.8 | 135.5 |

[풀이] σ 미지이므로 $\mu = \overline{x} \pm t_{1-\alpha/2}(\nu)\dfrac{s}{\sqrt{n}}$ 공식을 적용한다.

$\alpha = 0.05$, $n = 12$ 이며

$\overline{x} = \sum x/n = 1,584.7/12 = 132.058$

$S = 209,970.75 - \dfrac{(1584.7)^2}{12} = 697.909$

$s^2 = V = \dfrac{697.909}{12-1} = 63.446$ 이므로 $s = \sqrt{63.446} = 7.965$ 가 된다.

$\therefore \hat{\mu} = 132.058 \pm t_{0.975}(11)\dfrac{7.965}{\sqrt{12}} = 132.058 \pm 2.201 \times 2.299$

$= 132.058 \pm 5.0600 = 126.998 \sim 137.118$

예제 5 데이터를 조사한 결과 $\overline{x} = 4.82$, $n = 5$, $S = 3.288$ 이었다. 모평균 μ를 구간추정 하라. 단, 표준편차는 미지이고 95%의 신뢰율을 가진다.

[풀이] $\hat{\mu} = \overline{x} \pm t(\nu, \dfrac{\alpha}{2})\dfrac{s}{\sqrt{n}}$ 에서 $s = \sqrt{\dfrac{S}{n-1}} = \sqrt{\dfrac{3.288}{5-1}} = 0.9066$ 이므로

$\therefore \hat{\mu} = 4.82 \pm t_{0.975}(4)\dfrac{0.9066}{\sqrt{5}}$

$= 4.82 \pm 2.776 \times \dfrac{0.9066}{\sqrt{5}} = 4.82 \pm 1.1255 = 3.6945 \sim 5.9455$

4.2 두 모평균의 차의 추정

2개의 모집단으로부터 얻은 측정치에 의거하여, 2개의 모집단의 평균의 차에 대한 신뢰구간을 구할 때 사용한다. 여기에도 모표준편차를 알고 있을 때와 모르고 있을 때를 구분한다.

(1) 모표준편차(σ)를 알 때

2개의 모집단 $X_1 \sim N(\mu_1, \sigma_1^2)$, $X_2 \sim N(\mu_2, \sigma_2^2)$ 로부터 랜덤하게 각각 n_1, n_2의 시료를 취해 구한 평균치를 $\overline{x_1}$, $\overline{x_2}$라 하면 그 시료의 분포는 다음과 같이 표현된다.

x_1의 분포 $N(\mu_1, \sigma_1^2/n_1)$, x_2의 분포 $N(\mu_2, \sigma_2^2/n_2)$ 이 된다.

따라서 평균의 차 $\overline{x_1} - \overline{x_2}$는 $N(\mu_1 - \mu_2, \sigma_1^2/n_1 + \sigma_2^2/n_2)$ 에 따른다.

분산의 가성성(加成性)법칙

평균치 차이의 추정이나 검정에서 두 집단 간의 분산이 $\dfrac{\sigma_1^2}{n_1} + \dfrac{\sigma_2^2}{n_2}$로 더해지는 것은 분산이 산포값이기 때문에 절대로 뺄 수가 없고 무조건 더해야 한다. 따라서 두 집단 간의 표준편차는 제곱근을 씌운 $\sqrt{\dfrac{\sigma_1^2}{n_1} + \dfrac{\sigma_2^2}{n_2}}$ 으로 된다.

σ를 알 때 두 모평균의 차에 대한 구간추정

$$\widehat{\mu_1 - \mu_2} = (\overline{x_1} - \overline{x_2}) \pm Z_{1-\alpha/2} \sqrt{\frac{\sigma_1^2}{n_1} + \frac{\sigma_2^2}{n_2}}$$

예제 6 구매부서에서 경강선재를 공급자 A사와 B사에서 납품을 받고 있다. 최근 각각 샘플을 11개, 10개씩 랜덤하게 시편을 만들어서 인장강도를 측정한 데이터는 다음과 같다. 단위는 $kg/mm^2\%$임.

A사 경강선재	80	78	81	77	79	80	82	79	85	81	83
B사 경강선재	75	78	79	78	76	77	81	76	78	80	

두 공급사의 연강선재의 표준편차는 $\sigma = 1.8 kg/mm^2$ 이다. 두 모평균 μ_A, μ_B의 차를 구간 추정하라. (신뢰율 95%)

[풀이] 모표준편차(σ)를 알고 있는 경우

$$\overline{x_A} = \frac{885}{11} = 80.45 \qquad \overline{x_B} = \frac{778}{10} = 77.8$$

$$\therefore \widehat{\mu_A - \mu_B} = (80.45 - 77.8) \pm 1.96 \sqrt{\frac{1.8^2}{11} + \frac{1.8^2}{10}}$$

$$= 2.65 \pm 1.541 = 1.109 \sim 4.191$$

(2) 모표준편차를 모를 때(σ를 모르나 같다고 생각될 때)

2개의 모집단의 분산이 같다고 생각될 때는 σ 대신에 $s(\sqrt{V})$를 대치하며 자유도가 $(n_1 + n_2 - 2)$인 t분포를 사용한다. V는 공통표본분산(pooled sample variance)으로서 두 분산이 같다고 생각하기 때문에 x_1과 x_2의 데이터를 가지고 가중평균으로 구한다.

즉, 공통표본표준편차는 $s = \sqrt{V} = \sqrt{\dfrac{S_1 + S_2}{\nu_1 + \nu_2}} = \sqrt{\dfrac{S_1 + S_2}{n_1 + n_2 - 2}}$ 이 되며 따라서,

모평균차의 신뢰구간은 다음과 같다.

σ를 모르나 같다고 생각되는 경우 두 모평균의 차에 대한 구간추정

$$\widehat{\mu_1 - \mu_2} = (\overline{x_1} - \overline{x_2}) \pm t_{1-\alpha/2}(\nu) \sqrt{V} \sqrt{\frac{1}{n_1} + \frac{1}{n_2}}$$

예제 7 K백화점에 입점한 A, L두 화장품회사의 단골고객들을 대상으로 연령을 조사한 결과 다음과 같다. 이들 두 화장품간의 평균연령의 차이를 95% 신뢰구간을 설정하라. 단, 단골고객들의 연령은 정규분포를 따르며 모분산은 동일하다고 생각한다.

구분	조사인원수(n)	평균연령($\overline{x}$)	변동(S)
A화장품	20	49	3.4
L화장품	22	34	2.5

[풀이] 표준편차(σ)를 모르는 경우이다.

* 평균연령은 $\overline{x_A} = 49$, $\overline{x_L} = 34$ 이고

$$* \text{공통표본분산 } V = \frac{S_1 + S_2}{n_1 + n_2 - 2} = \frac{3.4 + 2.5}{20 + 22 - 2} = 0.148$$

$$\therefore \widehat{\mu_A - \mu_L} = (49 - 34) \pm t_{0.975}(40) \sqrt{0.148} \sqrt{\left(\frac{1}{20} + \frac{1}{22}\right)}$$

$$= 15 \pm 2.021 \times 0.119$$

$$= 15 \pm 0.24 = 14.76 \sim 15.24$$

(3) 대응있는 2조의 모평균차의 추정

2개의 모집단에서 대응하는 2조의 데이터를 얻었을 때 각각 n개씩의 표본을 채취하여 특성치(x_i, y_i)를 측정했을 때, 2조의 평균치의 차를 구간 추정하는 방법이다.

여기에는 σ를 모를 때와 σ를 알고 있을 때를 구분하여 설명한다.

① σ를 모를 때

대응하는 데이터간의 차이 $d_i = (x_i - y_i)$ 의 평균 $\overline{d}$와 불편분산 V_d를

$$\overline{d} = \frac{\displaystyle\sum_{i=1}^{n} d_i}{n}, \quad S_d = \sum d^2 - \frac{(\sum d)^2}{n}, \quad V_d = \frac{\displaystyle\sum_{i=1}^{n}(d_i - d)^2}{n-1} = \frac{S_d}{n-1},$$

$$s_d = \sqrt{V_d} = \sqrt{\frac{\displaystyle\sum_{i=1}^{n}(d_i - d)^2}{n-1}} = \sqrt{\frac{S_d}{n-1}} \quad \text{단, } i = 1, \ 2, \cdots, n \text{이라면}$$

$(\mu_1 - \mu_2)$의 신뢰한계는 다음과 같다.

σ를 모를 때 대응있는 2조의 모평균의 차에 대한 구간추정

$$\widehat{\mu_1 - \mu_2} = \overline{d} \pm t_{1-\alpha/2}(\nu)\frac{s_d}{\sqrt{n}}$$

---

② σ를 알고 있을 때

$$\bar{d} = \frac{\sum\limits_{i=1}^{n} d_i}{n}, \quad \sigma_d = \sqrt{\frac{2 \times \sigma^2}{n}} \text{ 이라고 하면 } (\mu_1 - \mu_2) \text{의 신뢰한계는 다음과 같다.}$$

σ를 알 때 대응있는 2조의 모평균의 차에 대한 구간추정

$$\widehat{\mu_1 - \mu_2} = \bar{d} \pm Z_{1-\alpha/2} \frac{\sigma_d}{\sqrt{n}}$$

예제 8 B 휘트니스 건강센타에서는 10명의 회원들에 대하여 1개월 동안 다이어트 프로그램을 실시하기 전, 후의 몸무게를 측정하여 다음과 같은 데이터를 얻었다. 모평균에 대한 대응관계에서 차이를 95%의 신뢰구간을 구하라.

구분	1	2	3	4	5	6	7	8	9	10
전	81.8	76.4	81.5	80.4	80.2	81.5	77.5	79.2	79.4	81.0
후	74.7	70.6	73.3	75.2	74.0	76.1	72.8	73.1	74.7	74.0

[풀이] σ를 모를 때, 대응관계의 있는 다이어트 프로그램 전, 후의 모평균차의 추정은 다음과 같다.

전	81.8	76.4	81.5	80.4	80.2	81.5	77.5	79.2	79.4	81.0	합계
후	74.7	70.6	73.3	75.2	74.0	76.1	72.8	73.1	74.7	74.0	
d_i	7.1	5.8	8.2	5.2	6.2	5.4	4.7	6.1	4.7	7.0	60.4
d_i^2	50.41	33.64	67.24	27.04	38.44	29.16	22.09	37.21	22.09	49.0	376.32

$$\bar{d} = \frac{60.4}{10} = 6.04, \, S_d = 376.32 - \frac{(60.4)^2}{10} = 11.504$$

$$V_d = \frac{11.504}{9} = 1.2782$$

$$s_d = \sqrt{1.2782} = 1.1305$$

$$\therefore \widehat{\mu_{전} - \mu_{후}} = 6.04 \pm t_{0.975}(9) \sqrt{\frac{1.2782}{10}}$$

$$= 6.04 \pm 2.262 \times 0.3575 = 5.231 \sim 6.849$$

예제 9 어떤 금속 제품 8개에 함유되어 있는 산화철 성분의 양을 A, B 두 가지 측정방식으로 측정하였다. 두 측정방법에 따른 차이를 유의 수준 5%로 구간 추정하라. 모두 다 정규분포를 따르고 모표준편차는 0.20%임.

| 방식 A | 7.55 | 7.74 | 7.69 | 7.71 | 7.73 | 7.81 | 7.53 | 7.94 |
| 방식 B | 7.92 | 7.77 | 7.75 | 7.78 | 8.13 | 7.99 | 7.83 | 8.00 |

[풀이] σ를 알고 있을 때, 대응관계의 있는 측정방식 A, B간의 모평균차의 추정은 다음과 같다.

방식 B	7.92	7.77	7.75	7.78	8.13	7.99	7.83	8.00	합계
방식A	7.55	7.74	7.69	7.71	7.73	7.81	7.53	7.94	
$d(x_A - x_B)$	0.37	0.03	0.06	0.07	0.40	0.18	0.30	0.06	1.47

$\sigma_A^2 = \sigma_B^2 = (0.2)^2$ 이고 $n_A = n_B = 8$인 대응있는 2조의 데이터가 있는 경우이다.

$$\sigma_d = \sqrt{\frac{2 \times (0.2)^2}{8}} = 0.1$$

$d = x_A - x_B$ 에서 $\sum d = 1.47$, $\bar{d} = \dfrac{\sum d_i}{n} = \dfrac{1.47}{8} = 0.184$

$$\therefore \widehat{\mu_1 - \mu_2} = \bar{d} \pm Z_{1-\alpha/2} \frac{\sigma_d}{\sqrt{n}} = 0.184 \pm 1.96 \frac{0.1}{\sqrt{8}} = 0.115 \sim 0.253$$

4.3 산포의 추정

(1) 모분산의 추정

통계량 $\chi^2 = \dfrac{S}{\sigma^2}$은 자유도 $\nu = (n-1)$인 χ^2분포를 하며 $\sigma^2 = \dfrac{S}{\chi^2}$으로 표현할 수 있다. 통상, n개의 시료에 대해 변동 S를 구할 때 $\chi_0^2 = \dfrac{S}{\sigma^2}$가 χ_U^2 (상한) 보다 작은 값을 취할 확률을 $\alpha/2$, χ_L^2(하한)보다 큰 값을 취할 확률을 $\alpha/2$라고 하면, χ^2은

$1 - \alpha = P\left[\chi_L^2 < \chi^2 < \chi_U^2\right]$ 내에 존재하게 된다.

따라서, 확률면적$(1 - \alpha)$를 나타내는 구간은 $P\left[\chi_{\alpha/2}^2(\nu) < \dfrac{S}{\sigma^2} < \chi_{1-\alpha/2}^2(\nu)\right]$ 이 된다.

이것을 χ^2분포의 신뢰구간으로 다음 [그림 7-2]와 같다.

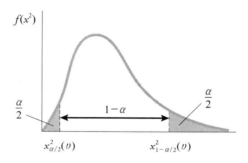

[그림 7-2] χ^2분포의 신뢰구간

이를 모분산 σ^2에 대해 신뢰구간을 설정하면 다음과 같다.

χ^2분포에 의한 모분산의 구간추정

$$\frac{S}{\chi_{1-\alpha/2}^2(\nu)} \leq \widehat{\sigma^2} \leq \frac{S}{\chi_{\alpha/2}^2(\nu)}$$

예제 10　열수지 경화판의 성분을 변경하여 시험제작한 로트로부터 8개의 시료를 랜덤으로 샘플링하여 측정한 결과 다음과 같은 데이터가 나왔다.　95%로 모분산의 신뢰구간을 추정하라.

| 0.03, | 0.01, | 0.02, | 0.05, | -0.01, | 0.01, | 0.08, | 0.05 |

[풀이] 먼저 변동을 구하면, $S = \sum x^2 - \dfrac{(\sum x)^2}{n} = 0.013 - \dfrac{(0.24)^2}{8} = 0.0058$

$$\frac{0.0058}{\chi_{0.975}^2(7)} \leq \widehat{\sigma^2} \leq \frac{0.0058}{\chi_{0.025}^2(7)}$$

$$\frac{0.0058}{16.01} \leq \widehat{\sigma^2} \leq \frac{0.0058}{1.69} = 0.00036 \leq \widehat{\sigma^2} \leq 0.00343$$

5. 계수치의 구간추정

5.1 모부적합품률(모비율)의 추정

모집단의 비율, 모적합품률이 P라고 하면, 이 모집단으로부터 랜덤하게 채취한 표본의 크기 n개 중 특성치 x는 n과 P에 의해 결정되는 이항분포에 따른다.

이항분포는 $p \leq 0.5$이고 $np \geq 5$일 때는 정규분포에 접근하며 이러한 조건이 만족될 때는 정규분포의 성질을 이용하여 구간추정을 할 수 있다. 또한 모비율 P에 대한 점추정은 표본비율인 $\hat{p}$를 통하여 구할 수 있다.

즉, 표본비율, 표본부적합품률 $\hat{p} = \dfrac{x}{n}$는 모집단의 비율 P, 표준오차는

$\sigma_{\hat{p}} = \sqrt{\dfrac{P(1-P)}{n}}$ 는 $s_{\hat{p}} = \sqrt{\dfrac{p(1-p)}{n}}$ 를 사용하여 추정한다. 여기서 표준오차 $\sigma_{\hat{p}}$ 는 표본비율분포의 표준편차를 말한다.

표본비율의 기댓값과 표준편차

기댓값 : $E(\hat{p}) = P$,　　표준오차 : $\sigma_{\hat{p}} = \sqrt{\dfrac{P(1-P)}{n}}$

즉, 모비율의 표준오차인 $\sigma_{\hat{p}} = \sqrt{\dfrac{P(1-P)}{n}}$ 는 표본비율의 표준오차 $s_{\hat{p}} = \sqrt{\dfrac{p(1-p)}{n}}$ 로 모비율 P를 모르므로 통계량의 추정치 $\hat{p}$로 대체하면 $\sqrt{\dfrac{p(1-p)}{n}}$ 으로 바뀌게 된다.

따라서 표본의 크기 n이 큰 경우에는 중심극한정리에 의하여 표준화 확률변수 Z는 다음과 같이 변환되며 표준정규분포 $N(0, 1)$에 근접한다.

$$Z = \frac{p-P}{\sigma_{\hat{p}}} = \frac{p-P}{\sqrt{\dfrac{p(1-p)}{n}}}$$

따라서 모비율의 확률면적을 나타내는 구간은 다음과 같다.

$$\begin{aligned}
1-\alpha &= P\left[-Z_{1-\alpha/2} \le Z \le Z_{1-\alpha/2}\right] \\
&= P\left[-Z_{1-\alpha/2} \le \frac{p-P}{\sqrt{\dfrac{p(1-p)}{n}}} \le Z_{1-\alpha/2}\right] \\
&= P\left[-Z_{1-\alpha/2} \cdot \sqrt{\frac{p(1-p)}{n}} \le p-P \le Z_{1-\alpha/2} \cdot \sqrt{\frac{p(1-p)}{n}}\right] \\
&= P\left[p-Z_{1-\alpha/2} \cdot \sqrt{\frac{p(1-p)}{n}} \le P \le p+Z_{1-\alpha/2} \cdot \sqrt{\frac{p(1-p)}{n}}\right]
\end{aligned}$$

이 된다. 모부합품률(모비율)의 구간추정 공식은 다음과 같다.

모부적합품률(모비율의) 구간추정

$$\hat{P} = p \pm Z_{1-\alpha/2}\sqrt{\frac{p(1-p)}{n}}$$

예제 11 A할인마트에서 일회 구매금액이 30만 원 이상 구매하는 고객의 비율을 파악하고자 한다. 고객 100명을 무작위로 선정하여 조사한 결과 15명이 나왔다. 모비율 신뢰율 95%로 신뢰한계를 구하라.

[풀이] $p = \dfrac{r}{n} = \dfrac{15}{100} = 0.15$

$\hat{P} = p \pm Z_{1-\alpha/2}\sqrt{\dfrac{p(1-p)}{n}}$ 에 의거

$= 0.15 \pm Z_{0.975}\sqrt{\dfrac{0.15(1-0.15)}{100}} = 0.15 \pm 1.96 \times 0.0357 = 0.08 \sim 0.22$

5.2 모부적합품률(모비율)의 차에 대한 추정

두 개의 모집단의 비율, 모부적합품률을 각각 P_1, P_2라고 할 때 그 차이 $P_1 - P_2$에 대한 추정문제에 관한 사항이다. 결국 표본의 비율 p_1, p_2를 통해서 추정하여야 하며, 이미 전술한 이항분포가 어떤 조건하에서 정규분포에 접근한다는 성질과 모집단의 차의 산포는 분산의 가성성 법칙에 의해 각 모집단의 분산을 합한 것과 같다는 개념을 이용하여 표본부적합품률(표본비율)의 차이 $p_1 - p_2$의 평균과 분산은

$$E(p_1 - p_2) = P_1 - P_2$$

$$V(p_1 - p_2) = \frac{P_1(1 - P_1)}{n_1} + \frac{P_2(1 - P_2)}{n_2}$$

$$\sigma(p_1 - p_2) = \sqrt{\frac{P_1(1 - P_1)}{n_1} + \frac{P_2(1 - P_2)}{n_2}}$$

이 된다. 그러나 모비율 P_1과 P_2를 알지 못하는 경우 표본비율 p_1과 p_2을 대체하여 다음과 같이 추정표준오차를 구한다.

$$s(p_1 - p_2) = \sqrt{\frac{p_1(1 - p_1)}{n_1} + \frac{p_2(1 - p_2)}{n_2}}$$

따라서 두 모비율의 차 $(P_1 - P_2)$에 대한 신뢰구간은 다음과 같다.

모비율의 차에 대한 구간추정

$$\widehat{P_1 - P_2} = (p_1 - p_2) \pm Z_{1-\alpha/2}\sqrt{\frac{p_1(1 - p_1)}{n_1} + \frac{p_2(1 - p_2)}{n_2}}$$

예제 12 약품제조공정에 A, B 두 회사의 원료가 납품되고 있다. 이 두 회사의 원료에 대해 약품품질에 영향을 미치는 함량미달의 차이를 조사하기 위해 A, B회사 원료로 각각 만들어진 약품 중에서 랜덤하게 120개, 150개의 약품을 추출하여 함량미달개수를 세어보니 각각 12개, 9개 이였다. (A사 함량미달 p_1, B사 함량미달 p_2) 두 회사 함량미달

의 차이를 95% 신뢰구간으로 구하라.

[풀이] $p_1 = \dfrac{12}{120} = 0.1$, $p_2 = \dfrac{9}{150} = 0.06$ 이므로

$$\widehat{P_1 - P_2} = (p_1 - p_2) \pm Z_{1-\alpha/2} \sqrt{\dfrac{p_1(1-p_1)}{n_1} + \dfrac{p_2(1-p_2)}{n_2}}$$

$$= (0.1 - 0.06) \pm Z_{0.975} \sqrt{\dfrac{0.1(1-0.1)}{120} + \dfrac{0.06(1-0.06)}{150}}$$

$$= 0.04 \pm 1.96 \times 0.0336$$

$$= 0.04 \pm 0.0658 = -0.0258 \sim 0.1058$$

5.3 부적합수의 추정

(1) 모부적합수의 추정

모집단의 부적합수를 C, 표본 중에 나타난 부적합수를 c라고 하면 사고건수나 질병 감염수 등 부적합수 분포는 보통 모부적합수 C의 포아송 분포에 따르며 평균과 분산은 $E(c) = C$, $V(c) = C$로 된다. 따라서 부적합수 C의 점추정량은 $C = c$가 되고 $V(c) = C = c$ 가 된다.

분포의 평균치가 $m \geqq 5$ 일 때는 정규분포에 근사하므로 정규분포의 개념을 이용하여 신뢰구간을 설정한다.

모부적합수에 대한 구간추정

$$\hat{C} = c \pm Z_{1-\alpha/2} \sqrt{c}$$

예제 13 A공정의 사출제품의 외관 검사를 한 결과 부적합수가 22개 이었다. 모부적합수의 신뢰구간을 99%로 추정하라.

[풀이] $c = 22$, $Z_{0.995} = 2.58$

$$\hat{C} = 22 \pm 2.58 \sqrt{22} = 9.90 \sim 34.10$$

(2) 단위당 부적합수의 추정

단위당 모부적합수 U를 추정하는 식은 c대신에 단위당 부적합수 $u = \dfrac{c}{n}$를 사용하여 정리하면 U의 신뢰구간은 다음과 같다.

> **단위당 부적합수에 대한 구간추정**
>
> $$\hat{U} = u \pm Z_{1-\alpha/2}\sqrt{\frac{u}{n}}$$

예제 14 15매의 석판에서 30개의 흠을 발견하였다. 석판 1매당 모부적합수의 95% 신뢰구간은?

[풀이] $u = \dfrac{c}{n} = \dfrac{30}{15} = 2$ 이므로

$\hat{U} = u \pm Z_{1-\alpha/2}\sqrt{\dfrac{u}{n}}$ 에 적용하면,

$\hat{U} = 2 \pm 1.96\sqrt{\dfrac{2}{15}} = 1.28 \sim 2.72$

(3) 모부적합수의 차의 추정

두 모집단에 대한 모부적합수의 차의 추정에 대한 신뢰구간 $C_1 - C_2$는 다음과 같다.

> **모부적합수 차이에 대한 구간추정**
>
> $$\widehat{C_1 - C_2} = (c_1 - c_2) \pm Z_{1-\alpha/2}\sqrt{c_1 + c_2}$$

예제 15 어느 A, B 두 공정에서 A공정은 제품의 길이 1,000m에 흠이 45개, B공정에서는 같은 길이에서 흠이 41개였다. A, B공정의 흠의 수는 차이가 얼마인가? $\alpha = 0.01$

[풀이] $c_A = 45,\ c_B = 41$ 이고 $\alpha = 0.01$

$$\widehat{C_1 - C_2} = (c_1 - c_2) \pm Z_{1-\alpha/2} \sqrt{c_1 + c_2}$$
$$= (45 - 41) \pm 2.58 \sqrt{45 + 41} = 4 \pm 23.926$$
$$= -19.926 \sim 27.926$$

6. 표본크기의 결정

모평균이나 모비율의 구간추정의 폭은 점추정치를 기점으로 하여 허용오차(위험률, 표준편차, 표본크기)를 더해주고 빼주어서 결정된다. 즉, 신뢰구간의 폭을 결정하는 것은 신뢰도$(1-\alpha)$와 표본의 크기이다. 모집단의 모수에 대한 구간의 폭을 결정할 때 표본의 크기 n은 매우 중요하다.

표본의 크기란 통계적으로 신뢰할 만한 추정치를 얻기 위하여 모집단으로부터 추출해야 하는 수량을 말한다. 표본의 크기는 조사의 목적, 조사시간, 비용 및 인력 등 여러 사항을 고려하여 결정해야 한다. 표본크기는 시간, 비용 및 인력 등 제약조건이 허용하는 한 클수록 좋다.

신뢰도만 고려한다면 신뢰구간이 길면 좋으나 정보로서의 가치는 감소됨으로 신뢰도를 높이면서 신뢰구간을 짧게 하는 것이 바람직할 것이다. 일반적으로 추정량의 측정오차는 표본의 크기가 증가함에 따라 줄어들지만 비용이 증가하게 되므로 최소한의 표본크기를 결정하여야 한다. 즉, 표본의 크기를 결정하는 요인은 ① 신뢰도 ② 모집단의 표준편차 ③ 허용오차의 크기 등이다.

6.1 모평균의 신뢰구간을 설정하기 위한 표본크기

(1) σ를 알고 있는 경우 표본크기의 결정

모표준편차 σ를 알고 있는 경우 모평균 μ를 추정하기 위해 신뢰구간을 설정한다면 신뢰구간의 한쪽 폭을 추정치의 최대허용오차(오차한계)라고 하면 이를 e라고 표기하기로 한다.

$$e = Z_{1-\alpha/2} \frac{\sigma}{\sqrt{n}}$$

이 식을 n에 관하여 풀면 다음과 같이 표본크기를 결정한다.

σ를 알고 있는 경우 표본크기의 결정

$$n = \left(\frac{Z_{1-\alpha/2} \cdot \sigma}{e} \right)^2 \qquad Z_{1-\alpha/2} = 정규분포의 \ Z값 \qquad e = 최대허용오차$$

예제 16 A 공급업체로부터 납품받고 있는 동선의 순도는 표준편차가 0.55% 이었다. 이번에 납품된 로트의 평균치를 신뢰수준 95%, 정도 0.43%로 추정하고자 한다. 표본의 수를 몇 개 뽑아야 하는지를 결정하라.

[풀이] $n = \left(\dfrac{Z_{1-\alpha/2} \cdot \sigma}{e} \right)^2$ 에서 $n = \left(\dfrac{1.96 \cdot 0.55}{0.43} \right)^2 = 6.28 \fallingdotseq 7$

(2) σ를 모르는 경우 표본크기의 결정

모표준편차 σ를 모르는 경우에는 모표준편차 σ 대신 표본에서의 통계량을 구하여 표본표준편차 s 혹은 $\sqrt{V}$를 적용한다. 이때 분포는 표준정규분포에서 t분포로 전환된다.

t분포는 σ를 모르고 표본의 크기 n이 작을 때 즉, $n < 30$일 경우에 주로 사용하며, 표본의 크기 n이 ∞로 되면 표준정규분포에 접근한다. 따라서 표본의 크기 $n \geq 30$일 경우에는 t분포나 표준정규분포 어떤 분포라도 결과는 비슷하게 나타난다.

σ를 모르는 경우 표본크기의 결정

$$n = \left(\frac{t_{1-\alpha/2}(\nu) \cdot s}{e} \right)^2 \qquad t(\nu, \frac{\alpha}{2}) = t분포의 \ 값 \qquad e = 허용오차크기$$

예제 17 A그룹회사의 직원들에 대한 연평균 가계비 중 문화비 지출을 조사하기 위하여 8명 직원을 무작위로 추출하여 다음과 같은 자료를 얻었다. 회사에서는 신뢰도 95%, 표본평균이 모평균 문화비의 ±25만 원 이내의 표본오차로 추정하고자 한다. 표본의 크기 n을 얼마 더 추출해야 하는지를 계산하라.

350	430	258	440	357	180	110	215	(단위 : 만 원)

[풀이] $\bar{x} = \dfrac{2,340}{8} = 292.5 \qquad S(변동) = 785,738 - \dfrac{(2,340)^2}{8} = 101,288$

$s = \sqrt{\dfrac{101,288}{8-1}} = 120.290$

$n = \left(\dfrac{t_{1-\alpha/2}(\nu) \cdot s}{e} \right)^2 = \left(\dfrac{2.365 \times 120.290}{25} \right)^2 = 129.49 \fallingdotseq 130$

☞ 추가적으로 추출해야 할 수는 $130 - 8 = 122$개임.

σ를 모르는 경우 표본크기의 결정($n \geq 30$인 경우)

$n = \left(\dfrac{Z_{1-\alpha/2} \cdot s}{e} \right)^2 \qquad Z_{1-\alpha/2} = 정규분포의 \; Z값 \qquad s = 표본 \; 표준편차 \qquad e = 최대허용오차$

6.2 모비율의 신뢰구간을 설정하기 위한 표본크기

(1) p를 알고 있는 경우 표본크기의 결정

모비율 p를 알고 있는 경우 모비율 p에 대한 신뢰구간의 한쪽 폭을 추정치의 최대허용오차(오차한계)라고 하면 이를 e라고 표기하기로 한다.

$$e = Z_{1-\alpha/2} \sqrt{\dfrac{p(1-p)}{n}}$$

이 식을 n에 관하여 풀면 다음과 같이 표본크기를 결정한다.

$$n = \left(\frac{Z_{1-\alpha/2}\sqrt{p(1-p)}}{e} \right)^2 \quad Z_{1-\alpha/2} = 정규분포의\ Z값 \quad p = 표본비율 \quad e = 최대허용오차$$

예제 18 기계부품 가공라인에서 공정간 검사를 실시한 결과 55개 중에서 5개가 불량품으로 나왔다. 이 가공라인의 불량률을 추정할 때 오차한계는 ±3%, 신뢰도 95%로 하여 추가적으로 표본을 몇 개 더 추출하여야 하는가?

[풀이] $p = \dfrac{5}{55} = 0.0909$

$$n = \left(\frac{1.96\sqrt{0.0909(1-0.0909)}}{0.03} \right)^2 = 352.72 \fallingdotseq 353$$

☞ 추가적으로 추출해야 할 수는 $353 - 55 = 298$개임.

(2) p를 모르는 경우 표본크기의 결정

모비율에 대한 신뢰구간을 추정하기 위한 표본크기의 결정에서 표본비율 p를 모를 경우, 예비조사나 과거에 경험이 없는 경우에 표본의 크기가 가능한 크게 결정해야 한다. 따라서 $p = 0.5$일 때 $p(1-p) = 0.25$로서 최대가 되므로 $p = 0.5$를 적용한다.

$$n = \left(\frac{Z_{1-\alpha/2}(0.5)}{e} \right)^2 \quad Z_{1-\alpha/2} = 정규분포의\ Z값 \quad p = 표본비율 \quad e = 최대허용오차$$

예제 19 K공단지역에 근무하는 직원들의 건강 검진율을 조사하고자 한다. 실제 건강 검진율과 추정치의 차이가 3% 이내에서 신뢰율 95%로 추정하기 위해서는 표본의 크기를 어느 정도 결정할 것인지를 계산하라.

[풀이] $n = \left(\dfrac{1.96 \times 0.5}{0.03} \right)^2 = 1{,}067.111 \fallingdotseq 1{,}068$

01 다음 데이터에 의하여 μ, σ^2 및 σ를 추정하라.

10.55 10.25 10.50 9.75 10.50 10.75 10.50 10.45 10.95 11.50

02 1주일 동안 어떤 기계에 의하여 생산된 200개의 베어링의 반지름을 측정한 결과 표본평균 $0.824cm$, 표본 표준편차 $0.042cm$를 얻었다. 베어링의 평균에 대한 99%신뢰구간을 구하라.

03 어떤 약품공정에서 불순물 함량의 산포는 $\sigma = 0.78\%$로 알려져 있다. 그 공정에서 시료를 9개 샘플링하여 불순함량을 분석하였더니 그 평균치가 1.78%이었다. 이 공정의 불순물함량의 모평균은 95%의 신뢰도로써 추정하라.

04 어떤 부품이 로트로부터 10개의 시료를 랜덤 샘플링하여 측정한 결과 다음과 같은 데이터를 얻었다. 이 부품 경도의 모평균에 대한 신뢰구간을 구하라.($\alpha = 5\%$임)

74, 67, 62, 59, 69, 66, 65, 68, 65, 67 (단위: $H_R B$)

05 어느 제약회사에서 개발한 약품이 비만에 미치는 정도를 조사하기 위하여 실험동물 50마리를 대상으로 실험을 하였다. 평균중량이 655g이었다. 모평균 99% 신뢰구간으로 추정하라. 단 표준편차는 8g으로 알려져 있다.

06 A사 제품과 B사 제품의 로트로부터 시료를 각각 10개, 8개씩 랜덤하게 샘플링하여 그 순도를 측정한 결과 다음과 같은 데이터를 얻었다. (단위 : %)

표본구분	데이터(%)									
표본 A	95.7	95.3	95.9	95.6	95.6	95.8	94.8	95.0	95.8	94.7
표본 B	95.2	95.0	94.4	94.4	95.1	94.8	94.2	94.5		

표준편차는 각각 $\sigma_A = 0.2\%$, $\sigma_B = 0.15\%$이다. 두 모평균 μ_A, μ_B의 차를 구간 추정하라. (신뢰율 95%)

07 두 개의 모집단으로부터 독립적으로 추출된 두 표본에 대한 자료가 다음과 같다. 모평균에 대한 차의 추정을 99%로 하라.

표본구분	표본의 크기	표본평균	표준편차
표본 A	15	134.8	8.3
표본 B	20	125.3	7.1

08 A사 제품과 B사 제품의 로트로부터 시료를 각각 8개씩 랜덤하게 샘플링하여 그 순도(%)를 측정한 결과 다음과 같은 데이터를 얻었다. 두 모평균 μ_A, μ_B의 차를 구간 추정하라. (신뢰율 95%)

표본구분	데이터(%)							
표본 A	45.4	45.8	45.0	44.8	45.8	45.6	45.7	45.9
표본 B	44.3	44.7	45.0	44.6	44.7	45.2	45.1	45.0

09 어떤 유기합성반응에서 반응온도를 80℃와 70℃로 하여 각각 6회 합성하고 그 비중을 측정하였다. 두 조건의 대응관계가 있는 비중의 차를 95% 신뢰구간을 구하라.

No	A(70℃)	B(80℃)
1	0.83	0.80
2	0.88	0.85
3	0.87	0.83
4	0.83	0.80
5	0.79	0.76
6	0.83	0.81

10 설탕 10kg씩 포장하는 A공정에서 중량을 다음과 같이 측정하였다. 이 특성치의 분산에 대한 신뢰구간을 구하라. (신뢰율 95%)

10.15	10.02	9.96	10.06	10.26	9.99	9.87	10.20	10.11	10.05

11 우리나라의 남자 성인의 흡연율을 조사하기 위하여 500명을 랜덤하게 뽑아 확인한 결과 40명이 흡연을 하고 있었다. 남자 성인 흡연율을 신뢰율 95%로 추정하라.

12 작업표준에 의해 제조하고 약품공정을 확인한 결과, 1로트 중 120개의 시료를 샘플링하여 측정한 결과 5개의 불량품이 나왔다. 신뢰율 99%로 모불량률의 신뢰한계를 구하라.

13 어떤 합성수지 제품의 자동 프레스공정이 있다. 2대로 기계 작업을 하는데 그 기계의 성능을 비교하기위하여 다음과 같은 데이터를 얻었다. 두 개의 모불량률의 차의 신뢰구간을 구하라.(신뢰율 95%)

	I	II
시 료	100	200
불량품	7	12

14 도금공정에서 A, B 두 회사의 원료가 납품되고 있다. 이 두 회사의 원료에 대해 제품에 미치는 불량율 차를 조사하기 위해 A, B회사 원료로 각각 만들어진 제품 중에서 랜덤하게 120개, 150개의 제품을 추출하여 불량개수를 세어보니 각각 12개, 9개였다.
(A사 불량 p_1, B사 불량 p_2) 두 회사 불량률의 차를 99% 신뢰구간으로 구하라.

15 어느 A, B 두 공정에서 A공정은 제품의 길이 100m에 흠이 35개, B공정에서는 같은 길이에서 흠이 42개였다. A, B공정의 흠의 수는 차이가 얼마인가? $\alpha = 0.05$

16 표본의 결점수가 16일 때 모결점수의 신뢰한계를 구하라. (신뢰율 95%)

17 100매의 석판에서 30개의 흠을 발견하였다. 석판 1매당 모결점수의 95% 신뢰구간은?

18 A, B 두 공정에서 A공정은 제품의 길이 10000m에 흠이 28개, B공정에서는 같은 길이에서 흠이 37개였다. A, B공정의 흠의 수는 차이가 얼마인지 추정하라. $\alpha = 0.05$

19 현재 외주업체로부터 납품받고 있는 전선의 동에 대한 순도는 표준편차가 0.51%이었다. 이번에 납품된 로트의 평균치를 신뢰수준 95%, 정도 0.3%로 추정하고 싶다. 이 경우 표본의 수를 몇 개로 취하면 되는가?

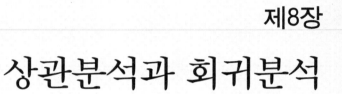

제8장

상관분석과 회귀분석

1. 상관분석의 개념

상관분석은 산점도에서 그 기본적인 개념이 출발되며, 이것은 두 개의 확률변수 즉, X와 Y축의 관계 사이의 공간에 타점하여 그 형상을 보고 상관관계를 대략적으로 파악한 바 있다. "상관이 있다"는 의미는 대응하는 두 종류이상의 요인이나 특성사이에 직선적인 형상으로 될 때이다.

상관분석

두 변수사이에 선형관계가 존재한다는 전제하에 확률변수 간에 존재하는 상호의존관계의 강도 또는 그 정도를 표시하기 위해 분석하는 통계적 방법.

이제 한 단계 나아가서 이들 상관관계의 형상들을 통계적인 방법으로 정확한 수치개념을 구현하여 상관관계를 해석하는 방법을 **상관분석**(correlation analysis)이라고 한다.

1.1 산점도(Scatter diagram)

산점도는 2변량 사이의 상관관계를 알기 위하여 2개의 변량 x, y를 그래프에 타점하여 2개의 변량을 각자 세로축과 가로축을 타점하여 작성한 그림을 말한다. 이러한 그림의 형태에는 다음 [그림 8-1]과 같이 정상관, 부상관, 영상관, 곡선관계, 층별현상 등으로 표시할 수 있다.

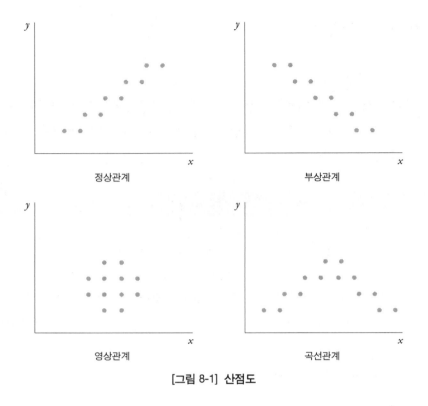

정상관계

부상관계

영상관계

곡선관계

[그림 8-1] 산점도

1.2 공분산(Covariance)

공분산이란 두 변수간이 비종속적인 관계가 있다고 판단될 때, 양 변수가 동시에 변하는 정도를 나타내는 지표를 말한다. 즉 두 개의 확률변수 사이의 상호관계를 나타내는 측정치중의 하나로서 다음과 같이 정의한다.

$$Cov(X, Y) = \sigma_{xy}^2 = E[(X - \mu_x)(Y - \mu_y)]$$
$$= E(XY - \mu_y X - \mu_x Y + \mu_x \mu_y)$$
$$= E(XY) - \mu_x \mu_y$$

두 변수 편차의 곱의 기대치로서, 두 확률변수 X와 Y가 상호 독립적일 경우

$E(XY) = E(X)E(Y) = \mu_x \mu_y$ 이므로 공분산은 0이 된다.

공분산(covariance) σ_{xy}^2의 추정치로는 V_{xy}를 사용한다.

공분산

$$\widehat{\sigma_{xy}^2} = V_{xy} = \frac{\sum(x_i - \overline{x})(y_i - \overline{y})}{n-1} = \frac{S_{(xy)}}{n-1}$$

$V_{xy} < 0 \rightarrow$ 음상관

$V_{xy} > 0 \rightarrow$ 양상관

$V_{xy} = 0 \rightarrow$ 영상관

공분산은 이변량 자료에서 두 확률변수의 관계의 정도 및 방향을 측정하는 연관성의 척도로, 양수이면 두 확률변수가 같은 방향으로 변화하며 음수이면 반대방향으로 변화한다.

예제 1　두 공급업체에서 납품하는 목재접착체의 접착강도를 측정하기 위하여 각각의 샘플 10개씩 채취하여 측정하였다.　x업체의 접착강도와 y업체의 접착강도의 관계를 나타내는 공분산을 구하라.

대상	x_i	y_i	$x_i - \overline{x}$	$y_i - \overline{y}$	$(x_i - \overline{x})(y_i - \overline{y})$
1	79	88	-4.9	1.3	-6.37
2	81	88	-2.9	1.3	-3.77
3	75	83	-8.9	-3.7	32.93
4	78	84	-5.9	-2.7	15.93
5	83	82	-0.9	-4.7	4.23
6	86	83	2.1	-3.7	-7.77
7	87	92	3.1	5.3	16.43
8	92	87	8.1	0.3	2.43
9	95	91	11.1	4.3	47.73
10	83	89	-0.9	2.3	-2.07
합계	839	867	0	0	99.7
평균	83.9	86.7	0	0	$V_{xy} = 11.08$

[풀이] 공분산 $V_{xy} = 11.08$로서 양의 값을 가지면 x와 y는 같은 방향으로 움직임을

알 수 있다. 만일 공분산 $V_{xy} = 0$이라면 x와 y의 두 변수 간에는 증감관계가 없음을 알 수가 있다.

1.3 상관계수

측정단위나 대상에 관계없이 두 변수사이의 선형관계의 강도를 나타내는 지표는 두 변수의 공분산을 표준화시키면 된다. 모집단의 상관계수를 **모상관계수**(population correlation coefficient)를 ρ(Rho) 라고 하며 이는 공분산 Cov(X, Y)를 각 변수들의 표준편차인 σ_x, σ_y의 곱으로 나눈 값이다.

(1) 모상관계수 : ρ(Rho)

모상관계수

$$\rho = \frac{Cov(X, Y)}{\sqrt{V(X) \cdot V(Y)}} = \frac{\sigma_{xy}^2}{\sigma_x \cdot \sigma_y} \quad , \qquad -1 \leq \rho \leq 1$$

여기서, $\widehat{\sigma_{xy}}^2 = \dfrac{S_{(xy)}}{n-1}, \qquad \widehat{\sigma_x}^2 = \dfrac{S_{(xx)}}{n-1}, \qquad \widehat{\sigma_y}^2 = \dfrac{S_{(yy)}}{n-1}$

모집단의 모수와 같이 모집단의 상관계수도 확률표본을 사용하여 추정한다. 따라서 모상관계수 ρ의 추정치로는 표본의 상관계수 r를 사용한다.

(2) 표본(시료)상관계수 : r

표본상관계수

$$r = \frac{S_{(xy)}}{\sqrt{S_{(xx)}S_{(yy)}}}$$

단, $S_{(xx)} = \sum (x_i - \overline{x})^2 = \sum x_i^2 - \dfrac{(\sum x_i)^2}{n}$

$$S_{(yy)} = \sum (y_i - \bar{y})^2 = \sum y_i^2 - \frac{(\sum y_i)^2}{n}$$

$$S_{(xy)} = \sum (x_i - \bar{x})(y_i - \bar{y}) = \sum x_i y_i - \frac{\sum x_i \sum y_i}{n}$$

표본상관계수의 성질

① $-1 \leqq r \leqq +1$

② r의 값은 X와 Y간의 선형관계를 나타내는 척도로서, $r = \pm 1$인 경우는 모든 점이 일직선상에 놓이게 된다.(이를 완전상관이라 함)

③ 계산의 편의상, $X' = (x - x_0)h, Y' = (y - y_0)g$와 같이 수치변환을 하여도 x, y 간의 상관계수는 X', Y'의 상관계수와 동일하다.

④ ·$r > 0$: 정상관(양상관)

·$r < 0$: 역상관(부상관)

·$r = 0$: 무상관(영상관)

예제 2 두 변수 x와 y사이의 상관계수를 구하기 위하여 다음의 데이터를 얻었다.
상관계수를 구하라.

x	1	2	3	4
y	-5	-1	3	7

[풀이] $S_{(xx)} = \sum x_i^2 - \frac{(\sum x_i)^2}{n} = 30 - \frac{(10)^2}{4} = 5$

$S_{(yy)} = \sum y_i^2 - \frac{(\sum y_i)^2}{n} = 84 - \frac{(4)^2}{4} = 80$

$S_{(xy)} = \sum x_i y_i - \frac{\sum x_i \sum y_i}{n} = 30 - \frac{10 \times 4}{4} = 20$

$\therefore \quad r = \frac{S_{(xy)}}{\sqrt{S_{(xx)} S_{(yy)}}} = \frac{20}{\sqrt{5 \times 80}} = 1.0$

예제 3 A회사의 경강선재에 대한 인장강도와 경도와의 관계를 확인하기 위하여 10개의 샘플을 측정한 결과 다음과 같이 나왔다. 표본상관계수를 구하라.

인장강도	171	168	177	173	175	172	173	170	170	174
경도	70	71	75	74	71	70	71	74	70	72

[풀이] $S_{(xx)} = \sum x_i^2 - \dfrac{\left(\sum x_i\right)^2}{n} = 296,937 - \dfrac{(1,723)^2}{10} = 64.1$

$S_{(yy)} = \sum y_i^2 - \dfrac{\left(\sum y_i\right)^2}{n} = 51,584 - \dfrac{(718)^2}{10} = 31.6$

$S_{(xy)} = \sum x_i y_i - \dfrac{\sum x_i \sum y_i}{n} = 123,731 - \dfrac{1,723 \times 718}{10} = 19.6$

$\therefore \quad r = \dfrac{S_{(xy)}}{\sqrt{S_{(xx)} S_{(yy)}}} = \dfrac{19.6}{\sqrt{64.1 \times 31.6}} = 0.435$

2. 상관분석의 검정과 추정

측정치로부터 계산에 의해 구해진 상관계수는 통계량으로서 표본에 관한 표본상관계수이다. 따라서 표본상관계수 $|r|$가 1에 가깝다고 해서 반드시 x와 y사이에 고도의 상관관계가 있다고 할 수 없으며, 또한 $|r|$가 0에 가깝다고 해서 상관이 없다고 판단할 수는 없는 일이다.

우리는 이러한 경우에도 표본상관계수에 의하여 모집단에서의 상관관계의 유무 및 그 정도를 알고자 한다. 그러므로 상관관계의 유의성의 검정 그리고 상관계수의 추정을 해야 한다. 이러한 목적을 위해서는 먼저 표본상관계수가 어떠한 분포를 이루는가를 알아야 한다.

2.1 표본상관계수의 분포

x, y가 모두 정규분포를 이루는 모집단 즉, 2차 정규분포의 모집단이고 그 모상관계

수를 ρ로 한다. 여기에서 샘플링 한 표본으로부터 구한 상관계수 r의 분포는 다음과 같은 분포를 하는 것으로 알려지고 있다.

① 표본의 크기가 매우 크고($n \geqq 100$), ρ의 절대치가 그다지 크지 않을 때에는 r는 근사적으로 정규분포를 하며 그 표준편차는 $D(r) = \dfrac{1-\rho^2}{\sqrt{n-1}}$ 으로 주어진다.

위 식에서 $\rho = 0$, 즉 x와 y사이에 상관이 없다면 r의 분포

$$E(r) = 0$$

$$D(r) = \frac{1}{\sqrt{n-1}}$$

의 정규분포를 하며, r를 $1/\sqrt{n-1}$로 나누어서 표준화하여

$$Z = r/\sqrt{n-1}$$

로 하면 Z는 이러한 조건하에서는 근사적으로 $N(0.1^2)$ 의 정규분포를 한다.

② n이 작아지고 ρ가 1에 가까워지면 r의 분포는 정규분포에서 아주 떨어진다.

③ n이 작고($n < 100$), $\rho = 0$일 때 일반적으로 r는 평균 0의 가까이에 정규분포가 아닌 좌우대칭의 t 분포를 한다.

이때, $\qquad t_0 = \dfrac{r}{\sqrt{\dfrac{1-r^2}{n-2}}}$

라 놓으면, 자유도 $\nu = n-2$ 의 t분포를 한다.

또 앞에 식에서 표본의 수 n과 유의수준 α가 주어지면 그때의 r을 계산할 수 있다. 이와 같이 해서 나온 것이 r표로서 이 표를 사용하여 상관을 검정할 수 있다.

2.2 상관계수의 검정

(1) 상관관계의 유무에 관한 검정(무상관의 검정)

모상관계수 ρ가 0인지 아닌지를 검정하는 경우 즉, 상관유무에 대한 검정은 다음과 같이 한다.

① $H_0 : \rho = 0$

  $H_1 : \rho \neq 0$

② 통계량

$$t_0 = \frac{r}{\sqrt{\dfrac{1-r^2}{n-2}}}$$

③ 기각역

  $|t_0| \geq t_{1-\alpha/2}(n-2)$ 이면 귀무가설 H_0 은 기각되고 대립가설 H_1 이 채택된다.

(2) 모상관계수 ρ에 대한 검정

모상관계수 ρ가 0이 아닌 임의의 값 ρ_0라는 검정의 경우 다음과 같이 검정을 한다.

① $H_0 : \rho = \rho_0$

  $H_1 : \rho \neq \rho_0$

② 통계량

$$Z_0 = \sqrt{n-3}\left[\frac{1}{2}l_n\left(\frac{1+r}{1-r}\right) - \frac{1}{2}l_n\left(\frac{1+\rho_0}{1-\rho_0}\right)\right]$$

이 검정통계량은 표본의 수 n이 크고 H_0가 옳은 경우에 통계량 $X = \dfrac{1}{2}l_n\left(\dfrac{1+r}{1-r}\right)$ 는 근사적으로 $N\left[\dfrac{1}{2}l_n\left(\dfrac{1+\rho_0}{1-\rho_0}\right),\ \dfrac{1}{n-3}\right]$ 인 정규분포에 따른다.

③ 기각역

  $|Z_0| > Z_{1-\alpha/2}$ 이면 귀무가설 H_0 은 기각되고 대립가설 H_1 이 채택된다.

예제 4 다음 데이터를 구하라.

x	2	3	4	5	6	7	8	9
y	4	6	7	8	8	9	12	16

  ① 상관계수를 구하라.

  ② 상관관계의 유무를 검정하라. (신뢰율 95%)

[풀이] ① $S(xx) = \sum x_i^2 - \dfrac{(\sum x)^2}{n} = 284 - \dfrac{(44)^2}{8} = 42$

$S(yy) = \sum y_i^2 - \dfrac{(\sum y)^2}{n} = 710 - \dfrac{(70)^2}{8} = 97.5$

$S(xy) = \sum xy - \dfrac{\sum x \sum y}{n} = 445 - \dfrac{44 \times 70}{8} = 60$

$r = \dfrac{60}{\sqrt{42 \times 97.5}} \fallingdotseq 0.9376$

② 상관관계 유무에 대하여 검정

$H_0 : \rho = 0$

$H_1 : \rho \neq 0$

$\alpha = 0.05$, $n = 8$

ⓐ 검정통계량 $|t_0| = \dfrac{|r|}{\sqrt{\dfrac{1-r^2}{n-2}}} = \dfrac{0.9376}{\sqrt{\dfrac{1-(0.9376)^2}{8-2}}} \fallingdotseq 6.605$

ⓑ 기각역 $|t_0| \geq_{1-\alpha/2}(\nu) = t_{0.975}(6) = 2.447$

ⓒ 판정 $|t_0| = 6.605 \geq t_{0.975}(6) = 2.447$이 성립되므로, H_0를 5%로 기각
한다. 즉, 상관관계가 존재함을 알 수가 있다.

예제 5 모상관계수 $\rho = 0.6$이라고 알려진 모집단에서 30개의 표본을 임의로 추출하여 표본
상관계수를 계산한 결과 $r = 0.4$이었다. 모상관계수에 대하여 신뢰율 95%로 검정
하라.

[풀이] 모상관계수 ρ가 임의의 값 ρ_0인지의 검정

$H_0 : \rho = 0.6$

$H_1 : \rho \neq 0.6$

$\alpha = 0.05$, $n = 30$

① 검정통계량

$$Z_o = \sqrt{n-3}\left[\frac{1}{2}l_n\left(\frac{1+r}{1-r}\right) - \frac{1}{2}l_n\left(\frac{1+\rho_0}{1-\rho_0}\right)\right]$$

$$= \sqrt{27}\,(0.424 - 0.693) = -1.398$$

② 기각역 $|Z_0| = 1.398 < Z_{0.975} = 1.96$

③ 판정 $|Z_0| = 1.398 < Z_{0.975} = 1.96$ 이므로 귀무가설을 채택한다.

　　즉, 모상관계수 0.6과는 다르다고 할 수 없다.(유의수준 5%)

3. 회귀분석의 개념

변수 x를 독립변수, y를 종속변수라고 하면 수식을 다음과 같이 표시할 수 있다.

$$y = f(x)$$

여기서 **독립변수** x라 함은 원인을 나타내는 것으로 변수들 사이에는 다른 변수에 영향을 주는 변수가 된다. 이와는 상반되는 것으로 **종속변수** y는 결과를 나타내는 것으로 다른 변수로부터 영향을 받는 변수를 말한다.

회귀분석

독립변수가 종속변수에 미치는 영향력의 정도를 파악하여 독립변수의 일정한 값에 대응되는 종속변수의 값을 예측하는 분석방법.

즉, **회귀분석**(regression analysis)은 변수들 간의 함수적인 관련성의 정도를 파악하기 위하여 어떤 수학적 모형을 가정하여 측정된 변수들의 자료로부터 추정하는 통계적 분석방법을 말한다.

① 해석목적
② 관리목적
③ 예측목적

회귀분석은 독립변수와 종속변수가 각각 하나인 경우에 이루어지는 **단순회귀분석**(simple regression analysis)과 종속변수는 하나이며 여러 개의 독립변수가 있어 독립변수들이 종속변수에 어느 정도의 영향을 미치고 있는가를 분석하는 **중회귀분석**(multiple regression analysis)으로 구분하나 이 책에서는 단순회귀분석에 대해 설명을 한다.

x에 대한 y의 변화가 어느 정도 규칙적으로 일어나는 경우에는 이 함수는 간단한 수식으로 표시된다. 즉, $y = a + bx$ 이러한 변량사이의 관계를 표시하는 방정식을 **회귀방정식**(regression equation)이라 한다.

이 방정식을 그리는 선을 **회귀선**(regression line)이라 하며 그것이 직선인 경우에는 **직선회귀**(linear regression)라 하고 이회귀선을 **회귀직선**이라 한다.

또한 독립변수 1개, 종속변수 1개로 2차 이상의 함수(곡선)로 가정하는 경우 **곡선회귀분석**이라고 하며, 이것이 곡선인 경우에는 **비직선회귀**(nonlinear) 또는 **곡선회귀**(polynominal regression)라 한다.

여기서 독립변수는 서로 관계를 가지고 있는 변수들 중에서 다른 변수에 영향을 주는 변수이며, 종속변수는 독립변수에 의해 영향을 받는 변수를 말한다.

3.1 모집단과 표본의 회귀모델

독립변수 X와 종속변수 Y가 선형관계를 가지면 종속변수 Y의 모든 평균은 직선상에 위치하게 된다. 이 직선을 모집단의 회귀직선(population regression line)이라고 한다.

$$E(Y_i / X_i) = \alpha + \beta X_i$$

상기 회귀직선은 독립변수 X값이 정확하게 위치하면 종속변수 Y값이 정확하게 계산되므로 확정적 모형이 되지만 오차를 고려한다면 독립변수 X값이 지정될 때 종속변수 Y값의 관측치는 회귀직선을 중심으로 산포가 발생된다. 이러한 상황을 감안하여 다음과 같은 모집단의 회귀모델을 전개할 수 있다.

모집단의 회귀모델

$$Y_i = \alpha + \beta X_i + \varepsilon_i$$

단, $\alpha = Y$축의 절편,　$\beta = $ 직선의 기울기,　$\varepsilon_i = $오차

두 변수 X와 Y값을 알기 위해서는 표본을 통하여 추정하여야 한다. 즉, 모집단의 회귀직선을 추정하기 위해서는 $\alpha = Y$축의 절편,　$\beta = $ 직선의 기울기에 대한 정보를 표본자료를 통하여 구하면 표본회귀직선(sample regression line)을 그릴 수 있게 된다.

표본 회귀직선

$$\hat{y_i} = a + b x_i$$

단,　$a = \alpha$의 추정,　$b = \beta$의 추정

표본을 통하여 얻은 독립변수 x의 값이 주어지면 예측치 $\hat{y}$와 실측치 y_i 간에는 차이에 따른 오차가 발생하는데 이것을 **잔차**(residual)라고 하며 기호로는 e로 표시한다.

즉 잔차 $e_i = y_i - \hat{y_i}$로 나타내며 모집단 오차 ε의 추정치이다.

표본 회귀모델

$$y_i = a + b x_i + e_i$$

3.2 최소자승법에 의한 회귀직선

측정치 y_i에서 일정한 값을 뺀 값의 제곱합

$$Q = \sum (y_i - a)^2$$

을 생각하여 이 Q를 최소로 하는 a의 값은 $\overline{y}$로서 이와 같은 Q의 최소치는 바로 y의 편차제곱의 합 $S_{(yy)}$이다.

지금 a대신에 y와 x사이의 관계식 $y = a + bx$를 생각하여 y의 추정치인 $(a + bx_i)$를 사용하여 y_i와 y의 추정치의 차의 제곱의 합 $Q = \sum (y_i - (a + bx_i))^2$ 을 생각하여 이 Q가 최소가 되게 하면 x로부터 y를 추정할 때 가장 산포가 적은 y의 추정치를 얻는 직선을 구할 수 있다. 즉 Q가 최소화 되게 하는 a, b를 구하면 된다.

이 방법이 최소제곱법으로 회귀를 구하는 방법이다. 이것을 구하려면 $\partial Q / \partial a$와 $\partial Q / \partial b$를 구해서 얻어지는 식을 0이라 두고, a, b에 대해 풀면 된다.

$$\frac{\partial Q}{\partial a} = -2 \sum (y_i - (a + bx_i)) = 0$$

$$\frac{\partial Q}{\partial b} = -2 \sum x_i (y_i - (a + bx_i)) = 0$$

$$\sum y_i = na + b \sum x_i$$

$$\sum x_i y_i = a \sum x_i + b \sum x_i^2$$

이 두 개의 방정식으로부터 a, b를 구하면, [그림 8-2]에서와 같이 추정회귀직선 $\hat{y} = a + bx$이 된다.

표본 회귀직선

$$a = \frac{\sum y_i - b \sum x_i}{n} = \frac{(\sum y \sum x^2) - (\sum x \sum xy)}{(n \sum x^2) - (\sum x^2)^2} = \overline{y} - b\overline{x}$$

$$b = \frac{n \sum x_i y_i - \sum x_i \sum y_i}{n \sum x_i^2 - (x_i)^2} = \frac{\sum (x_i - \overline{x})(y_i - \overline{y})}{\sum (x_i - x)^2} = \frac{S_{(xy)}}{S_{(xx)}}$$

단, a는 절편,　b는 회귀선의 기울기

여기서 a는 $x = 0$일 때의 y의 값으로서 절편, 또한 b는 회귀선의 기울기를 나타내며 이들 a와 b를 회귀계수라고 한다.

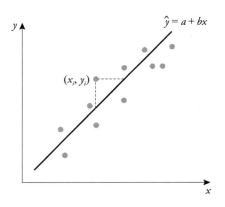

[그림 8-2] 산점도와 추정회귀직선

추정회귀직선은 $y - \overline{y} = b(x - \overline{x})$의 개념을 기본으로 하여 다음과 같이 쉽게 구할 수도 있다.

$$b = \frac{S_{(xy)}}{S_{(xx)}}, \quad \overline{y} = \frac{\sum y_i}{n}, \quad \overline{x} = \frac{\sum x_i}{n}$$

① x에 대한 y의 추정회귀선

$$\hat{y} - \overline{y} = b(x - \overline{x})$$
$$\hat{y} = \overline{y} + b(x - \overline{x})$$
$$= a + bx$$

여기서 $b = \dfrac{S(xy)}{S(xx)}$ 이다.

② y에 대한 x의 추정회귀선

$$\hat{x} - \overline{x} = b(y - \overline{y})$$
$$\hat{x} = \overline{x} + b(y - \overline{y})$$
$$= a + by$$

여기서 $b = \dfrac{S(xy)}{S(yy)}$ 이다.

예제 6 다음 (x_i, y_i) 데이터에 대한 물음에 따라 구하라.

x	57.5	64.7	50.4	55.8	64.1	72.3	50.5	52.3	60.3	54.5
y	44.4	52.0	38.1	49.3	60.3	63.2	39.5	30.3	57.5	41.0

① 상관계수를 구하라

② x에 대한 y의 회귀추정직선을 구하라.

③ y에 대한 x의 회귀추정직선을 구하라.

[풀이] ① $S(xx) = \sum x_i^2 - \dfrac{(\sum x)^2}{n} = 429861.14 - \dfrac{(582.4)^2}{10} = 455.144$

$S(yy) = \sum y_i^2 - \dfrac{(\sum y)^2}{n} = 23653.38 - \dfrac{(475.6)^2}{10} = 1033.844$

$S(xy) = \sum xy - \dfrac{\sum x \sum y}{n} = 28304.36 - \dfrac{582.4 \times 475.6}{10} = 605.416$

$r = \dfrac{605.416}{\sqrt{455.144 \times 1033.844}} ≒ 0.88258$

② x에 대한 y의 회귀추정직선

$b = \dfrac{S_{xy}}{S_{xx}} = \dfrac{605.416}{455.144} = 1.330, \ \ \overline{x} = 58.24, \ \overline{y} = 47.56$이므로

$\hat{y} - \overline{y} = b(x - \overline{x})$에서 $\hat{y} - 47.56 = 1.330(x - 58.24)$

$\therefore \ y = -29.899 + 1.330x$

③ y에 대한 x의 회귀추정직선

$\hat{x} - \overline{x} = b(y - \overline{y})$에서 $b = \dfrac{S_{xy}}{S_{yy}} = \dfrac{605.416}{1033.844} ≒ 0.586$이므로

$x - 58.24 = 0.586(y - 47.56)$

$\therefore \ x = 30.370 + 0.586y$

3.3 결정계수 : r^2

결정계수는 기여율이라고도 하며 이것은 표본회귀직선이 표본의 데이터를 얼마나 잘 설명하고 있는지 나타내는 척도가 된다.

표본의 상관계수를 제곱한 것을 결정계수라고 한다.

$$r^2 = \left(\frac{S(xy)}{\sqrt{S(xx)S(yy)}} \right)^2$$

이므로 우변의 분자, 분모에 $S(xx)$를 곱하면

$$r^2 = \frac{b^2 S(xx)}{S(yy)} = \frac{S_R}{S(yy)}$$

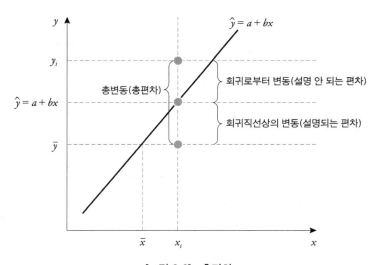

[그림 8-3] **총편차**

로 되고, y의 전 변동에 대한 회귀에 의한 변동의 정도를 나타냄을 알 수 있다.

이 의미를 간단히 설명하면 다음과 같다.

[그림 8-3]에서 보는 바와 같이 총편차는

$$y_i - \bar{y} \quad = \quad (y_i - \hat{y}) \quad + \quad (\hat{y} - \bar{y})$$

(총편차)　　　(회귀선으로 설명 안 되는　　　(회귀선으로 설명되는 편차
　　　　　　　편차(회귀로부터의 편차)　　　(회귀선에 의한 편차)

와 같이 분해되는데, 좌우 각 변의 제곱의 합을 구하면 다음과 같다.

$$\sum (y_i - \hat{y})^2 = \sum (y_i - \hat{y})^2 + \sum (\hat{y} - \bar{y})^2$$

(총변동)　　(설명 안 되는 변동)　(설명되는 변동)

S_T　　　　　S_E　　　　　　　S_R

이제, 결정계수는 다음과 같이 정의된다.

$$결정계수_{(\%)} \quad r^2 = \frac{S_R}{S_T} \times 100$$

단, S_R : 회귀변동 $= b^2 S(xx) = S(xy)^2 / S(xx)$ 이다.

결정계수의 성질

① $0 \leq r^2 \leq 1$
만약 모든 측정값들이 회귀선상에 위치한다면 $S_E = 0$이고 $S_R = S_T$이므로 $r^2 = 1$이 된다.
② r^2은 총변동을 설명하는 데 있어 회귀선에 의해 설명되는 변동이 차지하는 비율
③ 측정치가 회귀선에서 멀리 떨어져 있게 된다면 S_E(설명 안 되는 변동)는 커지게 되며 r^2의 값이 0에 가까워지므로 추정된 회귀선은 유용성이 없어지게 된다.
④ r^2의 값(통상 $r^2 \geq 70\%$)에 따라 회귀모형의 유용성을 판단할 수 있는 것이다.

예제 7 　어떤 승용차의 가격이 연도가 지남에 따라서 어떻게 그 가격이 떨어지는가를 조사하였다. x는 사용연수이고, y는 가격이다. (단위는 백만 원)

① 최소자승 회귀직선의 방정식을 구하라.

② 기여율(r^2)을 구하라.

[풀이] ① $\overline{x} = 3.4$, $\overline{y} = 2.362$, $S_{xx} = 20.40$, $S_{yy} = 6.54286$, $S_{xy} = 10.938$

$$b = \frac{S_{xy}}{S_{xx}} = \frac{10.938}{20.4} = 0.5362 \, \text{에서} \quad y - 2.362 = 0.5362(x - 3.40)$$

$$\therefore \ y = 4.1851 - 0.5362x$$

② $r^2 = \left(\dfrac{10.938}{\sqrt{20.4 \times 6.54296}} \right)^2 \times 100\% = 89.634\%$

01 A도시에서의 환경오염정도를 파악하기 위하여 아황산가스(SO_2)와 차량운행수를 조사하였다.

차량 운행 수	아황산가스(ppm)
380	0.174
337	0.162
320	0.161
295	0.157
288	0.156
273	0.152
265	0.151
258	0.148
244	0.146
237	0.144

① 표본상관계수를 구하라.
② 모상관계수 ρ가 무상관인지를 위험률 5%로 검정하라.

02 아래와 같이 데이터가 주어졌을 때 회귀직선 y의 값은?

DATA : $S_{xx} = 74.5$, $S_{yy} = 376.4$, $S_{xy} = 396.2$, $\bar{x} = 3.5$, $\bar{y} = 32.6$

03 두 변수 x와 y의 상관관계를 구하기 위하여 다음의 데이터를 얻었다. y에 대한 x의 추정 회귀선을 구하라.

x	3	4	5	6	7
y	3	6	10	15	20

04 다음 (x_i, y_i) 데이터가 5조가 있다.

x	2	3	4	5	6
y	4	7	6	8	10

① 상관관계의 유무를 검정하라 (위험률 5%)

② y의 회귀직선식을 구하라.

③ 모상관계수에 대한 검정을 $\alpha = 0.05$로 실시하라.

  (귀무가설 $\rho = 0.5$,   대립가설 $\rho \neq 0.5$)

05 $n = 10$의 x와 y의 관계를 추정하여 다음의 결과가 나왔다. x에 대한 y의 회귀관계를 검정하려고 할 때 회귀에 의한 변동의 값은 얼마인가?

$$\text{DATA} \quad : \quad S_{xx} = 90.5,\ S_{yy} = 134.4,\ S_{xy} = 67.8$$

06 다음 데이터를 가지고 요구사항을 계산하라.

x	8.8	8.6	9.6	7.3	9.0
y	7.6	7.4	8.5	6.9	8.3

① 상관계수를 구하라.

② x에 대한 y의 추정회귀선을 구하라.

③ y에 대한 x의 추정회귀선을 구하라.

④ 결정계수(%)을 구하라.

⑤ 공분산(V_{xy})을 계산하라.

07 두 특성치에 대해 $S_{xx} = 55$, $\quad S_{xy} = 305$, $\quad S_{yy} = 2900$일 때 기여율은 몇 %인가?

08 x와 y는 서로 상관관계가 있다. 다음과 같은 데이터가 주어졌을 때 x와 y에 대한 공분산 값은 얼마인가? 단, 데이터 수 $n = 8$이다.

$$\sum x_i = 650, \quad \sum y_i = 9.90, \quad \sum x_i y_i = 1003, \quad \sum x_i^2 = 79{,}342, \quad \sum y_i^2 = 14{,}231$$

09 x에 대한 y의 회귀관계를 검정하려고 $n = 8$회$(r = 1)$의 x에 대한 y의 값을 아래와 같이 측정하여 값을 구하였다. 회귀로부터의 변동(S_e)의 값을 구하라.

$$S_{xx} = 165.7, \quad S_{yy} = 46.0, \quad S_{xy} = 86.6$$

10 단순회귀직선 $y = \alpha + \beta x_i + \epsilon_i,$ $\quad (i = 1, 2, \cdots, n)$에서 $\displaystyle\sum_{i=1}^{n} (\overline{x} - x_i)^2 = 34$, $\displaystyle\sum_{i=1}^{n} (\overline{x} - x_i)(\overline{y_i} - y_i) = 13$, $\displaystyle\sum_{i=1}^{n} (\overline{y} - y_i)^2 = 8$일 때, 회귀에 의한 변동$(S_R)$의 값을 구하라.

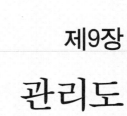

제9장

관리도

1. 관리도의 개요

1924년 Bell연구소의 슈하르트(W.A. shewhart)에 의해 창안된 관리도는 제조공정을 관리된 상태로 유지하거나 공정의 현황을 조사하는 데 있어서 SQC(통계적 품질관리)의 유용한 기법의 하나로 인식되고 있다.

우리나라에서는 최근 한국산업표준의 슈하트 관리도를 KS A ISO 8258 : 2008으로 개정되며, 관리도 일반지침인 KS Q ISO 7870 : 2009로 개정하여 제조공정의 관리 및 해석을 위한 국가표준을 보급하고 있다. 물론 이 방법만이 유일한 것은 아니고, 공장의 실태에 따라 합리적인 방법으로 개정하여 적용함으로써 더 큰 효과를 얻을 수 있을 것이다.

1.1 관리도의 개념

(1) 품질의 변동원인

데이터의 산포는 품질형성에 영향을 미치는 몇몇 요인들의 차이에 의해 발생한다. 즉, 제조공정에서 영향을 많이 미치는 4M, 즉 재료, 설비, 작업자의 숙련도 및 방법을 중심으로 하여 외적인 주위의 작업환경, 기술적, 관리방법론적인 측면에서 오는 차이 또한 무시할 수 없다.

동일한 원료를 사용하고, 동일한 작업조건으로 작업을 실시하여도, 만들어진 제품의 품질은 크든 작든 반드시 산포를 한다. 산포를 일으키는 원인은 우리가 기술적으로 확인할 수 있는 것도 있고 확인이 안 되는 것도 있으나 다음과 같이 두 가지로 분류할 수 있다.

① 우연원인(chance cause)

정상적인 품질변동이란 품질에 영향을 미치는 요인에서 오는 차이가 자연스러운 상태일 경우를 말하는데 이를 우연원인(chance cause), 불가피 원인, 그냥 넘길 수 있는 원인이라고 한다. 이는 품질관리에서는 용인할 수 있는 변동이다.

② 이상원인(assignable cause)

비정상적인 품질변동이란 이상적인 상태, 즉 부자연스러운 원인에 의해 점의 움직임 사이에 확실한 차이가 발견되는 상태를 말한다. 이를 이상원인, 가피원인, 그냥 넘길 수 없는 원인이라고 한다. 이러한 품질변동에 영향을 미치는 원인을 품질관리의 대상으로 한다.

(2) 산포의 통계적 현상

어떤 제품에 대한 다수의 측정결과를 취하여 보면 이들의 측정치는 어떤 값을 중심으로 하여 그의 양측에 어떤 일정량의 변동, 즉, 흩어짐을 같은 군을 만드는 경향이 있다는 사실을 알 수가 있다.

관찰이나 측정을 했을 때의 여러 가지 조건이 본질적으로 변화하지 않았을 때에는 측정치의 분포는 확실히 안정된 특징을 갖고 있음을 알 수가 있다. 이 특징은 측정치의 수가 증가함에 따라 더욱 확실해진다. 따라서 여러 조건이 일정하면 측정치의 분포는 통계적 극한인 분포함수, 어떤 법칙에 가까워지는 경향이 있다고 생각된다.

분포를 형성하는 경향은 자연계를 통하여 볼 수 있는 것으로 가장 기본적인 자연법칙의 하나이다. 즉, 어떤 제품을 생산하는 공정으로부터 일련의 관찰이나 측정의 결과를 얻었을 때, 그들의 측정결과는 항상 변동하여 흩어진 모양을 나타낸다.

이러한 개념을 W.A. Shewhart는 다음과 같이 요약하여 설명한바 있다.

① 모든 점의 움직임은 변동하고 있다.

② 하나하나의 점이 어떻게 변동하는가를 예측할 수는 없다.

③ 일정한 공정으로부터 하나하나의 점의 집합은 일정한 법칙에 따라 어떤 형태로 되는 경향이 있다.

(3) 관리도의 의미

관리도의 개념에 대한 역사적 배경을 보면 1931년에 Von Nostrand Co., Inc.에서 출판된 W.A. Shewhart의 "Economic Control of Quality of Manufactured Products" 안에서 볼 수 있다.

Shewhart는 이 책에서 통계적 품질관리를 일반적인 관리와 구분하여 다음과 같이 기술하고 있다. 즉, "통계적 품질관리는 단지 통계적 수법을 사용하는 것이 아니라 통계적 관리상태라는 목표를 달성하기 위해 통계수법을 사용하는 것이다"라고 말하고 있다. 이와 같은 개념에 의해서 창안된 수법이 오늘날의 관리도법이다.

모든 데이터는 산포를 한다고 하였다. 그 원인에는 자연적인(정상적) 것도 있고 또 부자연적(비정상적)인 것도 있다. 데이터의 산포를 이 두 가지의 원인으로 구분할 수만 있다면 우리는 쉽게 합리적인 판단에 의해 공정관리를 할 수 있을 것이다.

이러한 합리적인 판단을 내릴 수 있는 한계가 상기한 통계적 한계로서 관리도에서는 이것을 파선으로 표시하고 관리한계(control limit)라고 부른다.

관리도를 작성하는 목적은 공정에 관한 데이터를 해석하여 필요한 정보를 얻고, 이들 정보에 의해 공정을 효과적으로 관리하여 나가는데 있다.

특히 관리도는 공정의 흐름에서 동적인 품질정보를 사전에 탐지하도록 하는 데 있으며 이는 통계적 공정관리(SPC)의 유효한 QC기법 중의 하나가 된다.

1.2 3σ 관리한계선

관리도는 이와 같은 품질산포의 원인을 조사해도 의미가 없는 것인지, 또는 피할 수 있는 것인지를 구별하는 역할을 한다. 이것을 위하여 관리도는 중심선을 기준으로 하여 3σ한계법에 의거한 **관리한계선**을 관리상한선과 관리하한선으로 설정한다. 즉, 관리한계선은 품질변동의 이상원인과 우연원인을 구분하는 경계선이 되는 것이다. 이 관리한계는 품질 또는 제조조건을 나타내는 특성치를 한 개 한 개의 점으로 찍어 나가면서 점이 한계선의 안쪽에 있는가 혹은 밖에 나오는가에 따라 품질산포의 원인, 나아가서는 제조공정이 좋은 상태에 있는가 그렇지 않은가를 간단히 알기 위한 것이다.

관리한계는 이상원인과 우연원인을 분간하기 위하여 관리도에 설정한 한계를 말한다. 일반적으로 관리한계선은 공정평균을 중심으로 그 선의 상하에 나란히 그어지게 된다. [그림 9-1]과 같이 분포의 중심을 **중심선**(CL : center line)으로 하여 상하의 선을 각각 **관리상한**(UCL : upper control limit), **관리하한**(LCL : lower contol limit)이라 한다.

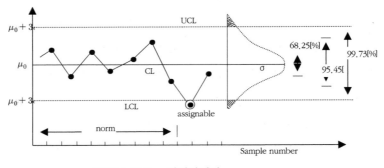

[그림 9-1] 3σ 관리한계선

관리한계선은 두 가지 산포를 구별하기 위한 선이지만, 실재로는 어느 정도까지기 우연원인에 의한 산포인지 모르므로 데이터로부터 추정하게 된다. 그렇지만 많은 데이터를 취해 관리한계선을 계산하더라도 다음과 같은 과오를 범하기 쉽다.

(1) 제1종 오류

품질의 산포가 우연원인에 의한 것인데, 즉 공정에 이상이 없는데도 간혹 큰 산포가 나타나서 마치 공정에 이상이 있는 것 같이 잘못 판단하는 오류-덤벙대는 자의 과오.

(2) 제2종 오류

품질의 분포가 보아 넘기기 어려운 원인에 의한 것인데, 즉 공정에 이상이 있었는데 데이터 상으로는 우연원인에 의한 산포같이 보여 그대로 방치하는 오류-멍청한 자의 과오.

일반적으로 관리한계의 폭이 넓을수록 밖으로 점이 벗어나게 되면 이상원인의 존재가 확실해지지만, 데이터가 한계 내에 들어 있다고 해도 이상원이 존재할 수 있으므로 이상원인을 잘 검출할 수 없는 경우가 많아진다(제2종의 과오).

이에 반하여 한계의 폭을 좁게 잡으면 우연원인으로 측정치가 이 한계를 벗어날 기회가 많아지고 공정이 관리상태인데도 이상원인이 있는 것으로 판단해버리기 쉽다(제1종 과오).

이들은 어느 것이든 경제적으로 손실을 가져오지만 이 양자를 동시에 0으로 할 수 없다.

실제로 한계를 설정할 경우에는 한계를 벗어나는 점에 대해서는 원인을 철저히 조사한다는 관점에서 결정함이 바람직스럽고, 제1종의 과오가 너무 크지 않는 편이 실용적이다.

이런 뜻에서 관리도에는 보통 **3시그마(σ)법**을 채택하는데 정규형일 경우 제 1종의 과오를 범할 확률은 불과 0.3[%], 실제로는 1 - 99.73[%] = 0.27[%]이다.

3σ법의 관리한계법은 KS규격에서도 채택하고 있으며, 이러한 두 가지 과오를 경제적으로 설계하고 있음을 장기간의 경험에 의하여 알려지고 있다.

3σ법이란 어떤 통계량 x를 중심으로 한 그 상하한($\pm$)의 그 통계량의 표준편차의 3배에 해당하는 폭을 잡아서 관리한계선으로 사용하는 방법이다.

즉, 관리도 관리한계를

$$\left.\begin{matrix} UCL \\ LCL \end{matrix}\right\} = E(X) \pm 3D(X)$$ 에 의하여 구한다는 것이다.

1.3 관리도의 종류

관리도에는 여러 가지의 종류가 있는데 여기서는 통계량에 의한 분류와 용도에 위한 분류로 나누어 설명한다.

(1) 통계량에 의한 분류

원재료나 제품의 품질을 나타내는 데이터는 길이, 두께, 작업시간, 성분, 강도 등과 같이 연속적이 값을 취하는 계량치와 불량개수, 흠, 직물의 얼룩 등처럼 이산적인 값을 취하는 계수치로 분류되는 것과 같이 관리도도 이런 데이터 성질에 따라 다음과 같이 크게 두 가지로 나뉘어진다.

(가) 계량치 관리도

$x - \overline{R}$관리도, $\overline{x} - s$ 관리도, $x - R_s$ 관리도, $L - S$관리도, $Me - R$관리도 등이 있다. 일반적으로 정규분포를 가정한다.

(나) 계수치 관리도

이항분포형의 데이터일 때 사용하는 np관리도와 p관리도, 그리고 포아송 분포형의 데이터일 때 사용하는 c관리도와 u관리도 등이 있다.

이 중에서 흔히들 활용하기 쉬운 관리도의 용도에 대하여 간단히 설명해 보면 다음과 같다.

① $x - \overline{R}$관리도(평균-범위의 관리도)

관리 대상이 되는 항목이 길이, 무게, 시간, 인장 강도, 성분, 수확률, 순도 등과 같이 계량치의 데이터로 나타나는 공정을 관리 할 때 사용한다. 공정에서 얻은 데이터를 적당한 군으로 나누어 각 군의 평균치($\overline{x}$)와 군마다의 범위($\overline{R}$)를 구하여 $\overline{x}$ 관리도 및 R관리도에 각각 별도로 점을 찍는다.

x관리도는 평균치의 변화율, R 관리도는 군내 산포의 변화를 나타낸다.

> 예 석탄의 발열량, 실의 인장 강도, 아스피린의 순도, 부품의 두께, 전구의 소비전력 등

② x관리도(개개 측정치의 관리도)

데이터를 군(群)으로 나누지 않고 하나하나의 측정치를 그대로 사용하여 공정을 관리할 경우에 사용한다. 데이터를 얻는 간격이 크거나, 군으로 나누어도 별로 의미가 없는 경우, 또는 정해진 공정으로부터 한 개의 측정치 밖에 얻을 수 없을 때 사용한다.

> 예 시간이 많이 소비되는 화학 분석치, 알콜의 농도, 배치(batch) 반응치, 1일 전력 소비량 등

③ $x - \widetilde{R}$관리도(메디안과 범위의 관리도)

$x - \widetilde{R}$관리도의 x 대신에 x(메디안)을 사용하는 것으로 계산이 간편하다는 이점이 있다.

④ np관리도(부적합품수 관리도)

하나하나의 물품을 양품, 불량품으로 판정하여 시료 전체 속에 불량품이 몇 개 있었는가를 부적합품수로서 공정을 관리할 때 사용한다.

시료의 크기 n이 항상 일정한 경우에만 사용한다.

> **예** 전구 100개 중 꼭지쇠의 불량개수, 나사 100개 중의 길이 불량, 전화기의 외관 불량 등.

⑤ p관리도(부적합품률 관리도)

부적합품률로서 공정을 관리할 때 사용한다. p관리도는 시료의 크기n이 반드시 일정하지 않아도 된다. 2급품률, 규격외품의 비율, 양호품률, 출근률 등도 p관리도를 작성할 수 있다.

> **예** 전구 꼭지쇠의 불량율, 작은 나사의 길이 불량률, 전화기의 외관 불량률 등

⑥ c관리도(부적합수 관리도)

일정한 시료의 크기(n)로 나타나는 부적합수에 의거하여 공정을 관리하는 경우에 사용한다.

> **예** 철판 1매 중의 불량(갈라짐, 찢어짐)갯수, 일정한 면적 중의 홈의 수, 장부의 오기 수, 사고수, 라디오 1대 중 납땜불량의 수, 종이$10cm^2$중의 티의 수 등.

⑦ u관리도 (단위당 부적합수 관리도)

부적합수에 의거하여 공정을 관리할 때 제품의 크기가 여러 가지로 변할 경우에는 부적합수를 일정단위당으로 바꾸어서 u관리도를 사용한다. 즉 일정 면적, 일정 길이, 제품 1개당의 결점수 등으로 고친다.

> **예** 직물의 얼룩수, 에나멜 동선의 핀홀 수 등

상기 이외에도 다양한 특수관리도가 개발되어 있다. 예를 들면, 누적합(CUSUM)관리도, 이동평균(MA)관리도, 지수가중이동평균(EWMA)관리도, 차이관리도, z변환관리도 등이 있다.

(2) 용도에 의한 분류

관리도의 용도를 대별하면 관리용, 해석용, 그래프용, 조절용, 검사용 등으로 나눌 수
있다. 품질관리의 측면에서 관리도의 진수는 공정관리용이고, 그 다음이 해석용이다.
해석은 어떤 면에서 보면 관리를 위해 사용하려는 관리도를 작성하는 준비단계라 할 수
있다.

① 공정 해석용 관리도(표준값이 주어져 있지 않은 관리도)

공정해석을 위해서 쓰이는 관리도를 말한다. 데이터를 원료별, 기계별, 조별 등으로
층별하거나 군 구분방법을 바꾸어 관리도를 그려 보고 어떤 원인에 의해서 어떠한 산포
가 생기고 있는가 등을 조사하기 위해 사용한다. 공정이 안정된 상태에 있는지 어떤지
를 조사하기 위한 관리도이다.

② 공정 관리용 관리도(표준값이 주어져 있는 관리도)

공정을 관리하기 위해서 쓰이는 관리도를 말한다. 즉, 공정을 안정된 상태로 유지하
기 위한 관리도로서 작업을 하면서 관리도에 의하여 그 결과를 체크하고, 이상이 나타
나면 그 원인을 추구하여 조처를 취하기 위해 사용한다. 구체적으로는 관리상태를 나
타낸 해석용 관리도의 관리한계선을 연장하여 그 곳에 타점하면서 공정이 이상인지 아
닌지를 판단한다.

2. 계량치 관리도

2.1 $\bar{x} - R$ 관리도

$\bar{x} - R$관리도는 관리하는 항목으로서 길이, 무게, 시간, 인장강도, 순도, 수율 등과 같
이 양을 측정할 때에 쓴다. $\bar{x}$ 관리도는 평균치의 변화를, R관리도를 산포의 변화를 나
타낸다.

$\bar{x} - R$ 관리도의 작성방법 및 사용방법은 다음과 같다.

(1) $\bar{x} - R$ 관리도 작성방법

먼저 어느 기간의 자료를 예비자료로 채취한다. 예비자료는 금후 자료의 대표가 될 수 있는 것이어야 한다. 원료, 제조방법, 측정방법 등이 특별히 달라진 경우에는 예비자료는 있을 수 없다.

① 자료의 채취방법 : 군(群)의 크기 $n = 4 \sim 5$ 정도, 군(群)의 수 $k = 20 \sim 25$ 정도로 채취하여 측정한다. 자료를 기록하기 위한 자료표(data sheet)에 기입한다. 또한 자료표에는 품명, 시료의 채취방법, 측정방법 등 보아 넘기기 어려운 원인을 찾는데 필요하다고 생각되는 사항도 기록해 둔다. [표 9-1]

- 데이터는 많을수록 좋으나 공정의 최근 상태를 나타낼 수 있는 것이라야 한다.
- 구분을 할 기술적인 근거가 특별히 없을 때에는 데이터가 얻어지는 순서대로 군을 나눈다.
- 시료 군의 크기(n)는 2~6이 보통이지만 4, 5가 가장 많이 쓰인다.

② $\bar{x}$의 계산 : 각 시료군마다 시료의 평균치를 계산한다.

$$\bar{x} = \frac{x_1 + x_2 +,\ldots + x_n}{n} = \frac{\sum\limits_{i=1}^{n} x_i}{n}$$

단, x_1 : 첫 번째 측정값

x_2 : 두 번째 측정값

:

x_n : n번째 측정값

③ 범위 R의 계산 : 각 시료 군에 대하여 R, 즉 시료군 중의 가장 큰 측정치와 가장 작은 측정치와의 차를 계산한다.

$$R = x_{\max} - x_{\min}$$

④ 총평균 $\bar{\bar{x}}$ ($\bar{x}$의 평균)를 구한다.

$$\bar{\bar{x}} = \frac{\bar{x_1} + \bar{x_2} +,\ldots + \bar{x_n}}{k} = \frac{\sum\limits_{i=1}^{k} \bar{x_i}}{k}$$

단, k는 시료 군의 수

    x_1 : 첫 번째 군의 평균

    x_2 : 두 번째 군의 평균

        :

    x_k : k 번째 군의 평균

⑤ 범위의 평균치인 $\overline{R}$를 구한다.

$$\overline{R} = \frac{R_1 + R_2 +, \ldots + R_k}{k} = \frac{\sum_{i=1}^{k} R_i}{k}$$

R_1 : 첫 번째 군의 범위

R_2 : 두 번째 군의 범위

    :

R_k : k번째 군의 범위

⑥ $\overline{x}$관리도의 관리한계(선)의 계산 :

$$CL = \overline{\overline{x}}$$

$$UCL = \overline{\overline{x}} + A_2 \overline{R}$$

$$LCL = \overline{\overline{x}} - A_2 \overline{R}$$

단, A_2는 n의 수에 따라 결정되는 계수

⑦ R관리도의 관리한계(선)의 계산 :

$$CL = \overline{R}$$

$$UCL = D_4 \overline{R}$$

$$LCL = D_3 \overline{R}$$

단, D_4, D_3는 n의 수에 따라 결정되는 계수

⑧ 관리한계선을 작성하고 점을 기입한다.

$\overline{x}$관리도에 $\overline{\overline{x}}$의 값을 가는 실선으로 기입하고, UCL과 LCL의 값은 각각 가로로 점선으로 기입한다. R관리도에 $\overline{R}$의 값은 실선으로 기입하고, UCL과 LCL의 값은 점선으로 기입한다.

⑨ 관리상태를 판정한다.

타점한 점이 관리한계선 밖으로 나오는 것이 있을 때에는 원인이 있으므로 그 원인을 찾아 분석하고, 조치를 취한다. 만일 관리한계의 밖에 벗어나는 점이 있으면 보아 넘기기 어려운 원인이 있으므로 그 원인을 조사한다. 점이 관리한계선상에 타점되어도 한계선 밖의 점으로 간주한다.

⑩ 관리한계선의 조정

한계선을 벗어난 점을 제거하고 관리선을 다시 계산한다. 또한 새로운 중심선과 관리한계선을 작성하여 타점하고 공정을 관리한다.

[표 9-1]의 $\overline{x} - R$ 관리도 자료표의 데이터로 [그림 9-2]의 $\overline{x} - R$ 관리도를 작성한 것이다.

[표 9-1] $\overline{x} - R$관리도 자료표(Data Sheet)

제품명칭		Tunning Pin	제조명령번호			측정시작일	
품질특성		만능재료시험기	직장			측정종료일	
측정단위		kg/cm	기준일일생산량			기 계 번 호	
규격 한계	상한		시료	크기	5	작 업 원	
	하한			간격		검 사 원	
규격번호			측정기번호				

일시	시료군의 번호	측 정 치					계 Σx	평균치 $\overline{x}$	범위 R
		x_1	x_2	x_3	x_4	$x5$			
	1	10.1	9.4	10.2	10.5	10.1	50.3	10.0600	1.1
	2	10.5	10.2	10.8	11	10.5	53	10.6000	0.8
	3	10.8	10.1	10.5	9.4	10.6	51.4	10.2800	1.4
	4	9.7	10.8	9.2	9.2	9.3	48.2	9.6400	1.6
	5	10.1	10.1	9.7	9.8	10.5	50.2	10.0400	0.8
	6	10.4	10.2	10.4	9.1	10.6	50.7	10.1400	1.5
	7	10.3	10.4	9.4	9.6	10.1	49.8	9.9600	1
	8	10.7	10.7	10.8	9.4	10.6	52.2	10.4400	1.4
	9	10.5	10.2	10.5	9.7	9.9	50.8	10.1600	0.8
	10	10.6	9.9	10.7	10.4	11.4	53	10.6000	1.5
	11	10	9.2	10.8	9.5	9.8	49.3	9.8600	1.6
	12	10.2	9.8	9.8	9.5	9.9	49.2	9.8400	0.7
	13	9.9	10	10.3	10.2	10	50.4	10.0800	0.4

14	10	10.5	10.8	9.8	10.5	51.6	10.3200	1
15	10.1	10.2	10.2	11.2	10.1	51.8	10.3600	1.1
16	10.1	10	10.7	10.1	10.4	51.3	10.2600	0.7
17	10.5	10.3	10.8	10.5	10.4	52.5	10.5000	0.5
18	10.5	9.9	9.8	10	10.5	50.7	10.1400	0.7
19	10.5	9.3	10.3	10.1	10.3	50.5	10.1000	1.2
20	10.5	9.4	10.5	10.7	10.3	51.4	10.2800	1.3
21	10.5	9.9	10.5	10.2	11	52.1	10.4200	1.1
22	10.2	9.8	9.7	10.1	9.8	49.6	9.9200	0.5
23	10.1	9.5	9.5	9.7	10.5	49.3	9.8600	1
24	10.3	10.6	10.4	10.6	10.1	52	10.4000	0.5
25	10.2	10.8	10.4	10.1	10.3	51.8	10.3600	0.7
						합계	1273.10	24.9

$\bar{x}$관리도		R 관리도	평균	10.1848	0.9960
UCL = 10.7593		UCL = 2.1059			
LCL = 9.6103		LCL = 0.0000			

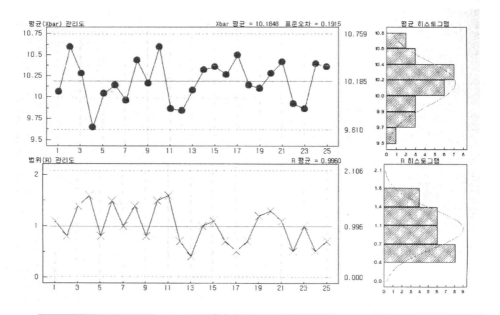

기사: 관리한계선을 벗어나는 점이 없고 점의 배열에 습관성이 없기 때문에 이 기간의 공정은 안정상태에 있다고 볼 수 있다.

[그림 9-2] $\bar{x} - R$ 관리도

2.2 x 관리도

x관리도는 일일 또는 수일간에 걸쳐 자료를 1개밖에 얻을 수 없거나 측정이 파괴시험이기 때문에 경제상 하나밖에 얻지 못하는 1군 1점의 관리도이다. 즉, 1회에 1개 자료밖에 얻을 수 없거나 자료의 발생간격이 긴 공정관리에 이용된다. 관리도의 작성은 합리적으로 군 분류가 가능한 경우와 불가능한 경우로 구분하여 작성한다. 예를 들면, 시간소요가 많은 화학 분석치, 알콜농도, 1일 전력소비량 등과 같다.

(1) 합리적인 군분류가 불가능한 경우의 x관리도 ($x - R_S$ 관리도)

이 관리도는 다음과 같은 경우에 R_S 관리도와 병용하여 작성한다.

- 1로트 또는 1배치로부터 1개의 측정치 밖에 얻을 수 없을 때.
- 정해진 공정 로트의 내부가 균일하여 많은 측정치를 얻어도 의미가 없을 때.
- 측정치를 얻는데 시간이나 경비가 많이 들어 정해진 공정으로부터 현실적으로 1개의 측정치 밖에 얻을 수 없을 때.

$x - R_S$ 관리도의 작성방법은 다음과 같다.

① 데이터를 취하는 방법 : 약 $k = 20 \sim 25$군으로부터 각각 한 개씩의 시료를 채취하여 측정한다. 데이터 표에는 품명, 시료의 채취방법, 측정방법 등 보아 넘기기 어려운 원인을 찾는 데 필요하다고 생각되는 사항을 기입해 둔다.

② $\bar{x}$의 계산 : 예비 데이터의 모평균$\bar{x}$를 계산한다.

$$\bar{x} = \frac{x_1 + x_2 + \cdots\cdots + x_k}{k}$$

③ R_S의 계산 : 서로 인접한 두 측정치의 차 R_S(이동범위)를 계산한다.

$$R_S = |(i번째측정치) - (i + 1번째측정치)|$$

④ 이동범위의 평균치 $\overline{R_S}$ 계산 : 이동범위의 수는 $(k-1) = (군의 수 -1)$이다.

$$\overline{Rs} = \frac{R_{S1} + R_{S2+,\ldots,} + R_{S(k-i)}}{k-1} = \frac{\sum Rs}{k-1}$$

⑤ 관리한계선의 계산 : 여기에서 데이터에 의하여 관리한계선으로서 중심선(CL),

관리상한(UCL) 및 관리하한(LCL)을 계산한다.

⑥ x관리도의 중심선(CL)은 $\overline{x}$를 사용하고, R_S관리도의 중심선은 $\overline{Rs}$를 사용하며, x관리도의 관리한계 및 R_S관리도의 관리한계는 다음과 같다.

ⓐ x관리도의 관리한계

$$CL = \overline{x} = \frac{\sum x_i}{k}$$

$$UCL = \overline{x} + 2.66\overline{R}_S$$

$$LCL = \overline{x} - 2.66\overline{R}_S$$

ⓑ R_S관리도의 관리한계

$$CL = \overline{Rs} = \frac{\sum R_S}{k-1}$$

$$UCL = D_4\overline{R}_S = 3.27\overline{Rs}$$

$$LCL = D_3\overline{R}_S = - \text{(고려하지 않음)}.$$

☞ 2.66은 $n = 2$ 일 때 E_2의 값, 3.27은 $n = 2$일 때 D_4의 값이다.

[표 9-2] $x - Rs$ 관리도 자료표(Data Sheet)

제품명칭		Cylinder Block	제조명령번호			기 간	
품질특성			직 장				
측정단위		mm	기준일일생산량			기계번호	
규격한계	상한		시 료	크기	25	작 업 원	
	하한			간격		검 사 원	
규격번호			측정기번호			성 명 인	

일 시	번 호	측정치 x	이동범위 Rs	기 사
1	1	0.88		
2	2	1.43	0.55	
3	3	0.95	0.48	
4	4	1.23	0.28	
5	5	1.18	0.05	
6	6	1.74	0.56	
7	7	1.18	0.56	
8	8	1.11	0.07	
9	9	1.27	0.16	
10	10	1.09	0.18	
11	11	1.12	0.03	
12	12	1.28	0.16	
13	13	1.55	0.27	
14	14	1.11	0.44	
15	15	0.98	0.13	
16	16	1.32	0.34	
17	17	1.19	0.13	
18	18	1.15	0.04	
19	19	1.31	0.16	
20	20	1.39	0.08	
21	21	1.21	0.18	
22	22	1.31	0.1	
23	23	1.16	0.15	
24	24	1.19	0.03	
25	25	1.05	0.14	
합 계		30.38	5.27	
평 균		1.2152	0.2196	

x관리도	R_S관리도
UCL = 1.7992	UCL = 0.7177
LCL = 0.6312	LCL = -0.2786

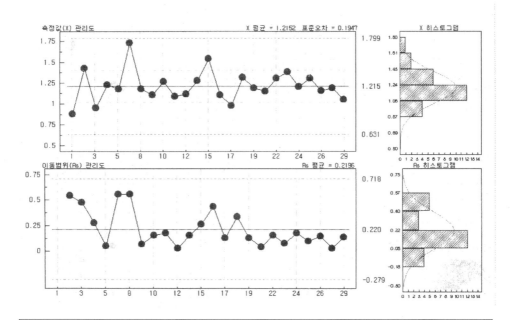

기사 : 관리한계선을 벗어난 점이 없고 점의 배열에 습관성이 없으므로 안정상태이다.

[그림 9-3] $x - Rs$ 관리도

(2) 합리적인 군분류가 가능한 경우의 x관리도 ($x - \bar{x} - R$ 관리도)

$\bar{x} - R$관리도를 적용해도 관리가 되나, 이상원인을 빨리 발견하여 제거하려고 할 경우에 사용한다. 일반적으로 $\bar{x} - R$관리도를 병용하여 사용하므로 $x - \bar{x} - R$관리도라고도 한다. 개개 데이터의 변동은 x관리도로, 군내의 변동은 R관리도로, 군 간의 변동은 $\bar{x}$관리도로 판단할 수 있어 정보를 그 만큼 많이 얻게 된다.

① $x - \bar{x} - R$관리도의 작성방법

위로부터 x관리도, $\bar{x}$관리도, R관리도를 순서대로 그린다. 만일 $n = 4$인 경우 x관리도의 샘플번호, 4와 $\bar{x} - R$관리도의 군 번호 1을 대응시켜, x 관리도에는 개개의 데이터 x를, $\bar{x}$관리도에는 각 군의 평균치 $\bar{x}$를, R관리도에는 각 군의 범위 R을 타점한다.

② x관리도의 관리한계

$$CL = \bar{\bar{x}} = \frac{\sum \bar{x}}{k}, \quad \bar{R} = \frac{\sum R}{k}$$

$$\left. \begin{array}{c} UCL \\ LCL \end{array} \right\} = \bar{\bar{x}} \pm E_2 \bar{R}$$

③ x관리도의 장·단점

x관리도는 데이터가 하나만 나와도 즉시 타점할 수 있어 공정의 상태를 일찍 판정할 수 있기 때문에 조기에 조처를 할 수 있다는 장점이 있다. 그러나 $\bar{x}$관리도에 비해서 공정평균이 상당히 크게 변화하지 않는 한 관리한계 밖으로 점이 나가지 않기 때문에 공정 평균의 변화를 놓쳐 버리기 쉬운 결점을 지니고 있다.

3. 계수치 관리도

계수치 관리도는 관심의 대상이 되는 제품이나 부품의 품질특성을 계수치로 측정 가능할 때 사용되는 관리도이다. 계량치 관리도보다는 민감하지 못하나 계량형으로 관리하기 어려울 때 중요한 통계적 관리 수단이 되고 있다. 이들 계수형 관리도는 이항분포나 포아송분포에 이론적 근거를 두고 있고 부적합품률을 관리하는 p관리도, 부적합품수를 관리하는 np관리도, 부적합수를 관리하는 c관리도, 단위당 부적합수를 관리하는 u관리도가 있다. 이들 관리도 중에 가장 많이 사용되는 관리도는 부적합품률 관리도인 p관리도이다.

그리고 n이 일정하지 않은 경우에는 p관리도를 사용하여 불량개수의 비율, 즉, 부적합품률 p로 하여 쓰면 된다. 만일 p관리도에서 n이 일정한 경우는 np관리도를 사용하면 된다.

3.1 p 관리도

이 관리도는 부적합품률(부적합품수/검사개수)을 품질 특성으로 하여 불량률이 통계적으로 안정되어 있는가를 판정하기 위한 관리도이다. 즉, 이 관리도를 적용하는 목적은 불량률의 변화를 탐지하고, 평균불량률을 추정하며 공정관리나 샘플링검사의 엄격도를 조정하기 위한 것이다. 또한, $\bar{x}- R$관리도 적용을 위한 예비적인 조사분석을 위해 사용될 수 있다.이때 중요한 것은 시료의 크기 n의 수인데, 표본 중에 적어도 1개 이상의 불량품이 포함되도록 시료의 크기를 결정할 필요가 있다. 가능한 한 n이 일정한 것이 좋으나 n이 반드시 일정하지 않아도 된다.

p관리도 작성순서는 다음과 같다.

(1) 자료의 채취 방법

공정의 부적합품률을 예측하여 대에 평균으로 하여 시료군 중에 1~5개쯤의 부적합품수가 포함되는 크기의 시료를 약 20~25군 채취하여 측정한다. 각 시료군의 크기 n를 정할 때는 부적합품률 p를 예상하여 다음과 같이 구한다.

$$np = 1 \sim 5, \ n = \frac{1}{p} \sim \frac{5}{p}$$

자료를 기입하기 위한 자료표에는 품명, 시료의 채취방법, 측정방법 등 보아 넘기기 어려운 원인을 찾는 데 필요하다고 생각되는 사항을 주기한다.

(2) p의 계산

각 시료군의 부적합품률 p를 계산하다.

$$p = \frac{np}{n} = \frac{\text{부적합품 수}}{\text{표본의 크기}}$$

(3) 평균부적합품률 $\bar{p}$의 계산

$$\bar{p} = \frac{\sum np}{\sum n} = \frac{\text{부적합품 수의 합계}}{\text{시료의 합계}}$$

(4) 관리한계의 계산

$$CL = \bar{p} = \frac{\sum np}{\sum n} = \frac{\sum np}{kn}$$

$$\left.\begin{array}{c} UCL \\ LCL \end{array}\right\} = \bar{p} \pm 3 \sqrt{\frac{\bar{p}(1 - \bar{p})}{n}}$$

$$= \bar{p} \pm A \sqrt{\bar{p}(1 - \bar{p})} \qquad \left(\because A = \frac{3}{\sqrt{n}} \right)$$

[표 9-3] p 관리도 자료표(Data Sheet)

제품명칭		브라켓	제조명령번호			기 간	
품질특성			직 장				
측정단위			기준일일생산량			기계번호	
규격 한계	상한		시 료	크기		작 업 원	
	하한			간격		검 사 원 성 명 인	
규격번호			측 정 기 번 호				

일시	로트 번호	시료군의 번 호	시료의 크기 n	부적합품수 np	부적합품률 p(%)	UCL(%)	LCL((%)
1		1	750	5	0.6667	0.0059	2.3890
2		2	600	2	0.3333	-0.1347	2.5296
3		3	814	7	0.8600	0.0537	2.3412
4		4	406	4	0.9852	-0.4220	2.8169
5		5	450	8	1.7778	-0.3408	2.7357
6		6	850	9	1.0588	0.0782	2.3167
7		7	420	9	2.1429	-0.3948	2.7897
8		8	760	6	0.7895	0.0138	2.3811
9		9	500	12	2.4000	-0.2619	2.6568
10		10	595	8	1.3445	-0.1403	2.5352
11		11	807	6	0.7435	0.0488	2.3461
12		12	470	6	1.2766	-0.3077	2.7026
13		13	582	9	1.5464	-0.1552	2.5501
14		14	800	10	1.2500	0.0438	2.3512

15		15	813	7	0.8610	0.0530	2.3419
16		16	798	12	1.5038	0.0423	2.3526
17		17	830	9	1.0843	0.0648	2.3301
18		18	260	8	3.0769	-0.8263	3.2212
19		19	400	4	1.0000	-0.4341	2.8290
20		20	705	10	1.4184	-0.0315	2.4264
합계			12610	151	p 평균(%)	:	1.1975
					p 표준편차(%) :		10.8771

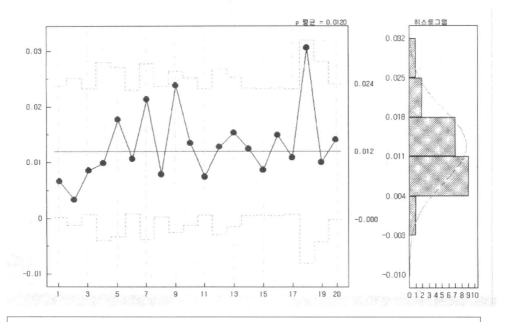

기사 : 관리 한계선을 벗어난 점이 없고 점의 배열에 습관성이 있으므로 안정상태이다.

[그림 9-4] p 관리도

3.2 np 관리도

이 관리도는 부적합품수를 관리항목으로 취급하는 경우로 양호품의 개수나, 2급 품의 수 등 특정한 것의 개수에도 사용할 수 있다. 이 관리도는 시료의 크기 n이 반드시 일정해야 한다는 점이 p관리도와 다른 점이고 작성방법은 거의 동일하다.

np관리도는 p관리도 보다 계산도 간단하고, 표현도 구체적이어서 이해하기 쉬운 장점이 있다.

np관리도의 작성순서는 다음과 같이 된다.

(1) 자료를 수집한다.

(2) 각 군의 부적합품수 np과 평균부적합품수 $n\bar{p}$을 구한다.

$$n\bar{p} = \frac{\sum np}{k}$$

(3) 관리한계를 구한다.

$$CL = n\bar{p} = \frac{\sum np}{k} = \frac{\text{부적합품수 합계}}{\text{군의 수}}$$

$$UCL = n\bar{p} + 3\sqrt{n\bar{p}(1-\bar{p})}$$

$$UCL = n\bar{p} - 3\sqrt{n\bar{p}(1-\bar{p})}$$

단, 평균부적합품률 $\bar{p} = \dfrac{\sum np}{\sum n} = \dfrac{\sum np}{kn} = \dfrac{\text{총부적합품 수}}{\text{총검사 갯수}}$

[그림 9-5]의 np관리도는 [표 9-4]의 np관리도 자료표의 데이터로 작성한 것이다.

[표 9-4] np관리도 자료표(Data Sheet)

제품명칭			제조명령번호			기 간	
품질특성			직 장				
측정단위			기준일일생산량			기계번호	
규격 한계	최 대		시 료	크기	n = 100	작 업 원	
	최 소			간격		검 사 원	
규격번호			측 정 기 번 호			성 명 인	

일 시	로트 번호	시료의 번 호	부적합품수 np	적 요
1		1	3	
2		2	7	
3		3	0	
4		4	2	
5		5	3	
6		6	3	
7		7	1	
8		8	6	
9		9	1	
10		10	3	
11		11	2	
12		12	0	
13		13	1	
14		14	4	
15		15	1	
16		16	5	
17		17	2	
18		18	3	
19		19	4	
20		20	2	
21		21	3	
22		22	5	
23		23	0	
24		24	2	
25		25	4	
합 계				67
평 균				2.6800

p 평균 : 0.0268

UCL : 7.5250

LCL : 0.0000

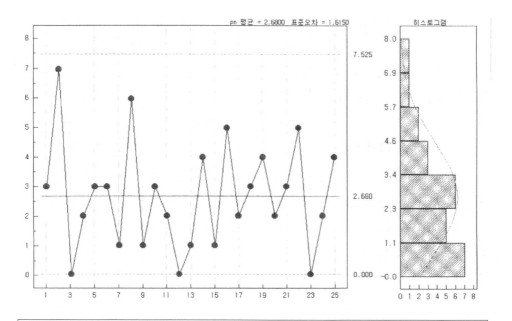

기사 : 관리한계를 벗어난 점이 없고 점의 배열에 습관서이 없으므로 안정상태이다.

[그림 9-5] np 관리도

3.3 c 관리도

c관리도는 일정단위 중에서 발생한 부적합 수, 예를 들면, 일정단위 중에 나타난 홈의 수, 철판에서 발견된 결점수, 어느 일정한 부분의 납땜의 수 등의 품질특성치로서 공정을 관리하고자 할 때 사용한다. 시료의 크기 n이 일정한 경우에는 c관리도를, 시료의 크기 n이 일정하지 않을 경우에는 u관리도를 사용한다.

부적합을 제품이 규격·시방서·도면의 요구사항으로부터 벗어나 있는 개소로 정의하고 있고, 부적합품수에는 적어도 1개 이상의 부적합을 포함한다고 기술하고 있다. 일반적으로 부적합이란 직물·금속·유리제품 등의 표면에 나타나는 홈이나, TV·라디오·자동차 등과 같이 복잡한 조립제품에 나타나는 작업불량개소 등을 의미한다. 그리고 이런 부적합수에 대한 관측치는 포아송 분포를 한다.

c관리도는 다음과 같은 조건을 만족하면 적용가능하다.

첫째, 포아송 분포형의 분포에 따르는 계수치를 관리하는 데 사용하기 때문에 결점이 생길 가능성이 이론적으로 무한하며 둘째, 특정 개소에 결점이 생길 확률이 극히 적은 경우, 셋째 결점 발생 기회의 영역이 동일한 경우에 적용가능하다.

c관리도의 작성순서 및 방법은 다음과 같다.

(1) 자료의 채취방법

일정한 크기의 시료군을 약 20 ~ 25군 채취하여 각 시료군 중의 부적합수 c를 조사한다. 시료군의 크기는 공정의 부적합수를 예측하여 대체 평균으로 하여 시료 중에 1 ~ 5개의 부적합수가 포함되도록 한다. 자료를 기입하기 위한 자료표에는 품명, 시료의 채취방법, 측정방법 등 보아 넘기기 어려운 원인을 찾는데 필요하다고 생각되는 사항을 기록해 둔다.

(2) 시료군 당 평균부적합수를 계산한다.

평균부적합수 $\bar{c} = \dfrac{\sum c}{k}$

단, k는 시료군의 수

(3) 관리한계의 계산

$$\bar{c} = \frac{\sum c}{k} = \frac{\text{부적합수의합계}}{\text{시료군의수}}$$

$$\left.\begin{array}{c} UCL \\ LCL \end{array}\right\} = \bar{c} \pm 3\sqrt{\bar{c}}$$

(4) 관리한계선의 기입

c관리도상에 $\bar{c}$의 값을 가로로 실선으로 기입한다. UCL과 LCL의 값을 각각 가로 점선으로 기입한다. [그림 9-6]의 c관리도는 [표 9-5]의 c관리도 자료표의 데이터로 작성한 것이다

[표 9-5] c관리도 자료표(Data Sheet)

제품명칭			제조명령번호			기 간	
품질특성			직 장				
측정단위			기준일일생산량			기계번호	
규격 한계	상한		시료	크기	1 m²	작 업 원	
	하한			간격		검 사 원	
규격번호			측 정 기 번 호			성 명 인	

일시	로트 번호	시료의 번 호	부적합수 c	적 요
1		1	5	
2		2	4	
3		3	2	
4		4	5	
5		5	7	
6		6	4	
7		7	4	
8		8	5	
9		9	3	
10		10	2	
11		11	3	
12		12	7	
13		13	3	
14		14	2	
15		15	4	
16		16	4	
17		17	5	
18		18	5	
19		19	3	
20		20	5	
21		21	7	
22		22	2	
23		23	6	
24		24	9	
25		25	5	
합 계			111	UCL : 10.7614
평 균			4.4400	LCL : 0.0000

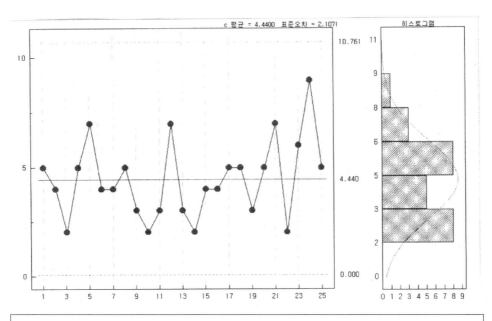

기사 : 이 관리도는 관리한계를 벗어난 점이 없고 배열에 습관성이 없으므로 안정상태이다.

[그림 9-6] c관리도

3.4 u 관리도

u관리도는 단위당 부적합수 관리도라고 하며, 관리 항목은 직물의 얼룩, 에나멜선의 바늘구멍, 홈, 핀홀(pinholes) 혹은 어떤 완성된 기계류 조립품 등의 조립불량, 부적격개소 등과 같이 제품에 있는 모든 결점의 수를 관리할 때 사용한다. 검사하는 시료의 면적이나 길이 등 시료크기가 일정하지 않은 경우에 사용한다.

u 관리도의 작성방법은 다음과 같다.

(1) 자료의 채취방법

약 20~25의 시료를 채취하여, 시료의 크기(면적, 길이, 시간 등)와 시료 중의 결점수를 조사한다. 시료의 크기는 공정의 부적합수를 예측하여, 대체로 평균으로서 시료 중에 1~5개의 부적합수가 포함되도록 한다.

(2) u의 계산

부적합수 c를 시료의 크기 n으로 나누어, 단위당의 부적합수를 구한다.

$$u = \frac{c}{n} = \frac{부적합수}{단위의수}$$

(3) 점의 기입

u의 수를 표시하는 점을 준비한 관리도용지에 기입한다.

(4) 관리선의 계산

u의 약 20~25점 기입했으면, 그때까지의 자료에 대하여 관리선으로서 중심선 및 관리상한(UCL)과 관리하한(LCL)의 계산을 한다. 중심선으로서는 u의 평균 $\bar{u}$를 계산한다.

$$CL = \bar{u} = \frac{\sum c}{\sum n}$$

$$\left.\begin{array}{c} UCL \\ LCL \end{array}\right\} = \bar{u} \pm 3\sqrt{\frac{\bar{u}}{n}}$$

(단, 음의 값이 될 경우에는 고려치 않음)

(5) 관리선의 기입

u관리도 상에 $\bar{u}$의 값을 가로 실선으로 기입한다. UCL과 LCL의 값을 각각 가로 점선으로 기입한다.

[그림 9-7]의 u관리도는 [표 9-6]의 u관리도 자료표의 데이터로 작성한 것이다.

[표 9-6] u관리도 자료표(Data Sheet)

제품명칭	동선	제조 명령 번호		기 간	
품질특성		직 장			
측정방법		기준일일생산량		기계번호	
규격		시료 채취 간격		작 업 원	
한계		측 정 기 번 호		검 사 원	
규격번호				성 명 인	

일시	로트 번호	시료의 번 호	시료의 크기 n	부적합수	단위당 부적합수	UCL	UCL
1		1	1	2	2.0000	9.7243	0.0000
2		2	1	3	3.0000	9.7243	0.0000
3		3	1	2	2.0000	9.7243	0.0000
4		4	1	5	5.0000	9.7243	0.0000
5		5	1	7	5.8333	9.2119	0.0000
6		6	1	3	2.5000	9.2119	0.0000
7		7	1	6	5.0000	9.2119	0.0000
8		8	1	7	5.3846	9.0013	0.0000
9		9	1	5	3.8462	9.0013	0.0000
10		10	1	3	2.3077	9.0013	0.0000
11		11	1	2	2.0000	9.7243	0.0000
12		12	1	4	4.0000	9.7243	0.0000
13		13	1	6	6.0000	9.7243	0.0000
14		14	1	5	3.5714	8.8136	0.0000
15		15	1	7	5.0000	8.8136	0.0000
16		16	1	8	5.7143	8.8136	0.0000
17		17	2	8	4.7059	8.3538	0.0000
18		18	2	6	3.5294	8.3538	0.0000
19		19	2	4	2.3529	8.3538	0.0000
20		20	2	5	2.9412	8.3538	0.0000
합 계			25	98			
평 균					3.8431		

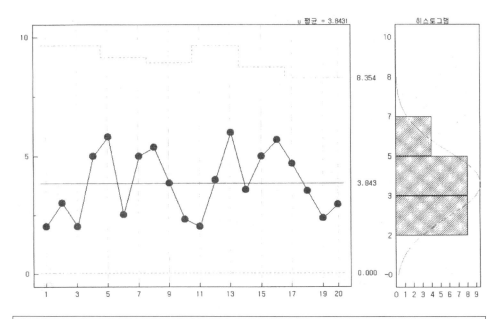

기사 : 이 관리도는 관리한계를 벗어난 점이 없고 점의 배열에 습관성이 없으므로 안정상태이다.

[그림 9-7] u 관리도

4. 관리도의 해석

4.1 관리도의 통계적 특성

관리도는 중심선(CL)을 기점으로 $\pm 3\sigma$의 거리에서 관리상한(UCL)과 관리하한(LCL)을 설정하고 있는데 이것은 품질변동이 정규분포를 따르고 있다는 가정 하에서 통계적 확률을 [그림 9-8]에서 나타내고 있다. 이러한 개념은 $\bar{x}$ 관리도와 x 관리도에 적용할 수 있으며 이를 위하여 관리도를 1σ 간격으로 6개의 영역으로 나눈다. 중심선에 대하여 대칭적으로 영역을 A, B, C, C, B, A로 지정한다.

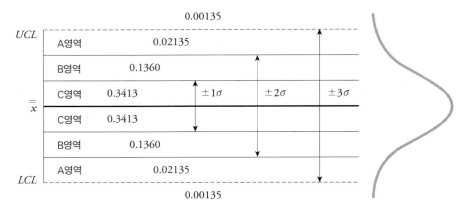

[그림 9-8] $\overline{x}$ 관리도에서의 **통계적 확률개념**

4.2 관리도를 보는 방법

　정상적인 점의 움직임에 관한 제일의 성질은 플롯된 점이 랜덤하게 흩어지며, 우연의 법칙에 따르고 있다는 것이다. 즉, 그들의 점에 특별한 규칙성이나 순서가 인정되지 않는 것이다.

　관리도에 의한 검정의 이론적 기초는 관리도가 본질적으로 시료분포의 모양이라는 데 있다. 관리도는 일련의 시료의 값, 즉 통계량에 의해 이루어지는데, 만약 그들의 값이 순차로 플롯하는 대신에 한곳에 모이면 분포의 형이 이루어진다.

　이의 예를 [그림 9-9]에서 표시된다.

　따라서, 시료분포에서는 많은 측정치가 그 중심의 주위에 집결하는 경향이 있으므로 관리도상의 각 점의 대부분이 중심선 근처에 있는 것이 정상이다.

　이들의 정상적인 점의 움직임의 성질을 요약하면 다음과 같다.

　① 많은 점이 중심선 가까이에 있다.

　② 소수의 점이 관리한계 가까이에 있다.

　③ 관리한계를 벗어난 점은 거의 없다.

이상의 세 가지 조건이 동시에 만족되었을 때 공정은 관리상태에 있다고 판정한다. 관리상태(안정상태)라는 것은 공정에 있어서 관리 특성의 분포 평균치나 산포도 모두 시간적으로 아무런 변화가 없는 상태를 말한다.

(1) 점이 관리한계선을 벗어나지 않는다(관리이탈이 없다).

(2) 점의 배열에 아무런 **습관성**이 없다.

　단, 여기서 **습관성**이라는 것은 런(run), 경향(trend), 주기성(cycle) 등을 말한다.

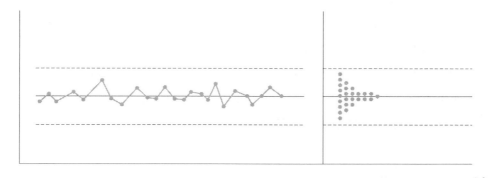

[그림 9-9] **관리상태의 산포**

(1)의 기준에서는 다음과 같은 공정은 안정상태에 있다고 판단한다.

　① 연속 25점 모두 관리 한계 내에 있는 경우

　② 연속 35점 중 한계를 벗어나는 점이 1점 이내일 경우

　③ 연속 100점 중 한계를 벗어나는 점이 2점 이내일 경우

(2)의 기준은 보충적인 것으로서 한계 안에 있는 점을 보는 방법이다. 점의 배열의 습관성은 아래와 같은 경우를 말한다.

　① 런이 나타난 경우

　② 경향이나 주기성이 나타난 경우

　③ 중심선의 한쪽에 점이 많이 나타날 경우

　④ 점이 관리한계선에 접근하여 여러 개 나타난 경우

4.3 점의 배열의 습관성 판정

(1) 런(run)

중심선의 한쪽에 연속해서 나타난 점을 런이라 하며, 런의 길이란 한쪽에 연이은 점의 수를 말한다. 런이 발생할 확률은 $\left(\dfrac{1}{2}\right)^{Run길이 + 1}$ 이 된다.

예를 들면, 길이 5의 Run이 나타날 확률은 $\left(\dfrac{1}{2}\right)^{5 + 1}$ 이 된다.

① 길이 5의 런에서는 공정의 진행에 주의를 해야 한다.

② 길이 6의 런에서는 조치(action)의 준비를 한다.

③ 길이 7의 런에서는 조치(action)를 취한다.

런의 수란 하나의 점의 계열 전체를 통해서 나타난 런의 개수를 말한다.

종전에는 슈하트 판정을 기초로 길이 7의 런을 비관리상태로 판정하고 있으나 KS A ISO 8258 : 2008 슈하트 관리도에서는 길이 9의 런에서 비관리상태의 판정을 한다.

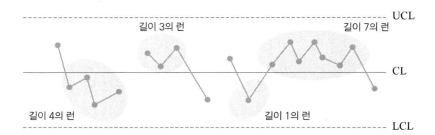

[그림 9-10] 런

(2) 경향(trend)

절삭공구가 점차 마모되어 부품의 치수가 크게 깎인다든가, 촉매가 차차 열화되어 생산량이 감소되었을 경우와 같은 때에는 관리도를 그려나가면 점의 상승 또는 하강의 경향을 나타난다. [그림 9-11] 길이 6의 상승, 길이 7의 하강의 예를 보인다.

길이 6이상 연속 상승, 하강의 경향이 나타나면 비관리상태로 판정한다. 또한 연속

11점 중 10점의 상승, 하강 경향을 갖는 경우 비관리상태로 판정하여 조처를 취한다.

연속 6점 상승   연속 7점 하강

파동을 나타내는 경향

[그림 9-11] **경향**

(3) 주기(cycle)

점이 주기적으로 상하로 변동하여 파형을 나타내는 경우를 말하는 데, 이런 경우에는 관리상태라고 할 수 없다. 주기적인 변동에는 주기의 대소에 따라서 대파, 중파, 소파의 주기가 있다.

주기의 해석은 시계열적인 분석방법으로 할 수 있으나 이는 계산이 복잡하므로 관리도에서는 주기의 크기를 개략적으로 판단할 수 있으며, 주기성이 나타나면, 주기적인 변동의 원인이 무엇인가를 원인조사 및 분석을 하여야 한다. 그 외에도 데이터를 수집하고, 분석하는 단계를 재검토해 볼 필요가 있다.

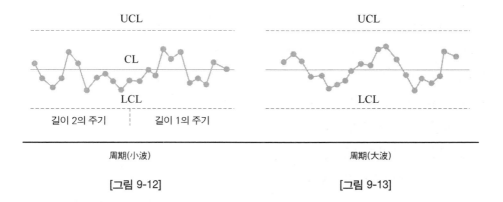

UCL   UCL

CL

LCL   LCL

길이 2의 주기 ┊ 길이 1의 주기

周期(小波)   周期(大波)

[그림 9-12]   [그림 9-13]

(4) 중심선 한쪽기준으로 점이 관리한계선에 접근(2σ와 3σ사이)

관리상태의 분포에서 생각해 보면 점이 관리한계 가까이 나타날 확률은 아주 적다. 따라서 점이 한계 근처에 잇따라 나타날 수 있는 확률은 더욱 적으므로 다음과 같은 경우에는 무엇인가 이상 원인이 생겼다고 판단할 수 있다.

① 연속된 3점 중 2점 이상
② 연속된 7점 중 3점 이상
③ 연속된 10점 중 4점 이상

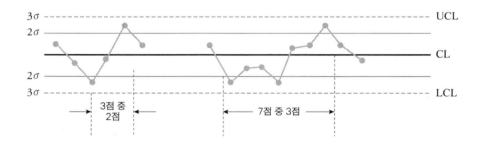

[그림 9-14] 점이 관리한계선에 접근해서 나타나는 경우

4.4 공정의 비관리상태 판정(KS A ISO 8258)

KS A ISO 8258 : 2008의 슈하트 관리도에서는 점의 형태를 해석하기 위해서 [그림 9-15]에서 8가지의 기준을 소개하고 있다. 판정규칙을 정할 때는 공정의 처해진 상황이나 조건에 맞게 공저의 고유변동을 고려하여 결정하는 것이 바람직하다.

① 1점이 영역 A를 넘고 있다.
② 9점이 중심선에 대하여 같은 쪽에 있다.
③ 6점이 연속적으로 증가 또는 감소하고 있다.
④ 14점이 교대로 증감하고 있다.
⑤ 연속하는 3점 중 2점이 중심선 한쪽으로 영역 A 또는 넘는 영역에 있다.
⑥ 연속하는 5점 중 4점이 중심선 한쪽으로 영역 B 또는 넘는 영역에 있다.

⑦ 연속하는 15점이 C(±1σ)영역 내에 존재한다.

⑧ 연속하는 5점이 영역 C(±1σ)를 벗어나는 영역에 있다.

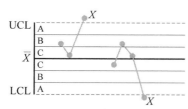

기준 1: 1점이 영역 A를 넘고 있다.

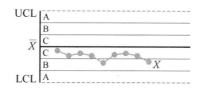

기준 2: 9점이 영역 C에 있거나 또는 중심선에 대하여 같은 쪽에 있다.

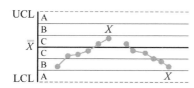

기준 3: 6점이 꾸준히 증가 또는 감소하고 있다.

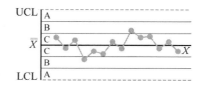

기준 4: 14점이 교대로 증감하고 있다.

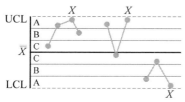

기준 5: 연속하는 3점 중 2점이 영역 A 또는 그것을 넘은 영역에 있다.

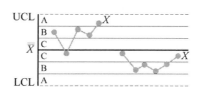

기준 6: 연속하는 5점 중 4점이 영역 B 또는 그것을 넘은 영역에 있다.

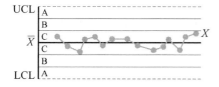

기준 7: 연속하는 15점이 영역 C에 존재한다.

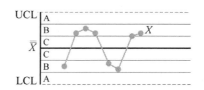

기준 8: 연속하는 8점이 영역 C를 넘은 영역에 있다.

[그림 9-15] 8가지 비관리상태 판정기준

4.5 군간변동과 군내변동

제품품질의 산포를 기술적으로 나누어 생각해보면 $\bar{x} - R$관리도에서는 로트 내의 산포는 군내의 변동으로, 로트 간의 산포는 군간의 변동으로 나타난다.

군내변동이란 관리도를 작성할 경우 데이터를 군으로 나누었을 때의 하나의 시료군 속의 산포를 의미한다. 따라서 군 구분의 방법을 바꾸면 군내변동의 크기와 군내변동의 기술적인 의미도 달라지므로, 여러 가지로 군 구분의 방법을 바꾸었을 때 군내변동, 군간변동이 기술적으로 어떤 원인에 의한 산포인가를 확실히 파악하는 일은 대단히 중요하다.

$\bar{x} - R$관리도를 사용하면 공정의 산포를 군내변동과 군간변동의 2가지로 분해할 수 있고, 다음과 같이 각각을 수량적으로 파악할 수 있게 된다.

공정평균에 변화가 없는 공정에 있어서 실제로 측정하여 얻은 데이터는 모평균 μ의 주위에 , 공정상 피할 수 없는 원인에 의한 변동이나 샘플링, 측정오차 등이 합쳐져서 산포하고 군번호 i의 제 j 번째 샘플의 값은 $x_{ij} = \mu + z_{ij}$로 나타낼 수 있고, μ의 주위에 $\dfrac{\sigma_w^2}{n}$ 의 분산을 갖고 분포함을 알 수 있다.

$$\sigma_{\bar{x}}^2 = \frac{\sigma_w^2}{n}$$

로 되며, $\bar{x}$는 군내변동만 산포한다.

공정에 변화가 생길 때 군 번호 i와 j번째 시료의 값 x_{ij}와 i군의 평균 $\bar{x_i}$는

$$x_{ij} = \mu + \alpha_i + e_{ij,}$$
$$\bar{x_i} = \mu + \alpha_i + \bar{e}_i,$$

가 된다. 여기서 α_i는 공정평균의 이동을 나타낸다.

$\bar{x}$의 변동 $\sigma_{\bar{x}}^2$은 공정평균의 변동인 **군간(급간)변동**(σ_b^2),과 **군내(급내)변동**(σ_w^2)이 가해져서

$$\sigma_{\bar{x}}^2 = \sigma_b^2 + \frac{\sigma_w^2}{n}$$

이 된다.

다음은 $\bar{x}$의 변동 $\sigma_{\bar{x}}^2$의 추정은 다음과 같다.

① $\bar{x}$관리도를 이용하면, $\widehat{\sigma_{\bar{x}}^2} = \dfrac{\sum(\bar{x} - \bar{\bar{x}})^2}{k-1}$

② R_S관리도를 사용하면, $\widehat{\sigma_{\bar{x}}^2} = \left(\dfrac{\overline{R_s}}{d_2}\right)^2 = \left(\dfrac{\overline{R_s}}{1.128}\right)^2$, 단, $\overline{R_S} = \dfrac{\sum R_S}{k-1}$

• $\bar{x}$관리도의 한계

$$\left.\begin{array}{l} UCL \\ LCL \end{array}\right\} = \bar{\bar{x}} \pm A_2 \overline{R} = \bar{\bar{x}} \pm \dfrac{3}{\sqrt{n}} \cdot \dfrac{\overline{R}}{d_2} = \bar{\bar{x}} \pm 3 \times \dfrac{\sigma_x}{\sqrt{n}}$$

• R관리도의 한계

$$\left.\begin{array}{l} UCL \\ LCL \end{array}\right\} = \overline{R} \pm 3 \dfrac{d_3}{d_2} \overline{R}$$

여기서 $\dfrac{\overline{R}}{d_2}$는 x의 산포 σ_x의 추적성 $\widehat{\sigma_x}$(군내 변동이라 하여 $\widehat{\sigma_w}$로 표시)를 나타내는 것으로 생각되므로 $\bar{x}$관리도에는 R에 의해 결정되는 관리한계선, 즉, 군내변동을 기초로 계산한 관리한계선이 있다. 따라서 $\bar{x}$관리도에서는 주로 군내변동(σ_w)을 기준으로 하여 군간의 산포(σ_b)의 크기를 감시하고 있다고 생각할 수 있다.

그러나 다음 식에서와 같이 $\bar{x}$ 점의 움직임에는 σ_w^2/n이 들어 있으므로 군내변동이 커질 때에도 $\bar{x}$의 움직임은 커진다.

$$\sigma_w = \dfrac{\overline{R}}{d_2}, \quad \sigma_w^2 = \left(\dfrac{\overline{R}}{d_2}\right)^2$$

$$\sigma_{\bar{x}}^2 = \sigma_b^2 + \dfrac{\sigma_w^2}{n}$$

$$\sigma_b^2 = \sigma_{\bar{x}}^2 - \dfrac{\sigma_w^2}{n}$$

$$\sigma_w^2 = (\sigma_{\bar{x}}^2 - \sigma_b^2) \times n$$

$\sigma_{\bar{x}}$는 $\bar{x}$관리도의 산포이며 $\sigma_b = 0$이면 , $\sigma_{\bar{x}} = \dfrac{\sigma_w}{\sqrt{n}} = \dfrac{\overline{R}}{d_2} \cdot \dfrac{1}{\sqrt{n}} = \dfrac{\sigma_w}{\sqrt{n}}$ 이 되며 이 것은 모분산이 σ_w^2인 모집단으로부터 랜덤으로 n개 취한 시료평균의 산포에 지나지 않는다. 따라서 $\bar{x}$관리도에서 한계를 벗어나는 점이 많을수록 $\bar{x}$의 변동 $\hat{\sigma}_{\bar{x}}^2$ 는 크게 된다. 즉, 군내변동 σ_w^2은 일정하고 군간변동 σ_b^2이 크게 된다.

다음 식으로 표시되는 C_f를 **관리계수**라 한다.

$$C_f = \frac{\sigma_{\bar{x}}}{\sigma_w}$$

$\sigma_{\bar{x}}$대신에 σ_H (히스토그램으로부터 구한 표준편차 s를 σ_H로 쓴다)를 사용할 수도 있다. 이 C_f에 대하여

$C_f > 1.2$: 급간변동이 크다.

$1.2 > C_f > 0.8$: 대체로 관리상태로 본다.

$0.8 > C_f$: 군구분이 나쁘다.

과 같이 관리상태 판정의 기준으로 사용되기도 하나 최근에는 그다지 사용하지 않는다.

관리상태이면 σ_w에 비해 σ_b는 현저하게 작게 되고, 안전한 관리상태에서는 $\sigma_b \fallingdotseq 0$ 이 된다. 관리상태에 있지 않으면 σ_b는 매우 큰 값이 된다.

히스토그램에서 구한 전체의 데이터의 산포를 σ_H^2으로 표시하여 보면

$$\sigma_H^2 = \sigma_w^2 + \sigma_b^2$$
$$\sigma_b^2 = \sigma_H^2 - \sigma_w^2$$
$$\sigma_w^2 = \sigma_H^2 - \sigma_b^2$$

따라서 σ_w^2, σ_b^2, σ_H^2 간의 관계는 $n\sigma_{\bar{x}}^2 \geqq \sigma_H^2 \geqq \sigma_w^2$ 가 된다.

또한, **완전 관리상태** 즉, $\sigma_b = 0$인 경우에는 $n\sigma_{\bar{x}}^2 = \sigma_H^2 = \sigma_w^2$이 된다.

예제 1 다음의 데이터로서 $\bar{x} - R$관리도의 군간 변동(σ_b)을 구하라. 시료의 크기는 5개씩이며, $\overline{R_S} = 0.59$, $\overline{R} = 0.19$, $n = 2$일 때의 $d_2 = 1.128$, $n = 5$때의 $d_2 = 2.326$이다.

[풀이] 군내변동 $\sigma_w = \dfrac{\overline{R}}{d_2} = \dfrac{1.59}{2.326} = 0.6836$, $\sigma_{\bar{x}} = \dfrac{\overline{R_S}}{d_2} = \dfrac{0.59}{1.128} = 0.5230$이므로

군간변동 $\sigma_b^2 = \sigma_{\bar{x}}^2 - \dfrac{\sigma_w^2}{n} = (0.5230)^2 - \dfrac{(0.6836)^2}{5} = 0.18007$

$\therefore \sigma_b = \sqrt{0.18007} = 0.4243$

예제 2 R 관리도가 안정상태에 있고 $\overline{R} = 31.8$이었다. 관리도를 작성한 전체 데이터로 히스토그램을 작성하여 표준편차를 계산한 값이 19.5이다. 군간산포 σ_b는 얼마인가? 단, $n = 5$이고 $d_2 = 2.326$이다.

[풀이] 군내변동(σ_w) $= \dfrac{\overline{R}}{d_2} = \dfrac{31.8}{2.326} = 13.6715 = 13.6715$

따라서 $\sigma_b^2 = \sigma_H^2 - \sigma_w^2 = (19.5)^2 - (13.67)^2 = 193.3811$

$\therefore \sigma_b = \sqrt{193.3811} = 13.9062$

01 $\bar{x}$관리도에서 $UCL = 75$, $LCL = 63$, $A_2 = 1.55$, $\sum R = 24$, $k = 25$이다. $\bar{\bar{x}}$는 얼마인가?

02 x관리도에서 합리적인 구구분이 불가능할 경우 $k = 25$, $\sum x = 320$, $\sum R_s = 15$ 일 때 LCL의 값은 얼마인가?

03 A공정에서 아침, 점심, 저녁 간 3회씩, $n = 3$의 부분군으로 한 달 동안 $k = 25$의 데이터 를 수집하여 $\bar{x}$관리도를 작성하였다. 그 결과 $UCL = 104$, $LCL = 60$이라고 파악되 었다. 이 공정의 $\bar{\bar{x}}$와 $\bar{R}$를 계산하라. (단, $A_2 = 1.023$임)

04 샘플의 크기 $n = 5$, 군의 수 $k = 25$로 샘플을 취해 $\bar{\bar{x}} = 40$, $\bar{R} = 7$이다. $\bar{x}$관리도의 관리한계를 설정하라.

n	d_2
4	2.059
5	2.326

05 $\overline{x}$ 관리도에서 $UCL = 80$, $LCL = 64$일 때 이 공정의 표준편차 σ는 얼마인가?(단 $n = 4$일 때 $d_2 = 2.059$임)

06 $n = 64$인 p 관리도에서 $\overline{p}$의 값이 0.07이라면 UCL 몇 %인가?

07 p 관리도에서 $\sum n = 280$, $\sum np = 76$, $n = 50$인 관리도에서 LCL은 얼마인가?

08 다음은 부적합수 c 관리도 데이트시트를 이용하여 부적합 관리도의 관리한계를 설정하라.

로트번호	1	2	3	4	5	6	7	8	9	10
부적합수	5	7	5	3	7	4	5	3	5	12
합계										56

09 다음은 부적합품수 데이터를 가지고 np 관리도를 작성하고자 한다. 관리한계를 설정하라.

로트번호	1	2	3	4	5
검사개수	300	300	300	300	300
부적합품수	7	10	5	5	6

10 $\overline{x}$관리도에서 3σ를 적용하는 경우 평균이 관리된 상태하에서 평균런길이(average run length)는 얼마인가?

11 1,000m의 경강선을 검사한 결과 핀홀이 8개 나왔다. 50m당 핀홀수를 구하면 얼마인가?

12 가공공정의 치수를 $\overline{x}$관리도로 작성해 본 결과 $UCL = 52.90$, $LCL = 47.44$이고 $\overline{R} = 3.54$일 경우 표본의 크기 n은 얼마인가?

n	A_2	D_4
3	1.023	2.575
4	0.729	2.282
5	0.577	2.115
6	0.483	2.004

13 $n = 50$인 p관리도에서 $\overline{p}$의 값이 0.05라면 UCL은 몇 %인가?

제10장

측정시스템

1. 측정시스템의 개요

1.1 측정시스템의 정의

측정시스템(measurement system)이란 측정값을 얻기 위하여 사용되는 작업, 절차, 계측기 및 다른 장비, 소프트웨어 그리고 사람의 집합으로 구성된다. 즉 측정시스템은 측정값을 얻기 위해 사용된 전체공정을 말한다. **측정**(measurement)이란 특정한 성질에 관하여 물질들 사이의 관계를 나타내기 위해서 물질에 수치를 부여하는 것을 말하며 (C.Eisenhart), 수치를 부여하는 공정을 측정공정(measurement process), 부여된 값을 측정값(measurement value)라 한다. '계량', '측정'과 같은 뜻으로 쓰인다. 측정 공정은 산출물에 대해 데이터를 부여하는 제조공정으로 간주된다. 측정시스템을 이와 같이 간주하는 것은 측정된 데이터는 통계적 공정관리(statistical process control : SPC) 영역에서 이미 유용하게 사용되기 때문에 정확한 데이터의 수집이 중요하다. 따라서 정확한 데이터를 수집하기 위해서는 합리적인 측정시스템을 확보하여야 한다. 이를 위해서는 측정과정을 미리 조사하고 오차가 최소화 될 수 있는 측정환경을 구축하고, 훈련된 측정자에 의한 올바른 측정을 해야 한다.

1.2 측정시스템의 정비

(1) 측정시스템 정비의 효과 및 목적

① 제품의 품질·안전성의 유지·향상

② 검사계측작업의 합리화

③ 관리업무의 효율화

④ 계측관리에 대한 종업원의 이해·관심의 고취

⑤ 산업(표준)규격·해외안전규격·품질인증 등에 대한 관리체제의 충실

(2) 계측관리의 내용

① 계측관리의 개념 : 생산 공정에서 품질특성을 계측하는데 필요한 적정 계측기를 선정·정비하여 그 정밀도를 유지하고 계측방법의 개선과 적정실시에 필요한 조치를 취하는 것이다.

② 계측관리의 목적
- 측정·검사·평가의 정밀·정확성 확보
- 불량률 감소
- 품질향상
- 원가절감
- 생산성 향상
- 최종 제품의 신뢰성 확보

(3) 측정단위(계량 및 측정에 관한 법률 제5조 인용)

측정단위란 계량 및 측정의 기준이 되는 단위를 말하며, 측정단위는 기본단위, 보충단위, 유도단위, 보조단위 및 특수단위로 구분한다.

① 기본단위

양	길이	질량	시간	전류	온도	물질량	광도
명칭	미터	킬로그램	초	암페어	켈빈	몰	칸델라
기호	m	kg	s	A	K	mol	cd

② 보충단위 : ●평면각의 라디안(rad), ●입체각의 스테라디안(sr)

③ 유도단위 : 기본단위 및 보충단위의 조합에 의하여 유도되는 단위

④ 보조단위 : 사용의 편의상 기본단위, 보충단위 및 유도단위의 배량 또는 분량을 표시하는 단위와 국제도량형총회에서 병용하여 사용할 수 있도록 결정한 단위

⑤ 특수단위 : 특수한 계량 및 측정의 용도에 쓰이는 단위

(4) 측정의 기본방법

① 직접측정 : 피측정물과 측정기기가 서로 접촉하여 측정하는 방법을 말한다. 즉, 측정하고자 하는 부품에 측정기를 직접 접촉시켜 눈금을 보는 방법이다.

② 비교측정 : 이미 알고 있는 시험편과의 차이를 구하여 치수를 아는 방법이다. 즉, 다이얼게이지나 전기마이크로미터, 공기마이크로미터 등과 같이 기준 치수로 되어 있는 표준제품을 측정기로 비교하여 지침이 지시하는 눈금의 차를 읽는 방법이다. 이 비교측정을 상대측정이라고도 한다.

③ 간접측정 : 나사기어 등과 같이 형태가 복잡하여 구조적으로 직접측정이 불가능한 경우 일부의 특성을 측정하여 추정하는 방법으로 예를 들면 sinebar에 한 각도 측정이나 블록 게이지에 의한 테이퍼 측정 등이 있다.

(5) 계량형 및 계수형 측정시스템의 비교

계량형 측정시스템	계수형 측정시스템
① 1회 관측에 수반하는 정보의 가치가 높다. ② 충분한 정보를 얻는데 소요되는 관측횟수가 적다.	① 계측기의 원가가 낮다. ② 작업원의 숙련도가 낮아도 좋다. ③ 사용속도가 빠르다. ④ 데이터의 기록이 간단하다. ⑤ 1회 관측에 수반하는 총비용이낮다.

1.3 추적성을 가진 표준(traceable standards)

(1) 표준의 분류체계(hierachy of standards)

① 국가표준(the national standards)

분류체계상 최상위 수준에 있는 표준, 일반적으로 국가기관에 의하여 유지된다. 국가표준을 유지하는 국가기관은 교정(calibration) 절차를 사용하여 측정값(measurements)을 다른 측정시스템으로 전환(transfer)한다. 전환과정(transfer process)은 일반적으로 계층적으로 이루어진다.

② 일차표준(a primary standards)

- 국가표준으로부터 다음 수준의 표준으로 측정값이 전환된 것, 국가표준을 유지하는 국가기관에 의하여 최신의(state-of-the-art) 교정절차만을 사용하여 측정값이 일차표준으로 전환되어야 한다.
- 일차표준은 연구기관, 정부기관 등 이를 소유하고 있는 기관과 국가표준사이를 직접적으로 연결하는 역할을 한다.
- 다른 측정시스템을 정기적으로 교정하기 위하여 일차표준을 사용하는 경우도 있다.

(다) 이차표준(secondary standards)

일차표준을 사용하는 기관에 의하여 일차표준으로부터 다음 수준의 표준으로 측정값이 전환된 것, 이차표준이 추적가능(traceable)하도록 적절한 교정절차를 사용하여 측정값이 전환되어야 한다.

① 개인기업이 일차 및 이차표준을 소유하는 경우도 있으며(이 경우에는 회사표준(company standards)이라고도 한다), 회사표준은 회사 내의 계측기 관리부서(metrology department)에서 보전하고 사용한다.
② 일차표준 또는 이차표준은 교정검사기관에서 사용하는 기준기 또는 표준물질을 말한다.

(라) 작업표준(working standards) 또는 생산표준(production standards)

① 이차표준으로부터 다음수준의 표준으로 측정값이 전환된 것이다.
② 일반적으로 생산시설에 있는 측정시스템을 교정하기 위하여 사용되며, 흔히 생산부 직원이 보전한다.

2. 측정시스템의 통계적 성질

2.1 측정오차

(1) 오차

측정할 때 피측정물을 어느 결정된 값을 가지고 있는데, 이 값을 참값이라고 한다. 이 때 측정값과 참값의 차이를 오차라고 한다.

① 오차 = 측정값 — 참값

② 오차율 = 오차/참값 또는 오차백분율(%) = 오차율×100

(2) 오차가 생기는 원인

① 측정기 자체에 의한 것 (기기오차)

② 측정자에 의한 오차 (개인오차)

③ 외부에 의한 원인

- 되돌림 오차
- 접촉오차
- 시차(視差)
- 온도
- 측정력이 적당하지 않은 경우
- 긴 물체의 휨에 의한 오차
- 진동에 의한 경우
- 측정기를 잘못 선택한 경우

(3) 측정오차의 종류

① 개인오차(과실오차)

측정하는 사람에 따라 생기는 오차로 측정절차의 잘못, 측정값의 오판독, 계측기의 취급 부주의 등으로 생기는 오차로 측정자의 숙련도에 따라 줄일 수 있다.

② 계통오차(교정오차)

이 오차는 동일 측정 조건하에서 같은 크기와 부호를 갖는 오차로 보정하여 측정값을
수정할 수 있다. 이와 같이 측정기의 보정을 구하는 것을 교정이라고 한다. 측정치가 미
리 검사함으로써 수정할 수 있다.

계통오차의 종류
• 계기오차 : 계측기의 구조상에서 일어나는 마모, 열화 등
• 환경오차 : 측정장소의 환경영향에 의한 차이
• 이론오차 : 복잡한 이론식 대신 간이식의 사용
• 개인오차 : 측정자의 고유한 습관, 측정능력 등

③ 우연오차(자연오차)

기온의 미세한 차에 의한 변동, 계측기의 미세한 진동, 계측기 접촉부의 전기저항의
변화 등으로 측정기, 측정물 및 환경 등 원인을 파악할 수 없어 측정자가 보정할 수 없는
오차로서 측정값에 산포로 나타낸다.

2.2 측정 데이터의 품질

측정데이터의 품질은 안정상태에서 수행되는 측정시스템에서 얻어진 복수의 측정값
의 통계적 성질, 주로 편의(bias)및 분산(variance)과 관련되어 있다. 편의란 참값에 대한
데이터의 위치를 나타내며, 분산은 데이터가 흩어진 정도를 의미한다.

만일, 모든 측정값이 그 특성의 참값에 근접한다면 데이터의 품질이 좋아진다고 할
수 있다. 즉, 측정데이터의 통계적 성질에 의하여 측정시스템의 품질이 결정된다.

측정데이터에 너무 많은 변동(variation)이 존재하면, 측정데이터의 품질수준은 낮아
진다. 측정데이터에 존재하는 변동은 측정시스템 및 그것이 사용된 환경과의 상호작용
에 의하여 생긴다. 만일 교호작용이 과다한 변동을 유발한다면 데이터의 유용하지 않을
정도로 데이터의 품질수준은 낮아진다. 이런 측정시스템의 변동이 제조공정의 변동을
유발하므로 제조공정 분석에 사용한다는 것은 부적합하다고 할 수 있다. 따라서 데이터

의 품질개선을 위해서는 측정시스템의 개선이 요구된다.

2.3 측정시스템이 갖추어야 할 통계적 성질(statistical properties)

각 측정 시스템이 다른 통계적 성질들을 갖는 것이 요구될 수 있지만, 모든 측정시스템들은 다음과 같은 통계적 성질을 가져야 한다.

① 측정시스템은 통계적 관리상태에 있어야 한다. 측정시스템의 변동은 특별원인에 의한 것이 아니라, 일상원인에만 의한 것임을 말한다. 측정시스템의 통계적 관리상태는 통상 관리도를 사용하여 판단한다.

② 측정시스템의 변동성(variability)은 공정변동성(process variability)과 비교하여 작아야 한다.

③ 측정시스템의 변동성은 규격한계(specification limits)보다 작아야 한다.

④ 측정시스템의 측정단위(increments of measure)는 공정변동이나 규격한계 중 작은 것의 1/10 보다 커서는 안 된다.

⑤ 측정시스템의 통계적 성질들은 측정된 항목이 변화함에 따라 변할 수 있다. 만일, 측정시스템의 최대의 변동은 공정변동 또는 규격한계 중의 작은 것보다 작어야 한다.

2.4 측정시스템의 평가를 위한 일반지침

(1) 평가의 단계(step)

① 1단계 : 올바른 변수가 측정되고 있는지를 검증한다.
② 2단계 : 측정시스템이 갖추어야 할 통계적 성질을 결정한다.

(2) 평가의 국면(phases)

측정시스템의 통계적 성질이 결정된 후에 해당 측정시스템이 실제로 결정된 통계적 성질을 갖고 있는지를 알아보기 위해서 국면 1(phase 1)및 국면 2(phase 2)의 2가지 시험을 통하여 측정시스템을 평가한다.

① 국면 1시험(phase 1 testing)

측정공정(measurement process)을 파악하고 해당 측정공정이 모든 요구사항을 충족시킬 수 있는지를 결정하며 다음의 2가지 목적을 갖는다.

- 측정시스템이 요구되는 통계적 성질을 실제로 갖고 있는지를 결정한다. 측정시스템이 설비에서 실제로 사용되기 전에 이러한 시험을 한다.
- 어떤 환경적 요인이 측정시스템에 유의한 영향을 미치는지를 찾아낸다. 국면 1 시험결과 주변온도가 측정값의 품질에 유의한 영향을 미친다고 판단되면 온도가 관리되는 환경에서 측정시스템을 작동해야 한다.

② 국면 2 시험(phase 2 testing)

- 수용가능하다고 판정받은 측정시스템이 계속해서 적절한 통계적 성질을 갖고 있는지를 검증한다. Gage R&R은 이 시험의 한 형태이다.
- 국면 2 시험은 설비의 정상적인 교정계획(calibration program), 보전계획(maintenance program) 및 도량형 계획(metrology program)에 의하여 정기적으로 수행된다.

2.5 측정시스템 변동의 유형

측정시스템의 변동은 특별원인(special causes)에 의한 것이 아니라, 다만 일상원인(common causes)에 의한 것이어야 한다. 일반적으로 변동의 원인에 영향을 미치는 요소로 네 가지를 들 수 있다. 즉, 측정자, 계측기, 측정방법, 측정환경 및 조건 등이다.

측정시스템에 관련된 오차 또는 변동의 유형(types of error variation)에는 ① 편의(bias) ② 반복성(repeatability) ③ 재현성(reproducibility) ④ 안정성(stability) 및 ⑤ 선형성(linearity)의 5가지가 있다.

측정시스템이 환경과 상호 작용할 때 측정시스템에 관련된 측정변동의 양과 유형에 관한 정보를 얻기 위하여 측정시스템 연구(measurement system study)가 수행된다.

(1) 편의(bias : 치우침)

기준값(reference value)과 관측된 측정값의 평균 사이의 차이, 여기서 기준값은 승인된 기준값(accepted reference value) 또는 참값(master value)으로 알려져 있으며, 측정된 값에 대하여 합의된(agreed upon) 기준으로 쓰이는 값이며, 높은 수준의 측정 장비로 측정된 여러 개의 측정값을 평균하여 결정될 수 있다.

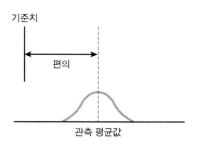

[그림 10-1] 편의

(2) 반복성(repeatability)

반복성은 한사람의 측정자가 같은 측정계기(one measurement instrument)를 여러 차례 사용해서 같은 시료의 동일 특성을 측정하여 얻은 측정값의 변동이다.

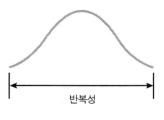

[그림 10-2] 반복성

(3) 재현성(reproducibility)

서로 다른 측정자들(different appraisers)이 동일한 측정계기를 사용해서 같은 시료의 동일한 특성을 측정해서 얻은 측정값의 평균 변동이다.

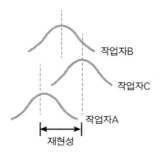

[그림 10-3] 재현성

(4) 안정성(stability, drift)

동일한 마스터(master) 또는 시료에 대하여 하나의 측정시스템을 사용해서 같은 시료의 한 특성에 대하여 장기간 측정하여 얻은 측정값의 총변동이다.

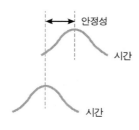

[그림 10-4] 안정성

(5) 선형성(linearity)

계측기의 예상되는 작동범위에 걸쳐 생기는 편의값들(bias valueas)의 차이

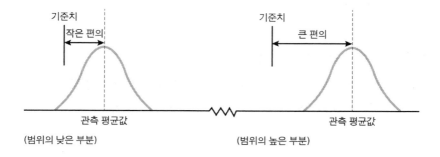

[그림 10-5a] 선형성

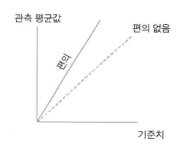

[그림 10-5b] 변화하는 선형 편의

2.6 측정시스템의 평가절차 개요

(1) 측정시스템 평가 절차

① 측정시스템의 통계적 성질을 평가하는 절차들은, 재현성 및 반복성이라는 통계적 성질을 평가할 때만 자주 사용되기 때문에 GAGE $R\&R$ 절차라고도 한다.

② 측정시스템의 평가절차들은 해당 측정시스템을 실제로 사용할 때에는 게이지 및 평가자의 최적능력을 평가하는데 더 우수하다.

③ 측정시스템을 평가하는 절차들은 측정시스템의 반복성, 재현성, 편의, 안정성 및 선형성이라는 통계적 성질에 초점을 맞추기 때문에 국면 2(phase 2)에서 수행되는 대부분의 시험과 국면 1(phase 1)에서 수행되는 일부의 시험을 위한 합리적인 방법

이 될 수 있다.

(2) 측정시스템 평가시의 기본적인 과제

측정시스템의 평가 시에는 다음의 3가지 기본적인 문제가 먼저 검토되어야 한다.

① 측정시스템은 충분한 판별력(discrimination)을 갖고 있는가?

② 측정시스템은 항상 통계적으로 안정상태에 있는가?

③ 통계적 성질을 예상되는 범위에서 일관성이 있으며, 공정분석이나 통제를 위하여 수락 가능한가?

(3) 측정시스템 연구(measurement system study) 결과의 활용

측정시스템 연구에 의하여 측정시스템에 관련된 측정변동의 양과 유형에 관한 정보를 얻게 되면 이를 다음사항에 이용한다.

① 새로운 측정 장비를 채택하는 기준

② 측정 장치(measuring device)간의 비교

③ 결함이 있다고 의심되는 계측기(gage)를 평가하는 근거

④ 측정 장비의 수리 전과 수리 후의 비교

⑤ 공정변동을 계산하기 위하여 요구되는 구성요소, 그리고 생산 공정에 대한 만족수준(acceptability level)

⑥ 계측기 성능곡선(GPC : gage performance curve)을 개발하는 데 필요한 정보

3. 측정시스템의 분석

3.1 측정시스템 분석의 목적

측정시스템의 분석을 통하여 측정시스템에 의하여 얻어진 결과(측정값)에 영향을 미치는 변동의 원인을 보다 잘 이해하고, 그 결과 특정의 측정시스템의 한계를 계량화하

고 분명히 알고자 위함이다.

모든 공정에서와 같이 측정시스템 변동을 나타내는 분포의 특성은 다음과 같다.

(1) 위치(location)

① 안정성
② 편의(치우침)
③ 선형성

(2) 폭 또는 산포(spread)

① 반복성
② 재현성

3.2 측정시스템의 판별력(discrimination 또는 resolution)

측정시스템의 **판별력**(discrimination)이란 측정시스템이 측정대상 특성의 조그마한 변화까지도 탐지하고 충실히 지시할 수 있는 능력을 말한다.

측정시스템은 공정변동, 특히 특별원인의 변동을 탐지할 수 있고 그리고 개별시료의 특성치를 계량화하기에 충분한 판별력을 갖고 있어야 공정의 분석 내지 통제를 위하여 사용할 수 있게 된다. 측정시스템의 판별력이 불충분하면 공정변동을 파악하거나 시료의 특성값을 계량화하기 위해 부적합하다. 공정변동이나 이상원인의 발생 유무를 탐지하기 위하여 계량형 관리도에서는 범주(category)가 다섯 개 이상이 되어야 한다. [그림 10-6 참조]

[그림 10-6] 데이터 범주

(1) 측정시스템의 판별력이 공정분포에 대한 데이터 범주를 2~4개로 나타낼 수 있을 때

① 측정시스템을 통제용으로 사용할 수 있는 경우
- 공정분포에 기초를 둔 유사 계량형 관리기법과 함께 사용될 수 있는 경우
- 영향을 받지 않는 계량형 관리도를 작성할 수 있는 경우

② 측정시스템은 신뢰하기 위한 추정값을 제공할 뿐이고 일반적으로 공정변수 및 지수를 추정하기 위한 분석용으로 사용할 수 없다.

(2) 측정시스템의 판별력이 공정분포에 대한 데이터 범주를 5개 또는 그 이상으로 나타낼 수 있는 경우

① 측정시스템을 계량형 관리도와 함께 사용할 수 있는 경우에는 통제용으로 쓸 수 있다.

② 측정시스템을 분석용으로 사용할 수 있다.

3.3 측정시스템의 안정성(stability)

측정시스템의 **안정성** 문제를 고려할 때, 일반적으로 측정시스템 안정성이라고 하는 시료 혹은 마스터 시료에 대한 장기간 편의의 총변동량과 안정성뿐만 아니라 반복성, 편의 등 통계적 안정성을 구별하는 것이 중요하다.

측정시스템의 안정성은 하나의 주어진 시료 또는 마스터 시료에 대한 당해시스템의 장기간에 걸친 편의에서의 총변동의 양이다. 전통적인 계측기 안정성의 관점에서 보면, 장기간에 걸쳐 보다 큰 편의변동(bias variation)을 가진 시스템이 보다 작은 편의변동을 가진 시스템보다 안정상태가 낮다.

측정시스템의 안정성을 분석하는 동안에는 당해 측정시스템이 접하게 되는 조건이 통계적으로 안정 상태에 있어야 한다(예, 온도변화로 영향을 받지 않는다. 부식되는 시스템을 규칙적으로 손질한다. 등).

측정시스템이 통계적 안정성을 갖고 있음이 실증된 후에야 당해 시스템의 총 편의변동을 계량화해야 한다. 측정시스템의 통계적 안정성의 평가가 불가능한 상황에서 측정

시스템을 사용하여 얻은 결과는 당해 측정시스템의 장래 성능(performance)을 예측하기 위해 사용해서는 안 된다.

측정시스템의 안정성을 연구하는 한 방법으로, 마스터(master) 또는 마스터시료(master parts)의 측정값의 평균($\overline{x}$) 및 범위(R)을 규칙적으로 반복해서 타점하여 측정시스템관리도(measurement system control chart)를 작성한다.

① R관리도의 이상상태는 불안정한 반복성을 나타낸다.

② $\overline{x}$ 관리도의 이상상태는 측정시스템이 더 이상 정확하게 측정할 수 없음을 의미한다.

③ σ관리도를 사용하는 경우 $s_{\overline{x}} = c_4 \cdot \overline{s}$를 계산하여 관리한계를 설정한다.

④ 예상되는 측정값의 최소값, 최대값 및 중간값에 대한 마스터 시료 또는 마스터의 측정시스템 관리도를 갖는 것이 바람직하다.

R관리도에서 이상상태에서 신호가 없으면 측정공정의 표준편차 R/d_2를 추정하고 이를 공정표준편차와 비교하여 측정시스템의 안정성이 적용되기에 적절한지를 결정한다. 그리고 시간에 따른 측정공정의 변동, 즉 측정공정의 표준편차를 추정함으로써 측정공정의 안정성을 계량화한다.

3.4 측정시스템의 편의(bias)

측정시스템의 **편의**를 결정하기 위하여 공구실(tool room) 또는 정밀검사 장비(layout inspection equipment)를 이용해서 얻은 시료에 대한 기준값(reference value)을 확보하여야 한다. 기준값은 모든 표본시료(sample parts)를 측정하여 얻은 판독치로부터 도출되며, '게이지 R & R'에서 평가자의 관측된 평균값과 비교된다.

표본시료의 판독치로부터 기준값을 도출할 수 없을 때에는 다음의 방법으로 한다.

① 공구실 또는 정밀검사장비로 표준시료 중 1개(편의분석용 마스터표본)를 정밀하게 측정한다.

② 한명의 측정자가 평가대상 게이지를 이용하여 동일 시료를 최소한 10회 측정한다.

③ 측정치의 평균을 계산한다. 기준값과 관측된 평균값과의 차이는 측정시스템의 편

의를 나타낸다.

편의는 다음 식으로 구한다.

- 편의 = 측정치의 평균 − 기준값
- 공정변동 = 6σ 범위
- %편의 $= \dfrac{|편의|}{공정변동} \times 100$

예제 1 편의를 결정하기 위해 1사람의 측정자가 1개의 시료를 10회 측정하여 다음과 같은 데이터를 얻었다. 표본시료를 정밀 측정하여 결정된 기준값은 5.80mm이며 공정변동은 5.70mm이다. 편의 및 %편의를 계산하라. (단위: mm)

5.70, 5.65, 5.80, 5.75, 5.80, 5.75, 5.75, 5.80, 5.75, 5.75

[풀이] ① 측정값의 평균 $\quad \bar{x} = \dfrac{\sum x}{측정치수} = \dfrac{57.5}{10} = 5.75$

② 편의 = 평균측정치 −기준값 = 5.75 − 5.80 = −0.05

공정변동에 대한 편의의 백분율은 다음과 같다.

③ %편의 = [| 편의 | /공정변동] × 100 = [0.05/5.70] × 100 = 0.877%

3.5 측정시스템의 반복성(정밀도)(repeatability)

반복성은 동일의 측정자가 동일의 측정기를 갖고 동일한 제품을 측정하였을 때 파생되는 측정의 변동이다. 반복성의 오차를 발생시키는 일반적인 원인으로는 두 가지가 있다.

① 계측기 그 자체가 가지는 측정변동

② 계측기내 시료의 측정 위치 차이에 의한 변동

이러한 변동들은 반복된 측정의 부분군 범위에 의하여 표현되기 때문에 R관리도는 측정시스템의 일관성을 나타내는데 사용된다. 만일 R관리도가 관리상태이면 계측기의 변동에 일관성이 있으며, 측정시스템의 연구기간동안 일관성이 있다는 것을 의미한다.

반복성 혹은 계측기변동의 표준편차는 $\sigma_e = \overline{R}/d_2^*$ 로 추정할 수 있다. 여기서 $\overline{R}$는 측정치의 평균범위이다. 반복성 혹은 계측기변동은 $5.15\,\sigma_e = 5.15\,\overline{R}/d_2^*$이다. 여기서 5.15는 정규분포에서 측정값의 99%를 나타낸다. d_2^*의 값은 [표 10-1]에서 찾을 수 있다.

[표 10-1] 평균범위($\overline{R}$)의 분포 d_2^*값

	m 2	3	4	5	6	7	8	9	10	11	12	13	14	15
1	1.41	1.91	2.24	2.48	2.67	2.83	2.96	3.08	3.18	3.27	3.35	3.42	3.49	3.55
2	1.28	1.81	2.15	2.40	2.60	2.77	2.91	3.02	3.13	3.22	3.30	3.38	3.45	3.51
3	1.23	1.77	2.12	2.38	2.58	2.75	2.89	3.01	3.11	3.21	3.29	3.37	3.43	3.50
4	1.21	1.75	2.11	2.37	2.57	2.74	2.88	3.00	3.10	3.20	3.28	3.36	3.43	3.49
5	1.19	1.74	2.10	2.36	2.56	2.73	2.87	2.99	3.10	3.19	3.28	3.35	3.42	3.49
g 6	1.18	1.73	2.09	2.35	2.56	2.73	2.87	2.99	3.10	3.19	3.27	3.35	3.42	3.49
7	1.17	1.73	2.09	2.35	2.55	2.72	2.87	2.99	3.10	3.19	3.27	3.35	3.42	3.48
8	1.17	1.72	2.08	2.35	2.55	2.72	2.87	2.98	3.09	3.19	3.27	3.35	3.42	3.48
9	1.16	1.72	2.08	2.34	2.55	2.72	2.86	2.98	3.09	3.18	3.27	3.35	3.42	3.48
10	1.16	1.72	2.08	2.34	2.55	2.72	2.86	2.98	3.09	3.18	3.27	3.34	3.42	3.48
11	1.16	1.71	2.08	2.34	2.55	2.72	2.86	2.98	3.09	3.18	3.27	3.34	3.41	3.48
12	1.15	1.71	2.07	2.34	2.55	2.72	2.85	2.98	3.09	3.18	3.27	3.34	3.41	3.48
13	1.15	1.71	2.07	2.34	2.55	2.71	2.85	2.98	3.09	3.18	3.27	3.34	3.41	3.48
14	1.15	1.71	2.07	2.34	2.54	2.71	2.85	2.98	3.08	3.18	3.27	3.34	3.41	3.48
15	1.15	1.71	2.07	2.34	2.54	2.71	2.85	2.98	3.08	3.18	3.26	3.34	3.41	3.48
>15	1.128		2.059		2.534		2.847		3.078		3.258		3.407	
		1.693		2.326		2.704		2.970		3.173		3.336		3.472

예제 2 측정시스템의 반복성을 분석하기 위하여 공정으로부터 5개의 시료를 선택하고 2명의 측정자들이 각 시료를 3회 측정하였으며 그 측정값은 다음과 같다. 반복성 또는 계기변동을 추정하면 얼마인가?(단, $d_2^* = 1.72$임)

시료수 측정수	측정자 A					측정자 B				
	1	2	3	4	5	1	2	3	4	5
1	216	214	217	217	218	220	218	219	220	217
2	216	216	215	218	215	220	220	217	218	216
3	218	213	217	216	217	218	217	220	220	215
평 균	216.7	214.3	216.3	217.0	216.7	219.3	218.3	218.7	219.3	216.0
범 위	2.0	3.0	2.0	2.0	3.0	2.0	3.0	3.0	2.0	2.0

[풀이] ① 평균범위 $\overline{R} = \dfrac{24}{10} = 2.4$

② 반복성(계측기 변동)에 대한 표준편차의 추정값 : $\sigma_e = \overline{R}/d_2^*$

$$\sigma_e = \frac{\overline{R}}{d_2^*} = \frac{2.4}{1.72} = 1.4$$

여기서 d_2^*는 측정횟수(m=3) 및 시료 수에 평가자수를 곱한 값 (g=5×2=10)에 따라 [표 10-1]로부터 구한다.

③ 반복성 혹은 계측기변동은 $5.15 \, \sigma_e = 5.15 \times 1.4 = 7.21$

3.6 측정시스템의 재현성(reproducibility)

측정시스템의 재현성은 측정자간의 일관성 정도를 나타낸다. 동일한 계측기로 동일한 물품을 측정하였을 때에 평가자간에 나타나는 측정 데이터의 평균의 차를 말하며, 이 평균의 차가 크면 재현성이 떨어진다고 말한다. 이는 평균관리도에서 각 시료에 대한 평가자의 평균을 비교함으로써 알 수 있다.

평가자 변동 혹은 재현성은 먼저 각 측정자가 측정한 데이터의 총 평균값을 구한 후 가장 큰 평균값에서 가장 작은 평균값을 뺀 차이 $R_o(\overline{X}_{DIFF}) = \overline{X}_{\max} - \overline{X}_{\min}$ 를 구한다. 추정되는 재현성의 표준편차 $\sigma_e = R_o/d_2^*$이다. 만일 두 명의 측정자가 이를 실시하였다고 가정한다면 재현성은 $5.15\sigma_e = 5.15R_o/d_2^* = 3.65R_o$ 이다. 여기서 d_2^*는 [표 10-1]에서 m=2, g=1의 조건으로 1.41이 되며, 5.15는 정규분포에서 측정값의 99%를 의미한다.

재현성 추정값은 계측기에 변동에 의해 영향을 받으므로, 반복성(정밀도)의 일부분을 빼는 조정작업을 하는데 이것을 조정된 재현성이라고 한다.

- 조정된 재현성= $\sqrt{\left[5.15\dfrac{R_o}{d_2^*}\right]^2 - \left[\dfrac{(5.15\sigma_e)^2}{(nr)}\right]}$

    단, n: 시료수, r; 측정회수

- 조정된 측정자 표준편차 $\sigma_0 =$ (조정된 재현성) / 5.15

예제 3 측정시스템의 재현성을 분석하기 위하여 공정으로부터 5개의 시료를 선택하고 2명의 측정자들이 각 시료를 3회 측정하였으며 그 측정값은 다음과 같다. 재현성 및 조정된 재현성을 추정하면 얼마인가?(단, $d_2^* = 1.41$임)

측정수＼시료수	평가자 A					평가자 B				
	1	2	3	4	5	1	2	3	4	5
1	216	214	217	217	218	220	218	219	220	217
2	216	216	215	218	215	220	220	217	218	216
3	218	213	217	216	217	218	217	220	220	215
소 평 균	216.7	214.3	216.3	217.0	216.7	219.3	218.3	218.7	219.3	216.0
평균($\overline{X}$)	216.20					218.32				

[풀이] ① $R_o(\overline{X}_{DIFF}) = \overline{X}_{\max} - \overline{X}_{\min} = 218.32 - 216.20 = 2.12$

② 재현성(평가자)의 표준편차 $\sigma_e = R_o/d_2^* = 2.12/1.41 = 1.50$

③ 재현성은 $5.15\sigma_e = 5.15R_o/d_2^* = 3.65R_o = 3.65 \times 2.12 = 7.74$

④ 조정된 재현성= $\sqrt{\left[5.15\dfrac{R_o}{d_2^*}\right] - \left[\dfrac{(5.15\sigma_e)^2}{(nr)}\right]}$

$= \sqrt{[7.74]^2 - \left[\dfrac{(5.15 \times 1.4)^2}{(5 \times 3)}\right]} = 7.51$

여기서 참고로 조정된 측정자 표준편차 $\sigma_0 =$ (조정된 재현성) / 5.15

$$\sigma_0 = 7.51/5.15 = 1.458 \text{ 이다.}$$

3.7 시료 간 변동(part-to-part-variation : PV)

시료 간 변동은 평균($\overline{X}$)관리도를 작성하여 파악할 수 있다. 각 측정자의 경우 시료군의 평균은 시료 간 차이를 나타낸다. 시료 평균값으로 구한 관리한계는 시료 간 변동이 아닌 반복성(정밀도) 오차에 대하여 구해졌으므로, 상당 부분의 점들이 관리한계선 밖으로 나갈 수 있다. 만일 시료군의 평균값이 한 점도 한계선 밖으로 이탈되지 않았다면, 이는 시료 간 변동이 반복성에 가려져 식별할 수 없는 상태이고 측정변동이 공정변동에 비하여 크다는 것을 의미한다. 즉 이런 상태로 공정의 변동을 분석하는 것은 바람직하지 못하다.

역으로 설명하면, 대부분의 시료평균이 관리한계를 벗어나 이탈되고(약 50% 이상), 측정자가 어떤 시료들이 전체평균값과 다르다는 것을 파악할 수 있으면, 이 측정시스템은 적합하다고 판단한다. 따라서 평균관리도는 시료변동을 측정하는 측정시스템의 상대적 능력을 나타낸다.

측정 공정이 일관성이 있고(범위관리도가 관리상태인 경우), 시료 간 변동을 검출 할 수 있으면(평균관리도에서 대부분의 점들이 관리한계를 벗어남), 측정시스템에 의한 공정변동의 백분율(% $R\&R$)을 결정할 수 있다.

① 측정시스템 표준편차(σ_m)는 다음과 같이 예측된다.

$$\sigma_m = \sqrt{(\sigma_e^2 + \sigma_o^2)}$$

또한, 측정시스템의 변동(또는 Gage R&R) $= 5.15\sigma_m$으로 추정한다.

여기서 σ_e 는 계측기 표준편차이고 σ_o는 평가자 표준편차이다.

② 시료 간 표준편차 (σ_p)는 측정시스템 연구 데이터로부터 각 시료의 평균($\overline{X}$)를 구한 후 시료평균의 범위(R_p)를 이용하여 다음 식을 구한다.

$$R_p = \ Max.\overline{X}_k - Min.\overline{X}_k$$

$$\sigma_p = R_p/d_2^*$$

③ 만일 5개의 시료가 있는 경우, 시료 간 변동(P.V)은 $5.15R_p/d_2^*$ 혹은 $2.08R_p$ 이다. 이때 $d_2^* = 2.48$이다. (m=5, g=1)

④ % $R\&R$은 반복성 및 재현성에 대하여 측정시스템과 관련된 공정변동의 백분율을 말한다. 다음 식으로 추정한다.

$$\% \, R\&R = \frac{\sigma_m}{\sigma_t} \times 100 = \left[\frac{R\&R}{TV} \right] \times 100$$

여기서 측정시스템 연구에서의 총공정변동 $T.V = 5.15\sigma_t$

총공정변동의 표준편차(σ_t)는 다음과 같다.

$$\sigma_t = \sqrt{(\sigma_p^2 + \sigma_m^2)}$$

⑤ 독립적인 공정능력연구로부터 총공정변동의 표준편차 σ_t 를 결정하게 되면 시료간 표준편차 σ_p 는 다음 식으로 추정한다.

$$\sigma_p = \sqrt{(\sigma_t^2 - \sigma_m^2)}$$

그리고 '% $R\&R$ '을 추정할 때 공정표준편차 자체가 사용된다.

⑥ 공차의 백분율은 반복성 및 재현성을 나타내는 측정시스템과 관련 다음 식으로 추정한다.

$$공차백분율 = 5.15 \times \left[\frac{\sigma_m}{공차} \right] \times 100$$

⑦ 데이터로부터 쉽게 구할 수 있는 제품치수의 구분되는 수준(또는 데이터 범주)수는 다음과 같이 계산된다.

$$\left[\frac{\sigma_p}{\sigma_m} \right] \times 1.41 \quad 혹은 \quad \left[\frac{P.V}{R\&R} \right] \times 1.41$$

만일 데이터 범주의 수가 두개보다 적으면 측정시스템은 공정을 통제하기 위하여 사용할 가치가 없다. 공정분석을 위해 측정시스템을 사용하려면, 데이터범주의 수가 다섯 개 또는 그 이상이 되어야 한다. 그러므로 공차백분율, 공정변동 백분율, 및 구분되는 데이터 범주의 수는 측정시스템의 수용가능성을 평가하는 다른 수단들이다.

예제 4 상기 예제 2, 및 예제 3에 의거하여 측정시스템 표준편차(σ_m) 및 측정시스템의 변동 (또는 Gage R&R) 을 추정하라.

[풀이] $\sigma_m = \sqrt{(\sigma_e^2 + \sigma_o^2)} = \sqrt{(1.4^2 + 1.458^2)} = 2.021$

측정시스템의 변동(Gage R&R)$= 5.15\sigma_m = 5.15 \times 2.021 = 10.408$

예제 5 다음 시료평균의 데이터를 이용하여 시료간 변동을 계산하라?

단, m=5, g=1일 때 $d_2^* = 2.48$이다.

측정수 \ 시료수	평가자 A					평가자 B				
	1	2	3	4	5	1	2	3	4	5
1	216	214	217	217	218	220	218	219	220	217
2	216	216	215	218	215	220	220	217	218	216
3	218	213	217	216	217	218	217	220	220	215
평 균($\overline{X}$)	216.7	214.3	216.3	217.0	216.7	219.3	218.3	218.7	219.3	216.0

[풀이] 데이터에 대한 시료변동을 계산하기 위해 각 시료의 시료평균은 각 시료에 대해 모든 측정자들이 구한 값들을 평균하여 계산된다. 이 데이터에서 시료 1부터 5까지에 대한 시료평균은 각각 218.0, 216.3, 217.5, 218.2, 216.4이다.

여기서 ① 시료평균의 범위 $R_p = Max.\overline{X}_k - Min.\overline{X}_k = 218.2 - 216.3 = 1.9$

② 시료 간 표준편차 $\sigma_p = R_p/d_2^* = 1.9/2.48 = 0.766$

③ 시료 간 변동$(P.V) = 5.15 R_p/d_2^* = 5.15 \times 0.766 = 3.945$

예제 6 상기 예제 4, 예제 5에 의거하여 공정변동의 백분율(% $R\&R$)을 계산하라.

[풀이] ① $\sigma_t = \sqrt{(\sigma_p^2 + \sigma_m^2)} = \sqrt{(0.766^2 + 2.021^2)} = 2.161$

$T.V = 5.15\sigma_t = 5.15 \times 2.161 = 11.29$

② $\% R\&R = \dfrac{\sigma_m}{\sigma_t} \times 100 = \dfrac{2.021}{2.161} \times 100 = 93.52\%$

혹은 $\% R\&R = \left[\dfrac{R\&R}{T.V}\right] \times 100 = \left[\dfrac{10.408}{11.129}\right] \times 100 = 93.52\%$

예제 7 상기 예제 4, 예제 5에 의거하여 데이터 범주수를 산정하라.

[풀이] $\left[\dfrac{\sigma_p}{\sigma_m}\right] \times 1.41 = \left[\dfrac{0.766}{2.021}\right] \times 1.41 = 0.534$

혹은 $\left[\dfrac{P.V}{R\&R}\right] \times 1.41 = \left[\dfrac{3.945}{10.408}\right] \times 1.41 = 0.534$

3.8 측정시스템의 선형성(linearity)

선형성은 계측기의 측정범위 내에서의 측정의 일관성을 평가하는 것이다. 계측기의 측정범위 전체에서 편의값이 일정하면 선형성이 좋다고 할 수 있다. 선형성을 평가하기 위해 기준값과 측정평균값의 차이로 측정된 시료의 편의를 산출한다. 이를 위해 계측기의 측정범위 내에 있는 시료를 임의로 선택하여 공구실 및 정밀 검사장비를 이용하여 미리 기준값을 결정한다. 그 다음, 측정자에게 미리 표시한 부분을 여러 번 측정하여 기록하도록 한다. 이때 기준값과 측정치의 평균값과의 차이가 편의이며 이를 선택된 각 시료에 대해 결정한다. 이런 결과를 작동범위내의 편의와 기준값 사이의 값을 선형성도 표에 기입한 후 기준값을 (x)에 대응한 편의값(y)들을 가장 잘 적합시키는 단순회귀직선$(y = a + bx)$을 구한다. 이 회귀직선의 적합도(goodness of fit)를 평가하기 위해 결정계수(R^2)값을 구한다. R^2의 값은 0에서 1사이의 값을 갖는데 x와 y 사이에 높은 상관관계가 있을수록 1에 가까워진다.

회귀직선이 기울기(b)는 계측기의 선형성을 나타내는 지표이다 기울기가 낮아질수만일 측정시스템의 비선형성을 나타내면 다음 사항을 유의하여 조사하여야 한다.

① 계측기의 측정범위 중에서 상당부(upper end)나 하단부(lower end)의 눈금이 적합하지 않은 경우
② 기준값이 틀리는 경우
③ 계측기가 마모된 경우
④ 계측기 내부 설계 자체에 문제점이 있는 경우

편의는 y축에 기준값은 x축으로 하고, 직선 회귀선과 적합도(R^2)는 다음과 같이 구하였다.

- 회귀직선 $y = a + bx$

  여기서, $y = $ 편의 $(bias)$

  $\quad\quad b = $ 기울기 $(slope)$

  $\quad\quad x = $ 기준값 $(reference\ value)$

$$b = \frac{\sum(x_i - \overline{x})(y_i - \overline{y})}{\sum(x_i - \overline{x})^2} = \frac{\sum x_i y_i - \left(\dfrac{\sum x_i \sum y_i}{n}\right)}{\sum x^2 - \dfrac{(\sum x_i)^2}{n} i = \dfrac{S_{(xy)}}{S_{(xx)}}}$$

  $a = \overline{y} - b\overline{x}$

- 적합도 $R^2 = \dfrac{\left[\sum(x_i - \overline{x})(y_i - \overline{y})\right]^2}{\sum(x_i - \overline{x})^2 \sum(y_i - \overline{y})^2} = \dfrac{S_{(xy)}^2}{S_{(xx)}S_{(yy)}}$

- $y($편의$) = a + b \times x($기준값$)$

- 선형성 $=$ ｜기울기｜$\times$ 공정변동

- %선형성 $=$ [선형성/공정변동]$\times 100$

예제 8 측정시스템의 선형성을 결정하기 위하여 측정시스템의 측정범위 내에서 5개의 시료를 선택하였다. 정밀검사에 의하여 미리 기준값을 얻었다. 한 측정자가 각 시료들을 12번 측정하여 다음 데이터를 얻었다. 선형성과 적합도(R^2)를 계산하라. 단, 공정변동은 6.00이다.

시 료	1	2	3	4	5
1	2.70	5.10	5.80	7.60	9.10
2	2.50	3.90	5.70	7.70	9.30
3	2.40	4.20	5.90	7.80	9.50
4	2.50	5.00	5.90	7.70	9.30
5	2.70	3.80	6.00	7.80	9.40
6	2.30	3.90	6.00	7.80	9.50
7	2.50	3.90	6.00	7.80	9.50
8	2.50	3.90	6.10	7.70	9.50
9	2.40	3.90	6.40	7.80	9.60
10	2.40	4.00	6.30	7.50	9.20
11	2.60	4.10	6.00	7.60	9.30
12	2.40	3.80	6.10	7.70	9.40
평 균	2.49	4.13	6.03	7.71	9.38
기 준 값(x)	2.00	4.00	6.00	8.00	10.00
편 의(y)	+0.49	+0.13	+0.03	-0.29	-0.62
범 위	0.4	1.3	0.7	0.3	0.5

[풀이] 먼저 시료의 순서대로 평균과 기준값과의 차이인 편의와 범위를 구한다.

다음, 기준값에 대한 편의값들에 적합한 선형회귀선을

$y(편의) = a + b \times x(기준값)$로 정의하면

① 기울기 $b = \dfrac{\sum xy - \left(\dfrac{\sum x \sum y}{n}\right)}{\sum x^2 - \dfrac{(\sum x)^2}{n}} = \dfrac{-6.84 - \left(\dfrac{(30) \times (-0.26)}{5}\right)}{220 - \dfrac{(30)^2}{5}} = -0.32$

② 선형성 $= |$ 기울기 $| \times$ 공정변동 $= 0.132 \times 6.00 = 0.792$

③ $R^2 = \dfrac{\left[\sum (x_i - \bar{x})(y_i - \bar{y})\right]^2}{\sum (x_i - \bar{x})^2 \sum (y_i - \bar{y})^2} = \dfrac{\left[\sum xy - (\sum x)(\sum y)/n\right]^2}{\left[\sum x^2 - (\sum x)^2/n\right] \times \left[\sum y^2 - (\sum y)^2/n\right]}$

$= \dfrac{[-6.84 - (30)(-0.26)/5]^2}{[220 - (30)^2/5] \times [0.7264 - (-0.26)^2/5]} = 0.98$

4. 계측기 반복성 및 재현성의 수치적 분석 (GR&R :gage repeatability and reproducibility)

계량형 측정시스템 연구 기법으로 ① 범위방법 ② 평균 및 범위방법 ③ 분산분석법 등이 있다. 이들 방법은 측정시스템 분석시 시료내 변동(within-part variation : WIV)을 무시한다. 그리고 모든 방법에는 측정시스템의 통계적 안정성이 선행되어야 한다.

4.1 범위방법(range method)

이 방법은 반복성과 재현성에 관한 측정오차를 간단히 평가하는 간이법이다. 일반적으로 이 범위방법은 두 사람의 측정자가 5개의 시료를 1회씩 측정하여 비교한다. 그러나 이 방법은 반복성과 재현성을 따로 구분하여 평가할 수 없는 단점이 있다.

[표 10-2]는 5개의 시료에 대해 두 사람의 측정자가 동일한 계측기로 1회씩 측정하여 얻은 데이터가 작성되어 있다. 이 데이터로부터 계측기의 반복성과 재현성(GR&R) 계산은 다음과 같은 순서로 이루어진다.

[표 10-2] **부품별 측정 데이터**

부품	측정자 A	측정자 B	범위 R=│A-B│
1	0.85	0.80	0.05
2	0.75	0.70	0.05
3	1.00	0.95	0.05
4	0.45	0.55	0.10
5	0.50	0.60	0.10
		범위 합계 :	0.35

[순서 1] 측정자는 다섯 개의 부품을 1회씩 측정하여 구한 결과를 [표 10-2] 양식에 기록한다.

[순서 2] 각 부품별 측정자 간의 차이를 구한 범위 R=│A-B│난에 기록한다.

[순서 3] 평균범위를 계산한다. $\overline{R} = \sum R / 부품수 = 0.35/5 = 0.07$

[순서 4] 계측기 오차(GR&R)를 계산한다.

- 총측정 변동 GR&R $= 5.15 \times \dfrac{\overline{R}}{d_2^*}$

  (d_2^*는 [표 10-1]에서 구하며 m=2과 g=5일 때의 값)

  $= 5.15 \times \dfrac{0.07}{1.19} = 0.303$

- % 총측정 변동= % GR&R $=$[GR&R/ 공차]$\times 100$

  이 때 공차가 0.4라고 할 경우 % GR&R $=$ [0.303/0.4]$\times 100 = 75.5\%$

  공차에 대한 총측정변동의 백분율인 % GR&R은 75.5%이므로 매우 높은 편이다. 따라서 측정시스템의 개선이 필요하다.

4.2 평균과 범위방법($\overline{X} \& R$ method)

이 방법을 일명 분리평가법이라고 한다. 이는 평균과 범위방법은 측정변동의 주요원인인 반복성과 재현성으로 분리하여 자세히 파악할 수 있다는 장점이 있으며, 상기한 범위방법에 비하면 데이터 수가 많고 계산과정이 다소 복잡하다는 단점도 있다. 그러나 이 방법을 사용하는 것이 측정변동의 원인을 파악하거나 해결책을 강구하는데 훨씬 더

바람직하다. 예를 들어, 반복성이 재현성과 비교하여 클 경우에 그 해결책은 다음과 같다.

① 계측기 보전(maintenance)이 필요하다.

② 계측기의 정도가 좋아지도록 새로 재설계(제작)하거나 구입하여야 한다.

③ 측정하는데 필요한 계측기의 클램핑이나 위치 등을 개선한다.

④ 시료 내(군내)변동(within-part variation)이 너무 크다.

만일 재현성이 반복성에 비교하여 클 경우에는 그 해결책은 다음과 같다.

① 측정자가 계측기의 눈금을 읽는 방법, 사용법에 대하여 교육이 필요하다.

② 계측기의 눈금이 확실하지 못하여 수치를 읽을 때 오차가 발생한다.

③ 측정자가 일관성(consistently)을 가지고 측정기를 사용할 수 있도록 보조해 줄 고정구(fixture)가 필요하다.

다음은 평균과 범위방법에 대한 작성 순서를 설명한다. 이 방법은 통상 측정자수(p), 측정시료수(n), 측정반복회수(m)에 의해 변화를 준다.

[순서 1] 측정자를 A, B, C라 하고, 측정시료에 번호 1, 2, …, 10을 부여하고, 측정자는 이 번호를 알 수 없도록 한다.

[순서 2] 계측기를 측정할 수 있도록 준비한다.

[순서 3] 측정자 A로 하여금 10개의 시료를 랜덤하게 측정하여 그 값을 [표 10-3]의 1차 반복열에 기입한다.

[순서 4] 측정자 B, C에 대해서도 순서 3을 반복한다.

[순서 5] 1차 반복이 끝난 후, 2차 반복에 대해서도 순서 3, 4 와 동일한 방법으로 다시 실시하여 측정치를 기입한다. 필요하다면 3차 반복을 실시한다.

[순서 6] [표 10-3]의 빈칸을 채우고, [표 10-4a, 10-4b] 의 평가서를 작성하여 계측기오차인 정밀도, 재현성, R&R(정밀도와 재현성), 부품변동, 그리고 총공정변동을 다음에 소개된 순서 (6)번에서 (15)번에 걸쳐 구한다.

[순서 7] [표 10-5]과 같이 측정된 자료에 대하여, 각 측정치에 대한 10개의 샘플의 합과 범위를 구한 후, 각 측정자에 대한 평균값 $\overline{X}_A$, $\overline{X}_B$, $\overline{X}_c$와 범위의 평균치를 구한다. $\overline{R}_A$, $\overline{R}_B$, $\overline{R}_C$를 계산한다.

[표 10-3] 정밀도와 재현성 분리평가 데이터시트 서식

열번호	1	2	3	4	5	6	7	8	9	10	11	12	평균
측정자	A				B				C				$\overline{X}_k$
시료번호	1차반복	2차반복	3차반복	범위	1차반복	2차반복	3차반복	범위	1차반복	2차반복	3차반복	범위	
1													
2													
3													
4													
5													
6													
7													
8													
9													
10													
합계													

$\overline{R}_A$ $\overline{R}_B$ $\overline{R}_C$

합 $\overline{X}_A$ 합 $\overline{X}_B$ 합 $\overline{X}_C$

$\overline{R}_A$	
$\overline{R}_B$	
$\overline{R}_C$	
합	
$\overline{\overline{R}}$	

반복횟수	D_4
2	3.27
3	2.58

$(\overline{\overline{R}}) \times (D_4) = UCL_R$
$(\quad) \times (\quad) = $
$(\quad)$

Max $\overline{X}$		Max $\overline{X}_k$	
Min $\overline{X}$		Min $\overline{X}_k$	
$\overline{X}_{Diff}$		R_P	

[표 10-4a] *GR&R* % 공정변동 분석 평가서 서식

시료 명칭: 품질특성치: 규　　격:	계측기 명칭: 계측기 번호: 계측기 형태:	날　짜: 평가자:

데이터 결과 : $\overline{\overline{R}}$= (　　　　　)　　$\overline{X}_{DIFF}$=(　　　　　)　R_p =(　　　　　)

측 정 분 석				% 공정변동 분석
반복성 - 계측기 변동($E.V$) $E.V = \overline{\overline{R}} \times K_1$ 　　= (　　　) ×(　　　) 　　= (　　　)	시행횟수		K_1	%$E.V$ = $[EV/TV]100$ 　= [(　　)/(　　)]100 　= (　　　)
	2		4.56	
	3		3.05	
재현성 -측정자의 변동(AV) $A.V = \sqrt{[(\overline{X}_{DIFF}) \cdot (K_2)]^2 - \dfrac{(E.V)^2}{n \cdot r}}$ $A.V = \sqrt{[(\ \ ) \cdot (\ \ )]^2 - \dfrac{(\ \ )^2}{(\ \ ) \cdot (\ \ )}}$ 　　= (　　　)	평가자	2	3	%$A.V$ = $[E.V/T.V]100$ 　= [(　　)/(　　)]100 　= (　　　) $\cdot$
	K_2	3.65	2.70	
반복성 및 재현성($R\&R$) $R\&R = \sqrt{(E.V)^2 + (A.V)^2}$ = $\sqrt{(\ \ \ )^2 + (\ \ \ )^2}$ 　= (　　　)	부품		K_3	%$R\&R$ = $[R\&R/T.V]100$ 　= [(　　)/(　　)]100 　= (　　　)
	2		3.65	
	3		2.70	
시료변동(PV) $P.V = R_p \times K_3$ $P.V$ = (　　) ×(　　) 　= (　　　)	4		2.30	%$P.V$ = $[P.V/T.V]100$ 　= [(　　)/(　　)]100 　= (　　　)
	5		2.08	
	6		1.93	
	7		1.82	
총변동($T.V$) $T.V = \sqrt{(R\&R)^2 + (P.V)^2}$ 　= $\sqrt{(\ \ \ )^2 + (\ \ \ )^2}$ 　= (　　　)	8		1.74	
	9		1.67	
	10		1.62	

[표 10-4b] *GR&R* % 공차분석 평가서 서식

시료 명칭: 품질특성치: 규 격:	계측기 명칭: 계측기 번호: 계측기 형태:	날 짜: 평가자:

데이터 결과 : $\overline{\overline{R}}$= (   ) $\overline{X}_{DIFF}$ = (   ) R_p=(   )

측 정 분 석	% 공차분석

측정분석 / % 공차분석 세부:

반복성 - 계측기 변동($E.V$)

$E.V = \overline{\overline{R}} \times K_1$

   = (   ) × (   )

   = (   )

시행횟수	K_1
2	4.56
3	3.05

%$E.V = [EV/공차]100$

= [(   )/(   )]100

= (%)

재현성 -측정자의 변동($A.V$)

$A.V = \sqrt{[(\overline{X}_{DIFF}) \cdot (K_2)]^2 - \dfrac{(E.V)^2}{n \cdot r}}$

$A.V = \sqrt{[(\quad) \cdot (\quad)]^2 - \dfrac{(\quad)^2}{(\quad) \cdot (\quad)}}$

   = (   )

평가자	2	3
K_2	3.65	2.70

%$A.V = [E.V/공차]100$

= [(   )/(   )]100

= (%)

반복성 및 재현성($R\&R$)

$R\&R = \sqrt{(EV)^2 + (AV)^2}$

   = $\sqrt{(\quad)^2 + (\quad)^2}$

   = (   )

부품	K_3
2	3.65
3	2.70
4	2.30
5	2.08
6	1.93
7	1.82
8	1.74
9	1.67
10	1.62

%$R\&R = [R\&R/공차]100$

= [(   )/(   )]100

= (%)

시료변동(PV)

$P.V = R_p \times K_3$

$P.V = (\quad) \times (\quad)$

   = (   )

%$P.V = [P.V/공차]100$

= [(   )/(   )]100

= (%)

총변동($T.V$)

$T.V = \sqrt{(R\&R)^2 + (P.V)^2}$

   = $\sqrt{(\quad)^2 + (\quad)^2}$

   = (   )

[순서 8] 각 시료에 대하여 가로로 평균값을 구하고 가장 큰 평균값(3.017)에서 가장 작은 평균값(2.458)을 빼어 부품의 평균범위 R_P(0.559)를 구한다.

[순서 9] 측정시스템이 관리상태에 있는가를 확인한다.

① 총평균범위(= 0.038)를 계산한다

$$\overline{\overline{R}} = \frac{\overline{R}_A + \overline{R}_B + \overline{R}_C}{3} = \frac{0.045 + 0.045 + 0.025}{3} = 0.038$$

② R 관리도의 관리상한선$(\overline{\overline{R}}) \times (D_4) = UCL_R$ 을 계산한다.

$UCL_R = 0.038 \times 3.27 = 0.1243$

여기서 D_4=3.27(반복측정이 2회인 경우)

D_4=2.58(반복측정이 3회인 경우)

③ 각 측정자에 대하여 산출된 범위(R)와 UCL_R을 비교하여 측정시스템이 관리상태에 있는지 분석한다. 만일 어떤 범위가 UCL_R보다 클 경우 측정 시스템에 문제가 있는지 조사하고 그 값을 제외한 후 순서 (6)과 순서(8) 을 다시 한다.

[순서 10] 측정자간의 평균값 범위를 다음과 같이 계산한 후 평가보고서 [표 10-6]에 적는다.

$$R_o(\overline{X}_{DIFF}) = \overline{X}_{max} - \overline{X}_{min} = 2.8275 - 2.7675 = 0.06$$

[순서 11] 반복성을 나타내는 E.V.(계측기 변동 : equipment variation)을 계산한다. E.V= $\overline{\overline{R}} \cdot K_1$ 이다. 여기서 $K_1 = \frac{5.15}{d_2^*}$ 이고, d_2^*는 [표 10-5]에서 2회의 반복횟수 (m=2)와 시료의 수에 측정자의 수를 곱해서 얻어지는 값(g=30〉15)으로 1.128이다. 만일 반복횟수가 3(m=3)이면 1.693이다. 여기에서의 계산은 모두 정규분포에서 99%를 차지하는 ±2.575s의 신뢰구간에 근거하여 작성 하였으며, 만일 99.7%를 원한다면 ±3s를 사용하면 된다. 이 예제에서는 E.V = 0.173 이다. 이 값이 크면 반복성, 즉 계측기간의 변동이 크다고 판단 된다.

[표 10-5] 정밀도와 재현성 분리평가 데이터시트

열번호	1	2	3	4	5	6	7	8	9	10	11	12	평균 $\overline{X}_k$
측정자	A				B				C				
시료번호	1차반복	2차반복	3차반복	범위	1차반복	2차반복	3차반복	범위	1차반복	2차반복	3차반복	범위	
1	2.65	2.60		0.05	2.55	2.55		0.00	2.50	2.55		0.05	2.567
2	3.00	3.00		0.00	3.05	2.95		0.10	3.05	3.00		0.05	3.008
3	2.85	2.80		0.05	2.80	2.75		0.05	2.80	2.80		0.00	2.800
4	2.85	2.95		0.10	2.80	2.75		0.05	2.80	2.80		0.00	2.825
5	2.55	2.45		0.10	2.40	2.40		0.00	2.45	2.50		0.05	2.458
6	3.00	3.00		0.00	3.00	3.05		0.05	3.00	3.05		0.05	3.017
7	2.95	2.95		0.00	2.95	2.90		0.05	2.95	2.95		0.00	2.947
8	2.85	2.80		0.05	2.75	2.70		0.05	2.80	2.80		0.00	2.783
9	3.00	3.00		0.00	3.00	2.95		0.05	3.05	3.05		0.00	3.008
10	2.60	2.70		0.10	2.55	2.50		0.05	2.85	2.80		0.05	2.675
합계	28.30	28.25		0.45	27.85	27.50		0.45	28.25	28.30		0.25	

| | 28.30 | | 0.045 $\overline{R}_A$ | | 27.85 | | 0.045 $\overline{R}_B$ | | 28.25 | | 0.025 $\overline{R}_C$ |

| 합 | 56.55 | $\overline{X}_A$ | 2.8275 | 합 | 55.35 | $\overline{X}_B$ | 2.7675 | 합 | 56.55 | $\overline{X}_C$ | 2.8275 |

$\overline{R}_A$	0.045
$\overline{R}_B$	0.045
$\overline{R}_C$	0.025
합	0.115
$\overline{\overline{R}}$	0.038

반복횟수	D_4
2	3.27
3	2.58

$$(\overline{\overline{R}}) \times (D_4) = UCL_R$$
$$(0.038) \times (3.27) =$$
$$(0.1243)$$

Max $\overline{X}$	2.8275	Max $\overline{X}_k$	3.017
Min $\overline{X}$	2.7675	Min $\overline{X}_k$	2.458
$\overline{X}_{Diff}$	0.06	R_P	0.599

[표 10-6] $GR\&R$ % 공정변동 분석 평가서

시료 명칭: 경강선 품질특성치: 직경 규 격: 2.6-3.0mm	계측기 명칭: 다이얼게이지 계측기 번호: MD-0301100 계측기 형태: 0.0-10.1mm	날 짜: 20.02.25 평가자: YKK

데이터 결과 :　$\overline{\overline{R}}$= (0.038)　　　$\overline{X}_{DIFF}$ = (0.06)　　　R_p = (0.559)

측 정 분 석			% 공정변동 분석

반복성 - 계측기 변동($E.V$)

$E.V = \overline{\overline{R}} \times K_1$

$\quad = (0.038) \times (4.56)$

$\quad = (0.173)$

시행횟수	K_1
2	4.56
3	3.05

$\%E.V = [EV/TV]100$
$= [(0.173)/(0.936)]100$
$= (18.5\%)$

재현성 -측정자의 변동($A.V$)

$A.V = \sqrt{[(\overline{X}_{DIFF}) \cdot (K_2)]^2 - \dfrac{(E.V)^2}{n \cdot r}}$

$A.V = \sqrt{[(0.06) \cdot (2.70)]^2 - \dfrac{(0.173)^2}{(10) \cdot (2)}}$

$\quad = (0.157)$

평가자	2	3
K_2	3.65	2.70

$\%A.V = [A.V/TV]100$
$= [(0.157)/(0.936)]100$
$= (16.8\%)$

반복성 및 재현성($R\&R$)

$R\&R = \sqrt{(EV)^2 + (AV)^2}$

$\quad = \sqrt{(0.173)^2 + (0.157)^2}$

$\quad = (0.234)$

부품	K_3
2	3.65
3	2.70

$\%R\&R = [R\&R/T.V]100$
$= [(0.234)/(0.936)]100$
$= (25.0\%)$

시료변동(PV)

$P.V = R_p \times K_3$

$P.V = (0.559) \times (1.62)$

$\quad = (0.906)$

부품	K_3
4	2.30
5	2.08
6	1.93
7	1.82
8	1.74
9	1.67
10	1.62

$\%P.V = [P.V/T.V]100$
$= [(0.906)/(0.936)]100$
$= (96.8\%)$

총변동($T.V$)

$T.V = \sqrt{(R\&R)^2 + (P.V)^2}$

$\quad = \sqrt{(0.234)^2 + (0.906)^2}$

$\quad = (0.936)$

[순서 12] 재현성을 나타내는 A.V.(평가자 변동 : appraiser variation)을 계산한다.

$$A.V = \sqrt{\left(\overline{X}_{DIFF} \cdot K_2\right)^2 - \frac{(E.V)^2}{n \cdot r}} \text{ 이다. 여기서 } K_2 = \frac{5.15}{d_2^*} \text{ 이고, 측정자}$$

3명(m=3)이고 한 번의 범위 (g=1)로 계산되므로 $d_2^* = 1.91$이다.

만일, 측정자가 2명이면 1.41, 측정자가 4명이면 2.24를 사용한다.

재현성은 다음과 같다.

$$A.V = \sqrt{(0.06 \cdot 2.70)^2 - \frac{(2.70)^2}{10 \times 2}} = 0.157$$

이 값이 크면 재현성, 즉 평가자간의 오차가 큰 것이다.

[순서 13] 반복성과 재현성을 동시에 나타내는 R&R을 계산한다.

$$R\&R = \sqrt{(E.V)^2 + (A.V)^2} = \sqrt{(3.045)^2 + (3.3)^2} = 4.490$$

[순서 14] 시료변동을 나타내는 P.V(part variation)을 계산한다.

$$P.V = R_p \cdot K_3 \text{이고, 여기서 } K_3 \text{는 } \frac{5.15}{d_2^*} \text{이다.}$$

P.V=(0.559) $\cdot$ (1.62)=0.906 이다.

[순서 15] 총공정변동 $T.V = \sqrt{(R\&R)^2 + (P.V)^2} = \sqrt{(0.234)^2 + (0.906)^2} = 0.936$

[순서 16] 공차에 대한 반복성, 재현성, R&R, 시료변동의 백분비를 다음과 같이 계산한다. 만일 총공정변동(T.V)에 대한 백분율을 구하고자 할 경우에는 분모에 있는 공차 대신에 총공정변동(T.V)를 대신하면 된다. 역으로 공차를 적용할 경우, 예를 들면, 원재료 규격치가 2.08±0.2mm 이라면 공차는 0.4가 된다.

① % 공차분석

   Ⓐ %EV=[EV/공차]100

   Ⓑ %AV=[AV/공차]100

   Ⓒ %PV=[PV/공차]100

   Ⓓ %R&R=[R&R/공차]100

② % 공정변동 분석

   Ⓐ %EV=[EV/TV]100=18.5%

ⓑ %EA=[AV/TV]100=16.8%

ⓒ %PV=[PV/TV]100=96.8%

반복성과 재현성을 나타내는 R&R 분석에서 %R&R=[R&R/TV]100=25%이다.

4.3 계측기 관리 방안 및 평가기준

계측기의 오차를 줄여 나가고자 할 때에 통상 다음과 같은 절차로 실행하는 하는 것이 좋다.

① 먼저 계측기의 정확성과 안정성에 아무런 문제가 없는지를 검토한다. 이것들은 계측기 자체의 신뢰성에 영향을 미치므로 신뢰성가 요구된다. 이를 위해서는 측정방법, 샘플링방법, 실험방법 및 계측기의 물리적 상태 등을 검토하여야 한다.

② 다음은 반복성(%), 재현성(%)의 평가를 실시한다. 이미 설명한 분석방법을 통하여 반복성이나 재현성이 공차에 비하여 어느 정도인지를 조사하여야 한다. 통상 R&R(%)을 측정, 평가한다.

③ 계측기의 적합성을 판단하고자 할 때는 사용목적에 따라 검토하고 평가하여야 한다. 측정시스템의 양호여부는 일반적으로 복합적인 측정오차(편의성, 반복성, 안정성, 선형성 등)가 제품공차에 차지하는 비율(%)로서 평가한다. [표 10-7]에 R&R 분석결과에 대한 평가기준은 다음과 같다.

[표 10-7] *R&R평가표*

(%) R&R	평 가	조 치
10% 미만인 경우	합 격	계측기 관리가 양호한 상태임.
10~30%인 경우	타당성 검토	품질특성의 중요성, 계측기의 수리비용, 측정오차의 심각성 등을 고려한 타당성 검토 후 결정함.
30% 이상인 경우	불 합 격	계측기 관리가 부적합 상태이며, 오차의 원인을 규명하여 체계적이고 근본적인 해결책을 수립/해소하여야한다. 이를 해소시켜 주어야 한다. 경우에 따라서는 계측전문회사의 도움을 얻어야 한다.

01 계측기의 반복성과 재현성의 분석을 위하여 다음과 같이 10개의 시료에 대하여 세 사람의 측정자가 계측기로 2회씩 반복 측정한 데이터를 얻었다. 다음 서식에 따라 빈칸을 채우고 측정시스템 관리상태를 평가하라.

열번호	1	2	3	4	5	6	7	8	9	10	11	12	평균
측정자	A				B				C				$\overline{X_k}$
시료번호	1차반복	2차반복	3차반복	범위	1차반복	2차반복	3차반복	범위	1차반복	2차반복	3차반복	범위	
1	12.6	12.6		0.0	12.5	12.5			12.5	12.5			
2	13.0	13.0		0.0	13.0	12.9			13.0	13.0			
3	12.8	12.8		0.0	12.8	12.7			12.8	12.8			
4	12.8	12.9		0.1	12.8	12.7			12.8	12.8			
5	12.5	12.4		0.1	12.4	12.4			12.4	12.5			
6	13.0	13.0		0.0	13.0	13.0			13.0	13.0			
7	12.9	12.9		0.0	12.9	12.9			12.9	12.9			
8	12.8	12.8		0.0	12.7	12.7			12.8	12.8			
9	13.0	13.0		0.0	13.0	12.9			13.0	13.0			
10	12.6	12.7		0.1	12.5	12.5			12.8	12.8			
합계													

$\overline{R_A}$ $\overline{R_B}$ $\overline{R_C}$

합 $\overline{X_A}$ 합 $\overline{X_B}$ 합 $\overline{X_C}$

$\overline{R_A}$	
$\overline{R_B}$	
$\overline{R_C}$	
합	
$\overline{\overline{R}}$	

반복횟수	D_4
2	3.27
3	2.58

$(\overline{\overline{R}}) \times (D_4) = UCL_R$

$(\quad) \times (\quad) =$

$(\quad)$

Max $\overline{X}$	Max $\overline{X_k}$
Min $\overline{X}$	Min $\overline{X_k}$
$\overline{X}_{Diff}$	R_P

GR&R % 공정변동 분석 평가서

시료 명칭: 브라켓	계측기 명칭: V/C	날 짜: 21.02.10
품질특성치: 내경	계측기 번호: MD-043100	평가자: QCM
규 격: 12.6-13.0mm	계측기 형태: 0.01-50mm	

데이터 결과 : $\overline{\overline{R}}$= (   ) $\overline{X}_{DIFF}$ = (   ) R_p=(   )

측 정 분 석		% 공정변동 분석

반복성 - 계측기 변동($E.V$)

$E.V = \overline{\overline{R}} \times K_1$

= (   ) × (   )

= (   )

시행횟수	K_1
2	4.56
3	3.05

$\%E.V = [EV/TV]100$

$= [(\quad)/(\quad)]100$

$= (\qquad \%)$

재현성 -측정자의 변동($A.V$)

$A.V = \sqrt{\left[(\overline{X}_{DIFF}) \cdot (K_2)\right]^2 - \dfrac{(E.V)^2}{n \cdot r}}$

$A.V = \sqrt{[(\quad) \cdot (\quad)]^2 - \dfrac{(\quad)^2}{(\quad) \cdot (\quad)}}$

= (   )

평가자	2	3
K_2	3.65	2.70

$\%A.V = [E.V/T.V]100$

$= [(\quad)/(\quad)]100$

$= (\qquad \%)$

반복성 및 재현성($R\&R$)

$R\&R = \sqrt{(EV)^2 + (AV)^2}$

$= \sqrt{(\quad)^2 + (\quad)^2}$

= (   )

부품	K_3
2	3.65
3	2.70
4	2.30
5	2.08
6	1.93
7	1.82
8	1.74
9	1.67
10	1.62

$\%R\&R = [R\&R/T.V]100$

$= [(\quad)/(\quad)]100$

$= (\qquad \%)$

시료변동(PV)

$P.V = R_p \times K_3$

$P.V = (\quad) \times (\quad)$

$= (\quad)$

$\%P.V = [P.V/T.V]100$

$= [(\quad)/(\quad)]100$

$= (\qquad \%)$

총변동($T.V$)

$T.V = \sqrt{(R\&R)^2 + (P.V)^2}$

$= \sqrt{(\quad)^2 + (\quad)^2}$

$= (\qquad)$

(%) R & R 평가	

$GR\&R$ % 공차분석 평가서

시료 명칭: 브라켓 품질특성치: 내경 규 격: 12.6-13.0mm	계측기 명칭: V/C 계측기 번호: MD-043100 계측기 형태: 0.01-50mm	날 짜: 21.02.10 평가자: QCM

데이터 결과 : $\overline{\overline{R}}=($ $)$ $\overline{X}_{DIFF}=($ $)$ $R_p=($ $)$

측 정 분 석	% 공차분석

측 정 분 석

반복성 - 계측기 변동($E.V$)

$E.V = \overline{\overline{R}} \times K_1$

$\quad = ($ $) \times ($ $)$

$\quad = ($ $)$

시행횟수	K_1
2	4.56
3	3.05

% 공차분석

$\%E.V = [EV/공차]100$

$\quad = [($ $)/($ $)]100$

$\quad = ($ $\%)$

재현성 -측정자의 변동($A.V$)

$A.V = \sqrt{\left[(\overline{X}_{DIFF}) \cdot (K_2)\right]^2 - \dfrac{(E.V)^2}{n \cdot r}}$

$A.V = \sqrt{\left[(\quad) \cdot (\quad)\right]^2 - \dfrac{(\quad)^2}{(\quad) \cdot (\quad)}}$

$\quad = ($ $)$

평가자	2	3
K_2	3.65	2.70

$\%A.V = [E.V/공차]100$

$\quad = [($ $)/($ $)]100$

$\quad = ($ $\%)$

반복성 및 재현성($R\&R$)

$R\&R = \sqrt{(EV)^2 + (AV)^2}$

$\quad = \sqrt{(\quad)^2 + (\quad)^2}$

$\quad = ($ $)$

부품	K_3
2	3.65
3	2.70
4	2.30
5	2.08
6	1.93
7	1.82
8	1.74
9	1.67
10	1.62

$\%R\&R = [R\&R/공차]100$

$\quad = [($ $)/($ $)]100$

$\quad = ($ $\%)$

시료변동(PV)

$P.V = R_p \times K_3$

$P.V = ($ $) \times ($ $)$

$\quad = ($ $)$

$\%P.V = [P.V/공차]100$

$\quad = [($ $)/($ $)]100$

$\quad = ($ $\%)$

총변동($T.V$)

$T.V = \sqrt{(R\&R)^2 + (P.V)^2}$

$\quad = \sqrt{(\quad)^2 + (\quad)^2}$

$\quad = ($ $)$

(%) R & R 평가	

제11장

실험계획법

1. 실험계획의 개요

1.1 실험계획의 개념과 목적

실험계획이란 프로세스(process)의 성격을 알아내기 위하여 실험을 실시하고자 할 때, 과연 어떤 방법으로 실험을 해야 효율적인 정보 획득이 가능한지, 또 어떻게 정보를 처리해야 얻어진 정보에 대한 분석 및 해석이 적합한지 등을 다루는 통계적 기법이다.

실험을 실시한 후에 데이터의 형태로 얻어지는 반응치(특성치)에 영향을 미치고 있는 원인이 어떻게 관계되어 있는가를 이론적으로 또는 경험적으로 명백히 밝혀 내는 것은 쉬운 일이 아니다. 왜냐하면, 일반적으로 제품의 특성에 영향을 미치는 요인은 한, 두 가지가 아니고 원료, 실험장치, 숙련도 등의 차이에서 오는 산포의 영향과 환경 조건의 변동, 샘플링오차(sampling error) 등 많은 요인에 의해 영향을 받기 때문이다. 따라서 올바른 실험을 손쉽게 하기 위해서는 우선 실험의 목적을 명확히 하고, 그리고 그 목적에 맞는 실험을 계획하여야 한다.

일반적으로 **실험의 주요 목적**은 다음과 같다.

① 어떤 요인이 큰 영향을 미치는 요인인가를 확인하기 위하여 (**검정의 문제**)

② 검출된 요인이 어느 정도의 영향을 어떻게 미치고 있는가를 양적으로 파악하기 위하여 (**추정의 문제**)

③ 작은 영향밖에 미치지 않는 요인은 전체적으로 어느 정도의 영향을 주고 있으며 측정오차는 어느 정도인가를 알아내기 위하여 (**오차항 추정의 문제**)

④ 유의한 영향을 미치는 원인들이 어떠한 조건을 가질 때 가장 바람직한 반응을 얻을 수 있는가를 알아내기 위하여 (**최적 반응조건의 결정문제**)

⑤ 결과에 따라 기계, 장치, 원료 등을 선택하거나 작업 표준을 정한다거나 하는 행동(action)을 취하기 위하여 (**작업의 기준 설정문제**)

이와 같은 실험의 목적을 달성하기 위해서는 실험의 실시 전에 실험에 대한 충분한 계획, 즉 실험 계획법이 필요하다.

1.2 실험계획의 기본원리

실험계획법에 사용되는 기본원리는 다음의 다섯 가지를 들 수 있는데, 실험을 계획하는 단계에서 실험자가 이 원리를 항상 염두에 두고 실험계획법을 적용하면 실험의 정도가 좋고 분석이 용이한 실험을 수행할 수 있다.

(1) 랜덤화의 원리(principle of randomization)

실험의 대상 선정이나 실험의 실시는 랜덤하게 이루어져야 한다. 이 원리는 여러 가지 기본원리 중에서 가장 중요한 것으로, 선정된 인자 외에 기타 요인들의 영향이 실험 결과에 효과가 서로 뒤섞여 분리되지 않는 교락을 피하기 위한 방법이다. 즉 인자 이외의 다수 원인의 영향이 실험 결과에 치우침이 있는 것을 방지한다.

(2) 반복의 원리(principle of replication)

실험의 정도를 높이기 위하여 2회 이상의 반복 실험을 한다. 실험은 각 수준의 조합에서 1회 행하는 것보다는 가능하면 반복하여 2회 이상 행하는 것이 얻어지는 실험결과의 신뢰성을 높일 수 있다. 실험을 반복함으로써 오차항의 자유도가 커지게 되고 또한 오차분산의 정도가 좋게 추정되어 실험결과의 신뢰성을 높일 수 있다.

(3) 블럭화의 원리(principle of blocking)

실험의 정도를 높이기 위하여 실험 대상 중 유사한 것을 그룹화한다. 실험의 환경을 될 수 있는 한 균일한 부분으로 쪼개어 여러 블럭으로 만든 후에 블럭 내에서 각 인자의 영향을 조사하는 것이 바람직하다. 실험 전체를 시간적 혹은 공간적으로 분할하여 블럭을 만들어 주면 각 블럭 내에서는 실험환경이 균일하게 되어 정도가 높은 결과를 얻을 수 있게 된다.

(4) 교락의 원리(principle of confounding)

중요한 인자들이 블럭의 효과와 중복되지 않도록 한다. 이와 같은 방법을 교락법이라고 하는데, 교락법이란 고려할 필요가 없는 2인자 교호작용이나 고차의 교호작용을 블록과 교락시키는 방법으로서, 검출할 필요가 없는 요인을 블록과 교락시켜 실험의 효율을 높이는 것이다.

(5) 직교화의 원리(principle of orthogonality)

인자들간에 영향을 받지 않도록 한다. 요인간에 직교성을 갖도록 실험을 계획하여 데이터를 구하면 같은 실험횟수라도 검출력이 더 좋은 검정을 할 수 있고, 정도가 높은 추정을 할 수 있다.

1.3 실험계획의 순서

[순서 1] 실험 목적의 설정
연구대상과 그리고 무엇이 문제인가를 명확히 하여 실험의 목적을 구체적으로 설정한다.

[순서 2] 특성치의 선택
실험의 목적이 정해지면 그 목적을 달성하기 위하여 이와 직결된 실험의 반응치를 특성치로 택하여야 한다. 실험의 목적에 따라서 특성치를 두개 이상 택해 주어야 할 경우도 있다. 만약 실험자가 택한 하나의 특성치가 좋게 되었더라도 다른 특성이 나쁘게 되어 전체적으로 실험의 목적을 달성할 수 없는 경우에는 실험의 목적과 관련된 모든 반응치를 특성치로 하여 주어야 한다.

[순서 3] 인자와 인자수준의 선택
실험의 목적을 달성하기 위하여 이와 관련된 인자는 모두 선택하여 주는 것이 원칙이지만 과다한 인자의 수는 도리어 실험의 정도를 떨어뜨리고 실험비용이 너무 커지기 때문에 실험의 목적을 달성할 수 있다고 생각되는 범위 내에서 최소의 인자를 택해 주어야 한다.

온도, 압력, 장치, 조작방법 등과 같이 기술적으로 수준이 지정되어지는 인자를 **모수인자**(fixed factor)라고 부르는데, 실험의 목적과 관련이 있는 모수인자는 모두 선택하여 주는 것이 좋다. 또한 오전, 오후, 날짜 등과 같이 기술적으로 지정되지 않는 **변량인자**(random factor)도 다른 인자의 효과에 영향을 줄 가능성이 있다고 생각될 때에는 실험의 인자로 택하는 것이 좋다. 다음으로 인자의 수준과 수준수를 선택하여야 한다. 각 인자의 수준과 수준수를 택하는 방법은 다음의 원칙에 따른다.

- 수준은 실험자가 생각하고 있는 관심영역 내에서 선택하게 되는데 수준 간격을 너무 넓게 잡으면 인자수준의 조합에서 생기는 효과인 교호작용이 발생하기 쉽고, 실험자체의 의미가 없어지는 경우도 있을 수 있다. 또한 너무 좁게 잡으면 수준간의 차이가 없게 되어 실험의 효율이 떨어진다.
- 실제로 사용하기 어려운 조건은 수준에서 제외시키고 보통 2~5수준이 적절하며 6수준이 넘지 않도록 하여야 한다.

[순서 4] 실험의 배치와 실험순서의 랜덤화

인자의 수준이 정해지면 실험을 어떻게 실시할 것인가에 대한 구체적인 계획을 세워야 한다. 어떻게 인자의 수준을 조합시켜 실험할 것이며, 블럭의 구성은 어떻게 하고, 실험순서를 위한 랜덤화는 어떻게 할 것인가를 정해 두어야 한다. 블럭이라는 것은 실험을 시간적 혹은 공간적으로 분할하여 그 내부에서 실험의 환경이 균일하도록 만들어 놓은 것이다.

[순서 5] 실험의 실시

실험배치가 끝나고 실험순서가 정해지면 실험하는 방법에 대한 표준을 작성하여 이를 충분히 숙지한 후에 실험을 실시하여야 한다. 실험의 실시는 계획대로 이루어지도록 처음부터 끝까지 충분히 관리해 주어야 한다.

[순서 6] 데이터의 분석

실험의 실시로 얻어지는 데이터에 대하여 어떠한 통계적 방법을 사용하여 분석할 것인가를 정하여야 한다. 데이터 분석은 가능하면 그래프화하여 시작하는 것이 좋다. 데이터를 그래프에 그려봄으로써 특성치의 변동상황을 한 눈에 알아볼 수 있으며, 최적조건의 위치도 짐작할 수 있는 경우가 많다. 또한, 그래프화함으로써 어떠한 통계적 분석방법이 좋은가를 알아낼 수 있는 경우도 있다. 데이터의 통계적 분석방법으로 많이 사용되는 것으로는 분산분석(ANOVA), 통계적 검정과 추정, 상관분석, 회귀분석 등이 있다.

[순서 7] 분석결과의 해석과 조치

실험 결과로부터 최적조건이 얻어지면 이 조건에서 특성치에 대한 추정을 하고 확인실험을 실시하여 실제로 얻어진 최적조건이 최적 특성치를 주는지 확인할 필요가 있다. 확인실험을 하기 위해서는 시험이 재현성을 가져야 하는데, 이처럼 똑같은 조건으로 실험이 반복될 수 있도록 실험계획을 수립해야 할 것이다. 일반적으로 재현성이 없는 실험은 별로 의미가 없다. 그리고 실험결과의 해석이 끝나면 반드시 적절한 조치를 취하여야 한다.

1.4 인자와 인자모형 구분

인자를 크게 구분하면 정량적 인자(quantitative factor)와 정성적 인자(qualitative factor)로 나눈다. 정량적 인자는 연속적으로 이어지는 측정으로 얻어지는 값이며 온도, 압력, 습도 등이 있다.

정성적 인자는 질적 변수에 의해 구분되는 불연속적인 측정으로 얻어지는 값으로 예를 들면, 촉매의 종류, 원료의 종류, 회사별 등이다.

(1) 인자의 종류

① 제어인자(control factor)

온도, 시간, 소재, 성분과 같이 작업 조건을 변경한다든가 구입 규격을 개정하거나 해서 실험 결과를 사용하여 수준을 자유로이 조절할 수 있는 인자를 말한다.

② 표시인자(mark factor)

다른 제어 인자의 수준을 조절하기 위하여 채택되는 인자, 또는 그 자체의 수준은 변경할 수 없으나 그 수준에 대응할 작업 조건을 찾아내고자 할 때 사용하는 인자, 또는 제어 인자와 같은 수준을 가지고 있으나 최량의 수준을 선택하는 것이 무의미한 인자로서 제어 인자의 수준을 조절하기 위하여 채택하는 인자이다.

③ 블록인자(block factor)

실험의 정도를 올릴 목적으로 실험의 장을 층별하기 위하여 채택한 인자를 말한다.

수준에 재현성은 없고, 따라서 제어 인자와의 교호작용을 찾아내도 쓸모가 없다(제어 인자와의 교호 작용은 없다고 생각하는 경우가 많다.)

> **예** 날짜, 로트, 작업자, 지구 등

④ **보조 인자**(support factor)

수준, 주효과 및 교호작용 등의 존재는 의미가 없는 인자이다.

⑤ **오차 인자**

일반적으로 오차라고 하며 실험 조작에 우연적인 산포에서 블록인자에 따른 변동을 배제한 것이다.

(2) 인자모형의 분류

인자를 구조 모형이라는 입장에서 분류하면 다음과 같이 된다. 구조 모형이란 수학적인 모형으로서 측정치의 산포를 요인 효과(주효과와 교호 작용 효과)와 오차로 분해해서 식으로 나타낸 것이다.

① **모수 모형**(fixed model)

기술적으로 조건을 지정할 수 있는 인자에 대한 데이터의 구조 모형으로서 여기서 기술적으로 어떤 조건이 지정된다고 하는 것은 그 조건 아래에서 실험 하였을 때의 데이터의 분포, 즉 그와 같은 일정 조건에 있어서의 모평균이 기술적으로 의미가 있는 경우이다.(모평균 검추정)

② **변량 모형**(random model)

기술적으로 조건을 지정할 수 없는 인자에 대한 데이터의 구조 모형으로서, 원인 자체가 어떤 모평균을 가지고 있고, 각 수준은 이 모형의 주위에 σ_A^2 이라는 분산으로 랜덤하게 산포하고 있다고 간주되는 경우의 모형을 말한다.(모분산 검추정)

③ **혼합 모형**(mixed model)

모수 변형과 변량 모형의 양자를 포함한 구조를 말한다.

2. 분산분석

2.1 분산분석이란?

분산분석(analysis of variance : ANOVA)이란 전체의 변동을 몇 개의 요인효과에 대응하는 변동과 그 나머지의 오차변동으로 나누어서 검정 및 추정을 하는 것을 말한다. 본 교재에서는 특성치의 산포 표시를 large S로 표시하고 이것을 (편차)제곱합 혹은 변동으로 혼용하여 지칭한다.

변동의 분해를 급간(인자간) 변동과 급내(오차)변동으로 나눈다. 즉 특성치의 산포를 요인별로 분해하여 어느 요인이 큰 산포를 나타내는가를 규명하는 방법이다.

예 요인 A → 제곱합 S_A / 자유도 ϕ_A : V_A $\qquad F_O = \dfrac{V_A}{V_E}$

요인 B → 제곱합 S_B / 자유도 ϕ_B : V_B $\qquad F_O = \dfrac{V_B}{V_E}$

요인 E → 제곱합 S_E / 자유도 ϕ_E : V_E

$\qquad \therefore S_T = S_A + S_B + S_E$

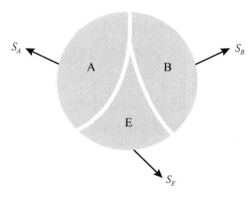

[그림 11-1] 분산분석(ANOVA) 개념도

전체의 변동을 몇 개의 요인효과에 대응하는 변동과 그 나머지의 오차변동으로 나누어서 검정 및 추정을 하는 것을 말한다.

2.2 분산분석의 가정

분산분석은 다음과 같이 몇 가지의 가정(假定)이 필요하다.

① 각 처리에 대응하는 모집단은 일정한 분산을 가진다.

② 각 처리에 대응하는 모집단은 정규분포를 한다.

③ 각 요인수준에 대한 표본데이터는 서로 독립적이다.

④ 각 모집단으로부터 추출한 표본은 랜덤화한다.

3. 일원배치법

3.1 일원배치법의 개념

일원배치법은 어떤 관심 있는 특성치에 대하여 하나의 인자의 영향을 조사하기 위하여 활용되는 실험계획법으로 가장 단순한 실험계획법이라고 할 수 있다. 이 계획은 다음과 같은 경우에 흔히 사용된다.

① 관심 있는 특성치에 대하여 많은 인자가 영향을 주고 있다고 인정되지만 어떤 특정한 하나의 인자만의 영향을 조사하고자 할 때

② 특성치에 영향을 주는 여러 인자의 조사가 어느 정도 진척되고 이들 인자의 정해진 조건에서 특성치에 큰 영향을 주리라고 예상되는 남은 하나의 인자의 영향을 조사하고자 할 때

인자 A의 수준이 l개 있고 각 수준에서 반복수가 똑같이 m인 일원배치법의 데이터는 다음 도표와 같이 배열하는 것이 편리하다.

3.2 일원배치법의 특징

① 수준수와 각 수준에서 얻어지는 측정치의 반복수는 별로 제한이 없다. 대개는 3~5 수준, 반복수는 3~10정도로 많이 사용한다.
② 모든 수준에 대하여 반복수가 일정하지 않아도 된다. 만약에 결측치가 있다면 그 대로 계산하여 반영한다.
③ 실험은 완전 랜덤화하여 모든 특성치를 랜덤순서에 따라서 구한다.

3.3 일원배치법의 데이터 배열

인자 A의 수준이 l개 있고 각 수준에서 반복수가 동일하게 m인 일원배치법의 데이터는 [표 11-1]과 같이 배열한다.

[표 11-1] 일원배치법의 데이터 배열

수 준	A_1	A_2	A_3	$\cdots$	A_l	
실험의 반복	x_{11}	x_{21}	x_{31}	$\cdots$	x_{l1}	
	x_{12}	x_{22}	x_{32}	$\cdots$	x_{l2}	
	$\vdots$	$\vdots$	$\vdots$		$\vdots$	
	x_{1m}	x_{2m}	x_{3m}	$\cdots$	x_{lm}	
합 계 평 균	$T_1.$ $\overline{x}_1.$	$T_2.$ $\overline{x}_2.$	$T_3.$ $\overline{x}_3.$	$\cdots$ $\cdots$	$T_l.$ $\overline{x}_l.$	T $\overline{\overline{x}}$

$$T_{i.} = \sum_{j=1}^{m} x_{ij}, \quad \overline{x}_{i.} = T_{i.}/m, \quad i = 1,\ 2,...,l$$

$$T = \sum_{i=1}^{l} T_{i.,} \quad \overline{\overline{x}} = \frac{T}{lm}$$

먼저 제1수준의 m개의 데이터가 얻어진 원래의 모집단을 생각하여 보자.

제1수준의 실험조건에서 무한회의 실험을 행하였다고 하면, 그 때 얻어진 데이터는 정규분포를 하는 것이 예상되고, 이 분포의 평균치는 μ_1, 분산이 σ_E^2인 정규모집단으로 부터의 확률표본(random sample)으로 볼 수 있다. 이와 같은 생각을 기초로 하여 얻어진 m개의 데이터를 수식으로 표현하면 다음과 같다.

$$x_{1j} = \mu_1 + e_{1j}, \quad j = 1, 2, \ ... \ , m$$

$$\mu_1 : \text{수준 1에서의 모평균}$$

$$e_{1j} : \text{실험오차} \sim N(0, \sigma_{)E}^2$$

A의 다른 수준에서도 같은 내용이 성립하므로 x_{ij}를 일반화하여 나타내면 다음과 같다.

$$x_{ij} = \mu_i + e_{ij}$$

$$i = 1, 2, \ ... \ , l$$

$$j = 1, 2, \ ... \ , m$$

그리고, 이 실험 전체의 모평균을 μ라고 한다면 이는 다음과 같고,

$$\mu = \sum_{i=1}^{l} \mu_i / l$$

μ_i와 μ간의 차이를 a_i로 나타내면,

$$a_i = \mu_i - \mu$$

따라서, 위의 x_{ij}를 달리 표현하면,

$$\begin{aligned} x_{ij} &= \mu_i + e_{ij} \\ &= \mu + (\mu_i - \mu) + e_{ij} \\ &= \mu + a_i + e_{ij} \end{aligned}$$

여기서, a_i는 수준 i에서 모평균 μ_i가 전체의 모평균 μ로부터 어느 정도 치우침을 가지는가를 나타내는 수치로 인자 A의 주효과(main effect)라고 부른다. 주효과 a_i의 합은 0이 된다.

3.4 일원배치법의 분산분석 순서

[순서 1] 제곱합(변동)의 분해

제곱합(변동)을 정의하려면 데이터의 중심과 각 데이터가 중심으로부터 얼마나 떨어져 있는가 하는 거리의 개념이 필요하게 된다.

개개의 데이터 x_{ij}와 총평균 $\overline{\overline{x}}$와의 총편차를 둘로 분해하면 다음과 같다.

총편차의 분해

$$(x_{ij} - \overline{\overline{x}}) = (x_{ij} - \overline{x_{i.}}) + (\overline{x_{i.}} - \overline{\overline{x}})$$
$$\text{총편차} = \text{잔차} + \text{각 수준의 효과}$$

위의 식을 제곱하여 각 처리수준에서 특성치 모두에 대하여 더하면 다음과 같다.

총변동의 분해

$$\sum_{i=1}^{l}\sum_{j=1}^{m}(x_{ij} - \overline{\overline{x}})^2 = \sum_i\sum_j(\overline{x_{i.}} - \overline{\overline{x}})^2 + \sum_i\sum_j(x_{ij} - \overline{x_{i.}})^2$$
$$\text{총변동} = \text{군간변동} + \text{군내변동}$$

여기서, 좌변을 총변동(total sum of square) 또는 총제곱합이라고 부르고 S_T로 나타낸다. 우변의 첫째항은 각 수준의 효과 차이로 인한 변동이므로 군간변동 또는 A의 변동이라 부르고 S_A로 나타낸다. 우변의 둘째 항은 각 수준 내에서의 편차 제곱의 합이므로 군내변동, 오차변동 또는 잔차변동이라 부르고 S_E로 나타낸다. 따라서, 다음과 같은 관계가 성립한다.

$$S_T = S_A + S_E$$

실제로 데이터로부터 각 변동을 계산할 때에는 다음의 식을 사용하면 간편하다.

① 먼저 수정항인 CT를 먼저 계산한다.

$$CT = \frac{T^2}{lm} = \frac{T^2}{N}$$

② 총변동 S_T를 계산한다.

$$S_T = \sum_i \sum_j (x_{ij} - \overline{\overline{x}})^2 = \sum_i \sum_j {x_{ij}}^2 - CT$$

③ A인자의 변동을 구한다.

$$S_A = \sum_i \sum_j (\overline{x}_i . - \overline{\overline{x}})^2 = m \sum_i (\overline{x}_i . - \overline{\overline{x}})^2 = \sum_i \frac{T_{im}^2 . - CT}{}$$

④ 오차변동을 구한다.

$$S_E = S_T - S_A$$

[순서 2] 자유도 계산

① S_T의 자유도(ν_T) : $lm - 1$

② S_A의 자유도(ν_A) : $l - 1$

③ S_E의 자유도(ν_E) : $lm - l = l(m-1)$

총변동의 자유도가 군간변동의 자유도와 군내변동의 자유도로 분해됨을 알 수 있다.

$$\nu_T = \nu_A + \nu_E$$

[순서 3] 분산분석표 작성

[표 11-2] 일원배치법의 분산분석표

요인	제곱합(변동)	자유도	평균제곱	F_o
A	S_A	ν_A	$V_A = \dfrac{S_A}{\nu_A}$	$F_o = \dfrac{V_A}{V_E}$
E	S_E	ν_E	$V_E = \dfrac{S_E}{\nu_E}$	
T	S_T	ν_T		

일원배치법은 인자 A의 각 수준에서 특성치의 차이가 유의한가를 알아보기 위한 계획이므로, 각 수준에서 주효과(a_i)를 "수준 간에 특성치의 차이가 없다"라는 가설검정

의 귀무가설과 대립가설은 다음과 같다.

$$H_o \; : \; a_1 = a_2 = a_3 = \; ... \; = a_l = 0$$

$$H_1 \; : \; a_i \text{는 모두 } 0 \text{ 이 아니다.}$$

유의수준 α에서 만약 F_o의 값이 $F_o > F_{1-\alpha}(\nu_A, \; \nu_E)$ 이면 귀무가설을 기각하고, $F_o \leq F_{1-\alpha}(\nu_A, \; \nu_E)$ 이면 귀무가설을 채택한다.

[순서 4] 분산분석 후 추정

① 각 수준의 모평균(μ_i)의 추정

　μ_i의 점추정량($\widehat{\mu_i}$) : $\widehat{\mu_i} = \overline{x}_{i.}$

　μ_i의 $(1-\alpha) \times 100\%$ 신뢰구간은 다음과 같다.

각 수준의 모평균(μ_i)의 추정

$$\overline{x}_i \pm \; t_{1-\alpha/2}(\nu_E) \sqrt{V_E / m}$$

② 각 수준의 모평균차에 대한 추정과 검정

　$\mu_i - \mu_j$ 를 $\overline{x}_{i.} - \overline{x}_{j.}$로 점추정하면, 이 추정치의 분산은

$$Var(\overline{x}_i. - \overline{x}_j.) = Var(\overline{x}_i.) + Var(\overline{x}_j.) - 2COV(\overline{x}_i., \overline{x}_j.)$$

$$= \frac{\sigma_E^2}{m} + \frac{\sigma_E^2}{m} - 0$$

$$= \frac{2}{m} \sigma_E^2$$

이 된다. 따라서 $\widehat{\sigma_E}^2 = V_E$ 를 사용하여 $\mu_i - \mu_j$ 의 $(1-\alpha) \times 100\%$ 신뢰구간을 구하면 다음과 같다.

$$|\overline{x_{i\cdot}} - \overline{x_{j\cdot}}| \pm t_{1-\alpha/2}(\nu_E)\sqrt{\frac{2V_E}{m}}$$

$H_o : \mu_i = \mu_j, \quad H_1 \ \mu_i \neq \mu_j$ 에 대한 가설검정에서

각 수준의 모평균차의 검정

$$|\overline{x_{i\cdot}} - \overline{x_{j\cdot}}| > t_{1-\alpha/2}(\nu_E)\sqrt{\frac{2V_E}{m}} \quad \text{이면} \quad H_o\text{를 기각한다.}$$

③ 오차분산의 추정

$\hat{\sigma}_E = V_E$ 이므로 σ_E^2 의 신뢰구간은 다음과 같다.

$$\frac{S_E}{\chi_{1-\alpha/2}^2(\nu_E)} \leq \sigma_E^2 \leq \frac{S_E}{\chi_{\alpha/2}^2(\nu_E)}$$

[순서 5] 최적수준의 결정 및 표준화

• 수준 간 유의한 차이가 있는지를 규명하고,

• 최적 수준과 그것의 신뢰구간을 추정한다.

• 경험적으로나 기술적으로 고려할 때 최적수준이 아무런 문제가 없으면 표준화한다.

예제 1 양복원단의 연소성을 측정하기 위하여 4가지 섬유원단으로 만든 옷이 다 탈 때까지의
시간을 측정해서 다음 데이터를 얻었다. 분산분석표를 작성하여 유의성을 검정하고
각 수준의 모평균에 대한 신뢰구간을 추정하라. (신뢰율 95%)

원단 1	원단 2	원단 3	원단 4
17.8	11.2	11.8	14.9
16.2	11.4	11.0	10.8
17.5	15.8	10.0	12.8
17.4	10.0	9.2	10.7
15.0	10.4	9.2	10.7

[풀이]

[순서 1] 제곱합(변동) 계산

① 먼저 수정항인 CT를 먼저 계산한다.

$$CT = \frac{T^2}{lm} = \frac{T^2}{N} = \frac{(253.8)^2}{20} = 3,220.722$$

② 총변동 S_T를 계산한다.

$$S_T = \sum\sum x_{ij}^2 - CT = 3,387.48 - 3,220.722 = 166.758$$

③ A인자의 변동을 구한다.

$$S_A = \sum \frac{T_{i.}^2}{r} - CT$$

$$= \frac{1}{5}[(83.9)^2 + (58.8)^2 + (51.2)^2 + (52.9)^2] - 3,220.722 = 120.498$$

④ 오차변동을 구한다.

$$S_E = S_T - S_A = 166.758 - 120.498 = 46.260$$

[순서 2] 자유도 계산

① S_T의 자유도(ν_T) : $lm - 1 = 20 - 1 = 19$

② S_A의 자유도(ν_A) : $l - 1 = 4 - 1 = 3$

③ S_E의 자유도(ν_E) : $lm - l = l(m-1) = 20 - 4 = 16$

[순서 3] 분산분석표 작성

요인	제곱합(변동)	자유도	평균제곱	F_o	$F(0.05)$
A	120.498	3	40.166	13.893**	3.24
E	46.260	16	2.891		
T	166.758	19			

- 각 수준의 모평균차에 대한 검정

  분산분석표 작성결과 $F_o = 13.893 > F_{0.95}(3,\ 16) = 3.24$ 이므로 귀무가설 H_0를 기각한다. 즉 원단섬유 1, 2, 3, 4간에 유의수준 5%에서 연소성에 차이가 있다고 할 수 있다.

[순서 4] 분산분석 후 추정

① 각 수준의 모평균(μ_i)의 추정

$$\widehat{\mu_1} = 16.78 \pm t_{0.975}(16) \sqrt{2.891 / 5} = 16.78 \pm 1.61 = 15.17 \sim 18.39$$

$$\widehat{\mu_2} = 11.76 \pm t_{0.975}(16) \sqrt{2.891 / 5} = 11.76 \pm 1.61 = 10.15 \sim 13.37$$

$$\widehat{\mu_3} = 10.24 \pm t_{0.975}(16) \sqrt{2.891 / 5} = 10.24 \pm 1.61 = 8.63 \sim 11.85$$

$$\widehat{\mu_4} = 11.98 \pm t_{0.975}(16) \sqrt{2.891 / 5} = 11.98 \pm 1.61 = 10.37 \sim 13.59$$

4. 이원배치법

4.1 이원배치법의 개념

이원배치법이란 문제가 되는 실험인자를 두 개 택하여 행하는 실험으로 반복이 있는 경우와 없는 경우가 있다. 여기에서는 반복이 없는 이원배치법을 소개하고자 하는데, 반복이 없는 이원배치법이란 인자의 수준을 조합한 모든 조건에서 실험의 반복을 행하지 않는 경우의 실험을 말한다.

A인자의 수준수가 l이고 B인자의 수준수가 m인 반복이 없는 이원배치법의 데이터의 배열은 다음과 같다.

4.2 이원배치법의 데이터 배열

[표 11-3] 이원배치법의 데이터 배열

B \ A	A_1 A_2 A_3 $\cdots$ A_l	합 평균
B_1	x_{11} $\quad x_{21}$ $\quad x_{31}$ $\quad \cdots$ $\quad x_{l1}$	$T_{\cdot 1}$ $\quad \overline{x}_{\cdot 1}$
B_2	x_{12} $\quad x_{22}$ $\quad x_{32}$ $\quad \cdots$ $\quad x_{l2}$	$T_{\cdot 2}$ $\quad \overline{x}_{\cdot 2}$
$\vdots$	$\vdots$ $\quad\quad \vdots$ $\quad\quad \vdots$ $\quad\quad\quad \vdots$	$\vdots$ $\quad \vdots$
B_m	x_{1m} $\quad x_{2m}$ $\quad x_{3m}$ $\quad \cdots$ $\quad x_{lm}$	$T_{\cdot m}$ $\quad \overline{x}_{\cdot m}$
합 계 평 균	$T_{1\cdot}$ $\quad T_{2\cdot}$ $\quad T_{3\cdot}$ $\quad \cdots$ $\quad T_{l\cdot}$ $\overline{x}_{1\cdot}$ $\quad \overline{x}_{2\cdot}$ $\quad \overline{x}_{3\cdot}$ $\quad \cdots$ $\quad \overline{x}_{l\cdot}$	T $\overline{\overline{x}}$

앞의 이원배치법의 x_{ij} 데이터의 구조식은 다음과 같다.

$$x_{ij} = \mu + a_i + b_j + e_{ij}$$
$$i = 1, \ 2, \ \ldots \ , \ l$$
$$j = 1, \ 2, \ \ldots \ , \ m$$

단, $e_{ij} \sim N(0, \sigma_E^2)$이고 서로 독립 $\sum a_i = 0, \quad \sum b_j = 0$

4.3 이원배치법의 분산분석 절차

[순서 1] 제곱합(변동)의 분해

제곱합(변동)을 분해하기 전에 총편차를 분해하면 개개의 데이터 x_{ij}와 총평균 $\overline{\overline{x}}$ 의 차이는 다음의 3부분으로 나뉘어진다.

총편차의 분해

$$(x_{ij} - \overline{\overline{x}}) = (\overline{x}_{i\cdot} - \overline{\overline{x}}) + (\overline{x}_{\cdot j} - \overline{\overline{x}}) + (x_{ij} - \overline{x}_{i\cdot} - \overline{x}_{\cdot j} + \overline{\overline{x}})$$

총편차 = A인자의 편차 + B인자의 편차 + 잔차

양변을 제곱한 후에 모든 i와 j에 대하여 합하면 다음의 등식을 얻는다.

총변동의 분해

$$\sum_{i=1}^{l}\sum_{j=1}^{m}(x_{ij}-\overline{\overline{x}})^2 = \sum_i\sum_j(\overline{x_i.}-\overline{\overline{x}})^2 + \sum_i\sum_j(\overline{x._j}-\overline{\overline{x}})^2 + \sum_i\sum_j(x_{ij}-\overline{x_i.}-\overline{x._j}+\overline{\overline{x}})^2$$

총변동 = 인자A의 변동 + 인자B의 변동 + 오차변동

위 식에서 왼쪽 항은 총변동 S_T이고, 오른쪽 항은 차례대로 A의 변동, B의 변동, 오차변동인 S_A, S_B, S_E가 된다. 즉,

$$S_T = S_A + S_B + S_E$$

그런데, 실제로 데이터로부터 각 제곱합(변동)을 계산할 때에는 다음의 식을 사용하면 간편하다.

① 먼저 수정항인 CT를 먼저 계산한다.

$$CT = \frac{T^2}{lm} = \frac{T^2}{N}$$

② 총변동 S_T를 계산한다.

$$S_T = \sum_i\sum_j(x_{ij}-\overline{\overline{x}})^2 = \sum_i\sum_j x_{ij}^2 - CT$$

③ A인자의 변동을 구한다.

$$S_A = \sum_i \frac{T_{i.}^2}{m} - CT$$

④ B인자의 변동을 구한다.

$$S_B = \sum_j \frac{T_{.j}^2}{l} - CT$$

⑤ 오차변동을 구한다.

$$S_E = S_T - S_A - S_B$$

[순서 2] 자유도 계산

① S_T의 자유도(ν_T) : $lm-1$

② S_A의 자유도(ν_A) : $l-1$

③ S_B의 자유도(ν_B) : $m-1$

④ S_E의 자유도(ν_E) : $lm-(l+m-1)=(l-1)(m-1)$

총변동의 자유도가 각 A, B인자 변동의 자유도와 오차변동의 자유도로 분해됨을 알수 있다.

$$\nu_T = \nu_A + \nu_B + \nu_E$$

[순서 3] 분산분석표 작성

여기에서 만약 $F_o = \dfrac{V_A}{V_E} \rangle F_{1-\alpha}(\nu_A, \nu_E)$ 이면 귀무가설 H_o는 유의수준 α에서 기

각된다. 마찬가지로, $F_o = \dfrac{V_B}{V_E} \rangle F_{1-\alpha}(\nu_B, \nu_E)$ 이면 귀무가설 H_o는 유의수준 α에서

기각된다. 귀무가설이 기각되면 A의 변동 S_A가 유의하게 크다고 말하고 A인자의 각 수준에서 모평균 간에는 차가 있다는 의미가 된다.

[표 11-4] 이원배치법의 분산분석표

요인	제곱합(변동)	자유도	평균제곱	F_o
A	S_A	ν_A	$V_A = \dfrac{S_A}{\nu_A}$	$F_o = \dfrac{V_A}{V_E}$
B	S_B	ν_B	$V_B = \dfrac{S_B}{\nu_B}$	$F_o = \dfrac{V_B}{V_E}$
E	S_E	ν_E	$V_E = \dfrac{S_E}{\nu_E}$	
T	S_T	ν_T		

[순서 4] 분산분석 후 추정

① 인자 A_i의 모평균 $\mu(A_i)$ 추정

인자 A_i의 모평균의 추정

$$\overline{x_{i.}} \pm t_{1-\alpha/2}(\nu_E) \sqrt{\frac{V_E}{m}}$$

② 인자 B_j의 모평균 $\mu(B_j)$ 추정

인자 B_j의 모평균의 추정

$$\overline{x_{.j}} \pm t_{1-\alpha/2}(\nu_E) \sqrt{\frac{V_E}{l}}$$

③ 인자 A_iB_j의 모평균 $\mu(A_iB_j)$의 추정

인자 A_iB_j의 모평균의 추정

$$(\overline{x_{i.}} + \overline{x_{.j}} - \overline{\overline{x}}) \pm t_{1-\alpha/2}(\nu_E) \sqrt{\frac{V_E}{n_e}}$$

여기서, n_e는 유효반복수라고 부르며, 다음 식으로 구한다.

$$n_e = \frac{lm}{l + m - 1}$$

④ 인자 A의 i수준과 i'수준의 모평균의 차

인자 A의 i와 i'수준 간의 모평균차의 추정

$$\left| \overline{x_{i.}} - \overline{x_{i'.}} \right| \pm t_{1-\alpha/2}(\nu_E) \sqrt{\frac{2V_E}{m}}$$

⑤ 인자 B의 j수준과 j'수준의 모평균의 차

$$\left| \overline{x}_{\cdot j} - \overline{x}_{\cdot j'} \right| \pm t_{1-\alpha/2}(\nu_E) \sqrt{\frac{2 V_E}{l}}$$

[순서 5] 최적수준의 결정 및 표준화

• 수준간 유의한 차이가 있는지를 규명하고,

• 최적 수준과 그것의 신뢰구간을 추정한다.

• 경험적으로나 기술적으로 고려할 때 최적수준이 아무런 문제가 없으면 표준화한다.

예제 2 2인자 모두 모수모형인 2원배치에서 다음 데이터를 얻었다. 분산분석표를 작성하고 B_2에 대하여 95%로 모평균을 추정하라.

B \ A	A_1	A_2	A_3	A_4	$\overline{x}_{\cdot j}$
B_1	4.1	5.1	4.4	4.3	4.48
B_2	4.6	5.0	5.2	5.4	5.05
B_3	4.9	5.7	5.8	5.9	5.58
$\overline{x}_{i\cdot}$	4.53	5.27	5.13	5.20	$\overline{\overline{x}} = 5.036$

[풀이]

[순서 1] 제곱합(변동) 계산

① 먼저 수정항인 CT를 먼저 계산한다.

$$CT = \frac{T^2}{lm} = \frac{T^2}{N} = \frac{(60.4)^2}{12} = 304.01$$

② 총변동 S_T를 계산한다.

$$S_T = \sum\sum x_{ij}^2 - CT = 307.98 - 304.01 = 3.97$$

③ 각 A, B인자의 변동을 구한다.

$$S_A = \sum \frac{T_{i\cdot}^2}{m} - CT$$

$$= \frac{1}{3}[(13.6)^2 + (15.8)^2 + (15.4)^2 + (15.6)^2] - 304.01 = 1.03$$

$$S_B = \sum \frac{T_{.j}^2}{l} - CT$$

$$= \frac{1}{4}[(17.9)^2 + (20.2)^2 + (22.3)^2] - 304.01 = 2.425$$

④ 오차변동을 구한다.

$$S_E = S_T - S_A - S_B = 3.97 - 1.03 - 2.425 = 0.515$$

[순서 2] 자유도 계산

① S_T의 자유도(ν_T) : $lm - 1 = 12 - 1 = 11$

② S_A의 자유도(ν_A) : $l - 1 = 4 - 1 = 3$

③ S_B의 자유도(ν_B) : $m - 1 = 3 - 1 = 2$

④ S_E의 자유도(ν_E) :

$$lm - (l + m - 1) = (l - 1)(m - 1) = (4 - 1)(3 - 1) = 6$$

[순서 3] 분산분석표 작성

요인	제곱합(변동)	자유도	평균제곱	F_o	$F(0.05)$	$F(0.01)$
A	1.03	3	0.3433	4.00	4.76	
B	2.425	2	1.2125	14.13**	5.14	10.9
E	0.515	6	0.0858			
T	3.97	11				

• 각수준의 모평균차에 대한 검정

분산분석표 작성결과 인자 A는 유의적인 차이가 없고 , 인자 B는 고도로 유의적인 차이가 있다고 할 수 있다.

[순서 4] B_2에 대하여 95%로 모평균을 추정

$$\hat{\mu}(B_2) = 5.05 \pm t_{0.975}(6)\sqrt{0.0858 / 4} = 5.05 \pm 0.357 = 4.693 \sim 5.407$$

01 다음 내용은 실험계획의 기본원리를 나열한 것이다. ( ) 속에 넣어라.

① 랜덤화의 원리   ② ( )의 원리   ③ 블록화의 원리

④ ( )의 원리   ⑤ 직교화의 원리

02 다음은 인자에 대한 설명이다. 해당되는 인자끼리 선으로 연결하라.

① 온도, 시간, 소재, 성분과 같이 작업 조건을 변경한다든가 구입   • 표시인자
규격을 개정하거나 해서 실험 결과를 사용하여 수준을 자유로
이 조절할 수 있는 인자를 말한다.

② 제어 인자와 같은 수준을 가지고 있으나 최량의 수준을 선택하   • 제어인자
는 것이 무의미한 인자로서 제어 인자의 수준을 조절하기 위
하여 채택하는 인자이다.

③ 실험의 정도를 올릴 목적으로 실험의 장을 층별하기 위하여 채   • 보조인자
택한 인자를 말한다.

④ 수준, 주효과 및 교호작용 등의 존재는 의미가 없는 인자이다.   • 오차인자

⑤ 일반적으로 오차라고 하며 실험 조작에 우연적인 산포에서 블   • 블럭인자
록인자에 따른 변동을 배제한 것이다.

03 금속가공 공정에서 5ϕ경강선을 열처리 온도 A를 인자로 하여 $A_1 = 800℃$, $A_2 = 850℃$, $A_3 = 900℃$, $A_4 = 950℃$ 로 가열하여 인장강도를 측정하여 다음과 같은 데이터를 얻었다. 분산분석표를 작성하라.

	A_1	A_2	A_3	A_4
1	59.2	60.5	60.6	60.0
2	59.3	59.4	60.1	60.8
3	59.4	59.8	60.4	61.0

① 분산분석표를 작성하라.

② 각 수준의 모평균차에 대한 검정을 하여 판단하라.

③ 각 수준의 모평균을 95%로 구간 추정하라.

04 다음 분산분석표를 보고 ( )를 채우고 A인자의 유의성을 검정하라.

요인	변동	자유도	평균변동	F_0	$F(0.05)$
A	1.690	3	( )		
E	0.788	( )	( )		
T	( )	19			

❖ A인자의 유의성 검정 결과 ( )

05 다음 분산분석표는 인자 A, B가 모수모형인 경우 A인자는 3수준, B인자는 4수준으로 반복이 없는 이원배치법 실험결과이다.

요인	변동	자유도	평균변동	F_o	$F(0.05)$
A	4.17	②	2.08	⑥	⑧
B	①	③	3.74	⑦	⑨
E	2.12	④	⑤		
T	17.50	11			

① 분산분석표를 작성하라.

② 각 A, B인자에 대한 모평균차에 대한 검정을 하여 판단하라.

06 화학비료 제조공정에서 수율을 높이기 위하여 다음과 같이 실험을 하였다. 두 개의 인자를 선정하였는데 A인자는 반응온도, B인자는 반응시간으로 반복이 없는 이원배치법으로 하였다.

B \ A	A_1	A_2	A_3
B_1	12.5	12.2	13.4
B_2	12.8	12.5	13.2
B_3	13.5	14.0	14.8
B_4	13.9	13.9	14.5

① 분산분석표를 작성하라.

② 각 A, B인자에 대한 모평균차에 대한 검정을 하여 판단하라.

③ A인자의 수준 2에 모평균에 대한 신뢰구간을 95%로 하라.

④ B인자의 수준 1에 모평균에 대한 신뢰구간을 99%로 하라.

부 록

1. 표준정규분포표(1)
[포함하는 확률]

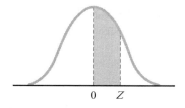

0   Z

▶ 표준정규분포표의 확률변수 $Z(U)$가 0에서 Z까지의 확률값

Z	0.00	0.01	0.02	0.03	0.04	0.05	0.06	0.07	0.08	0.09
0.0	0.0000	0.0040	0.0080	0.0120	0.0160	0.0199	0.0239	0.0279	0.0319	0.0359
0.1	0.0398	0.0438	0.0478	0.0517	0.0557	0.0596	0.0636	0.0675	0.0714	0.0753
0.2	0.0793	0.0832	0.0871	0.0910	0.0948	0.0987	0.1026	0.1064	0.1103	0.1141
0.3	0.1179	0.1217	0.1255	0.1293	0.1331	0.1368	0.1406	0.1443	0.1480	0.1517
0.4	0.1554	0.1591	0.1628	0.1664	0.1700	0.1736	0.1772	0.1808	0.1844	0.1879
0.5	0.1915	0.1950	0.1985	0.2019	0.2054	0.2088	0.2123	0.2157	0.2190	0.2224
0.6	0.2257	0.2291	0.2324	0.2357	0.2389	0.2422	0.2454	0.2486	0.2517	0.2549
0.7	0.2580	0.2611	0.2642	0.2673	0.2704	0.2734	0.2764	0.2794	0.2823	0.2852
0.8	0.2881	0.2910	0.2939	0.2967	0.2995	0.3023	0.3051	0.3078	0.3106	0.3133
0.9	0.3159	0.3186	0.3212	0.3238	0.3264	0.3289	0.3315	0.3340	0.3365	0.3389
1.0	0.3413	0.3438	0.3461	0.3485	0.3508	0.3531	0.3554	0.3577	0.3599	0.3621
1.1	0.3643	0.3665	0.3686	0.3708	0.3729	0.3749	0.3770	0.3790	0.3810	0.3830
1.2	0.3849	0.3869	0.3888	0.3907	0.3925	0.3944	0.3962	0.3980	0.3997	0.4015
1.3	0.4032	0.4049	0.4066	0.4082	0.4099	0.4115	0.4131	0.4147	0.4162	0.4177
1.4	0.4192	0.4207	0.4222	0.4236	0.4251	0.4265	0.4279	0.4292	0.4306	0.4319
1.5	0.4332	0.4345	0.4357	0.4370	0.4382	0.4394	0.4406	0.4418	0.4429	0.4441
1.6	0.4452	0.4463	0.4474	0.4484	0.4495	0.4505	0.4515	0.4525	0.4535	0.4545
1.7	0.4554	0.4564	0.4573	0.4582	0.4591	0.4599	0.4608	0.4616	0.4625	0.4633
1.8	0.4641	0.4649	0.4656	0.4664	0.4671	0.4678	0.4686	0.4693	0.4699	0.4706
1.9	0.4713	0.4719	0.4726	0.4732	0.4738	0.4744	0.4750	0.4756	0.4761	0.4767
2.0	0.4772	0.4778	0.4783	0.4788	0.4793	0.4798	0.4803	0.4808	0.4812	0.4817
2.1	0.4821	0.4826	0.4830	0.4834	0.4838	0.4842	0.4846	0.4850	0.4854	0.4857
2.2	0.4861	0.4864	0.4868	0.4871	0.4875	0.4878	0.4881	0.4884	0.4887	0.4890
2.3	0.4893	0.4896	0.4898	0.4901	0.4904	0.4906	0.4909	0.4911	0.4913	0.4916
2.4	0.4918	0.4920	0.4922	0.4925	0.4927	0.4929	0.4931	0.4932	0.4934	0.4936
2.5	0.4938	0.4940	0.4941	0.4943	0.4945	0.4946	0.4948	0.4949	0.4951	0.4952
2.6	0.4953	0.4955	0.4956	0.4957	0.4959	0.4960	0.4961	0.4962	0.4963	0.4964
2.7	0.4965	0.4966	0.4967	0.4968	0.4969	0.4970	0.4971	0.4972	0.4973	0.4974
2.8	0.4974	0.4975	0.4976	0.4977	0.4977	0.4978	0.4979	0.4979	0.4980	0.4981
2.9	0.4981	0.4982	0.4982	0.4983	0.4984	0.4984	0.4985	0.4985	0.4986	0.4986
3.0	0.4987	0.4987	0.4987	0.4988	0.4988	0.4989	0.4989	0.4989	0.4990	0.4990
3.1	0.4990	0.4991	0.4991	0.4991	0.4992	0.4992	0.4992	0.4992	0.4993	0.4993
3.2	0.4993	0.4993	0.4994	0.4994	0.4994	0.4994	0.4994	0.4995	0.4995	0.4995
3.3	0.4995	0.4995	0.4995	0.4996	0.4996	0.4996	0.4996	0.4996	0.4996	0.4997
3.4	0.4997	0.4997	0.4997	0.4997	0.4997	0.4997	0.4997	0.4997	0.4997	0.4998
4.0	0.49997									

2. 표준정규분포표(2)
[벗어나는 확률]

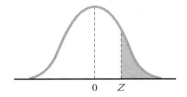

▶ 표준정규분포표의 확률변수 $Z(U)$가 $z_{1-\alpha}$값 이상이 될 한쪽(상측)확률값

Z	0.00	0.01	0.02	0.03	0.04	0.05	0.06	0.07	0.08	0.09
0.0	0.5000	0.4960	0.4920	0.4880	0.4841	0.4801	0.4761	0.4721	04681	0.4641
0.1	0.4602	0.4562	0.4522	0.4483	0.4443	0.4404	0.4364	0.4325	0.4286	0.4247
0.2	0.4207	0.4168	0.4129	0.4091	0.4052	0.4013	0.3974	0.3936	0.3897	0.3859
0.3	0.3821	0.3783	0.3745	0.3707	0.3669	0.3632	0.3594	0.3557	0.3520	0.3483
0.4	0.3446	0.3409	0.3372	0.3336	0.3300	0.3264	0.3228	0.3192	0.3156	0.3121
0.5	0.3085	0.3050	0.3015	0.2981	0.2946	0.2912	0.2877	0.2843	0.2810	0.2776
0.6	0.2743	0.2709	0.2676	0.2644	0.2611	0.2579	0.2546	0.2514	0.2483	0.2451
0.7	0.2420	0.2389	0.2358	0.2327	0.2297	0.2266	0.2236	0.2207	0.2177	0.2148
0.8	0.2119	0.2090	0.2061	0.2033	0.2005	0.1977	0.1949	0.1922	0.1894	0.1867
0.9	0.1841	0.1814	0.1788	0.1762	0.1736	0.1711	0.1685	0.1660	0.1635	0.1411
1.0	0.1587	0.1563	0.1539	0.1515	0.1492	0.1469	0.1446	0.1423	0.1401	0.1379
1.1	0.1357	0.1335	0.1314	0.1292	0.1271	0.1251	0.1230	0.1210	0.1190	0.1170
1.2	0.1151	0.1131	0.1112	0.1094	0.1075	0.1057	0.1038	0.1020	0.1003	0.0985
1.3	0.0968	0.0951	0.0934	0.0918	0.0901	0.0885	0.0869	0.0853	0.0838	0.0823
1.4	0.0808	0.0793	0.0778	0.0764	0.0749	0.0735	0.0721	0.0708	0.0694	0.0681
1.5	0.0668	0.0655	0.0643	0.0630	0.0618	0.0606	0.0594	0.0582	0.0571	0.0559
1.6	0.0548	0.0537	0.0526	0.0516	0.0505	0.0494	0.0485	0.0475	0.0465	0.0455
1.7	0.0446	0.0436	0.0427	0.0418	0.0409	0.0401	0.0392	0.0384	0.0375	0.0367
1.8	0.0359	0.0351	0.0344	0.0336	0.0329	0.0322	0.0314	0.0307	0.0300	0.0294
1.9	0.0287	0.0281	0.0274	0.0268	0.0262	0.0256	0.0250	0.0244	0.0239	0.0233
2.0	0.0228	0.0222	0.0217	0.0212	0.0207	0.0202	0.0197	0.0192	0.0188	0.0183
2.1	0.0179	0.0174	0.0170	0.0166	0.0162	0.0158	0.0154	0.0150	0.0146	0.0143
2.2	0.0139	0.0136	0.0132	0.0129	0.0125	0.0122	0.0119	0.0116	0.0113	0.0110
2.3	0.0108	0.0104	0.0102	$0.0^2 99$	$0.0^2 96$	$0.0^2 94$	$0.0^2 91$	$0.0^2 89$	$0.0^2 87$	$0.0^2 84$
2.4	$0.0^2 82$	$0.0^2 80$	$0.0^2 78$	$0.0^2 75$	$0.0^2 73$	$0.0^2 71$	$0.0^2 69$	$0.0^2 68$	$0.0^2 66$	$0.0^2 64$
2.5	$0.0^2 62$	$0.0^2 60$	$0.0^2 59$	$0.0^2 57$	$0.0^2 55$	$0.0^2 54$	$0.0^2 52$	$0.0^2 51$	$0.0^2 49$	$0.0^2 48$
2.6	$0.0^2 47$	$0.0^2 45$	$0.0^2 44$	$0.0^2 43$	$0.0^2 41$	$0.0^2 40$	$0.0^2 39$	$0.0^2 38$	$0.0^2 37$	$0.0^2 36$
2.7	$0.0^2 35$	$0.0^2 34$	$0.0^2 33$	$0.0^2 32$	$0.0^2 31$	$0.0^2 30$	$0.0^2 29$	$0.0^2 28$	$0.0^2 27$	$0.0^2 26$
2.8	$0.0^2 26$	$0.0^2 25$	$0.0^2 24$	$0.0^2 23$	$0.0^2 23$	$0.0^2 22$	$0.0^2 21$	$0.0^2 21$	$0.0^2 20$	$0.0^2 19$
2.9	$0.0^2 19$	$0.0^2 18$	$0.0^2 18$	$0.0^2 17$	$0.0^2 16$	$0.0^2 16$	$0.0^2 15$	$0.0^2 15$	$0.0^2 14$	$0.0^2 14$
3.0	$0.0^2 13$	$0.0^2 13$	$0.0^2 13$	$0.0^2 12$	$0.0^2 12$	$0.0^2 11$	$0.0^2 11$	$0.0^2 11$	$0.0^2 10$	$0.0^2 10$
3.1	$0.0^3 97$	$0.0^3 94$	$0.0^3 90$	$0.0^3 87$	$0.0^3 84$	$0.0^3 82$	$0.0^3 79$	$0.0^3 76$	$0.0^3 74$	$0.0^3 71$
3.2	$0.0^3 68$	$0.0^3 66$	$0.0^3 64$	$0.0^3 61$	$0.0^3 60$	$0.0^3 58$	$0.0^3 56$	$0.0^3 54$	$0.0^3 52$	$0.0^3 50$
3.3	$0.0^3 48$	$0.0^3 47$	$0.0^3 45$	$0.0^3 43$	$0.0^3 42$	$0.0^3 40$	$0.0^3 39$	$0.0^3 38$	$0.0^3 36$	$0.0^3 35$
3.4	$0.0^3 34$	$0.0^3 32$	$0.0^3 31$	$0.0^3 30$	$0.0^3 29$	$0.0^3 28$	$0.0^3 27$	$0.0^3 26$	$0.0^3 25$	$0.0^3 24$
4.0	$0.0^4 32$									

[주] $0.0^2 82 = 0.0082$, $0.0^3 97 = 0.00097$

3. 표준정규분포표(3)

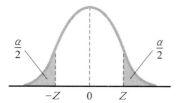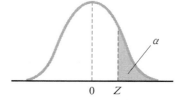

Z	양쪽 $(1-\frac{\alpha}{2})$	한쪽 $(1-\alpha)$
0.675	0.75	0.50
1.282	0.90	0.8
1.645	0.95	0.90
1.960	0.975	0.95
2.326	0.99	0.98
2.576	0.995	0.99
3.090	0.999	0.998

4. t 분포표

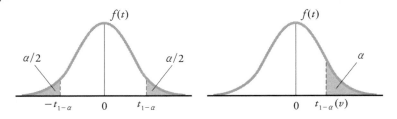

α / ν	0.8	0.9	0.95	0.975	0.99	0.995	0.999
1	1.376	3.078	6.314	12.706	31.821	63.657	318.309
2	1.061	1.886	2.920	4.303	6.965	9.925	22.327
3	0.978	1.638	2.353	3.182	4.541	5.841	10.215
4	0.941	1.533	2.132	2.776	3.747	4.604	7.173
5	0.920	1.476	2.015	2.571	3.365	4.032	5.893
6	0.906	1.440	1.943	2.447	3.143	3.707	5.208
7	0.896	1.415	1.895	2.365	2.998	3.499	4.785
8	0.889	1.397	1.860	2.306	2.896	3.355	4.501
9	0.883	1.383	1.833	2.262	2.821	3.250	4.297
10	0.879	1.372	1.812	2.228	2.764	3.169	4.144
11	0.876	1.363	1.796	2.201	2.718	3.106	4.025
12	0.873	1.356	1.782	2.179	2.681	3.055	3.930
13	0.870	1.350	1.771	2.160	2.650	3.012	3.852
14	0.868	1.345	1.761	2.145	2.624	2.977	3.787
15	0.866	1.341	1.753	2.131	2.602	2.947	3.733
16	0.865	1.337	1.746	2.120	2.583	2.921	3.686
17	0.863	1.333	1.740	2.110	2.567	2.898	3.646
18	0.862	1.330	1.734	2.101	2.552	2.878	3.610
19	0.861	1.328	1.729	2.093	2.539	2.861	3.579
20	0.860	1.325	1.725	2.086	2.528	2.845	3.552
21	0.859	1.323	1.721	2.080	2.518	2.831	3.527
22	0.858	1.321	1.717	2.074	2.508	2.819	3.505
23	0.858	1.319	1.714	2.069	2.500	2.807	3.485
24	0.857	1.318	1.711	2.064	2.492	2.797	3.467
25	0.856	1.316	1.708	2.060	2.485	2.787	3.450
26	0.856	1.315	1.706	2.056	2.479	2.779	3.435
27	0.855	1.314	1.703	2.052	2.473	2.771	3.421
28	0.855	1.313	1.701	2.048	2.467	2.763	3.408
29	0.854	1.311	1.699	2.045	2.462	2.756	3.396
30	0.854	1.310	1.697	2.042	2.457	2.750	3.385
35	0.852	1.306	1.690	2.030	2.438	2.724	3.340
40	0.851	1.303	1.684	2.021	2.423	2.704	3.307
50	0.849	1.299	1.676	2.009	2.403	2.678	3.261
100	0.845	1.290	1.660	1.984	2.364	2.626	3.174
∞	0.842	1.282	1.645	1.960	2.326	2.576	3.090

5. x^2 분포표

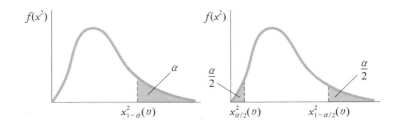

α ν	0.005	0.010	0.025	0.05	0.90	0.95	0.975	0.990	0.995
1	0.0^439	0.0^316	0.0^398	0.0039	2.7055	3.8415	5.0239	6.6349	7.879
2	0.0100	0.0201	0.0506	0.1026	4.6052	5.9915	7.3778	9.2103	10.59
3	0.0717	0.1148	0.2158	0.3518	6.2514	7.8147	9.3484	11.3449	12.84
4	0.2070	0.2971	0.4844	0.7107	7.7794	9.4877	11.1433	13.2767	14.86
5	0.4117	0.5543	0.8312	1.1455	9.2364	11.0705	12.8325	15.0863	16.75
6	0.6757	0.8721	1.2373	1.6354	10.6446	12.5916	14.4494	16.8119	18.55
7	0.9893	1.2390	1.6899	2.1674	12.0170	14.0671	16.0128	18.4753	20.28
8	1.3444	1.6465	2.1797	2.7326	13.3616	15.5073	17.5346	20.0902	21.96
9	1.7349	2.0879	2.7004	3.3251	14.6837	16.9190	19.0228	21.6660	23.59
10	2.1559	2.5582	3.2470	3.9403	15.9871	18.3070	20.4831	23.2093	25.19
11	2.6032	3.0535	3.8158	4.5748	17.2750	19.6751	21.9200	24.7250	26.76
12	3.0738	3.5706	4.4038	5.2260	18.5494	21.0261	23.3367	26.2170	28.30
13	3.5650	4.1069	5.0087	5.8919	19.8119	22.3621	24.7356	27.6883	29.82
14	4.0747	4.6604	5.6287	6.5706	21.0642	23.6848	26.1190	29.1413	31.32
15	4.6009	5.2294	6.2621	7.2609	22.3072	24.9958	27.4884	30.5779	32.80
16	5.1422	5.8122	6.9077	7.9616	23.5418	26.2962	28.8454	31.9999	34.27
17	5.6972	6.4078	7.5642	8.6718	24.7690	27.5871	30.1910	33.4087	35.72
18	6.2648	7.0149	8.2308	9.3905	25.9894	28.8693	31.5264	34.8053	37.16
19	6.8440	7.6327	8.9066	10.1170	27.2036	30.1435	32.8523	36.1908	38.58
20	7.4339	8.2604	9.5908	10.8508	28.4120	31.4104	34.1696	37.5662	40.00
21	8.0337	8.8972	10.2829	11.5913	29.6151	32.6705	35.4789	38.9321	41.40
22	8.6427	9.5425	10.9823	12.3380	30.8133	33.9244	36.7807	40.2894	42.80
23	9.2604	10.1957	11.6885	13.0905	32.0069	35.1725	38.0757	41.6384	44.18
24	9.8862	10.8564	12.4011	13.8484	33.1963	36.4151	39.3641	42.9798	45.56
25	10.5197	11.5240	13.1197	14.6114	34.3816	37.6525	40.6465	44.3141	46.93
26	11.1603	12.1981	13.8439	15.3791	35.5631	38.8852	41.9232	45.6417	48.29
27	11.8076	12.8786	14.5733	16.1513	36.7412	40.1133	43.1944	46.9630	49.64
28	12.4613	13.5648	15.3079	16.9279	37.9159	41.3372	44.4607	48.2782	50.99
29	13.1211	14.2565	16.0471	17.7083	39.0875	42.5569	45.7222	49.5879	52.34
30	13.7867	14.9535	16.7908	18.4926	40.2560	43.7729	46.9792	50.8922	53.67
35	17.1918	18.5089	20.5694	22.4650	46.0588	49.8018	53.2033	57.3421	60.27
40	20.7065	22.1643	24.4330	26.5093	51.8051	55.7585	59.3417	63.4907	66.77
50	27.9907	29.7067	32.3574	34.7643	63.1671	67.5048	71.4202	76.1539	79.49
100	67.3276	70.0649	74.2219	77.9295	118.498	124.342	129.561	135.807	140.2

[주] $0.0^439 = 0.000039$, $0.0^316 = 0.00016$

6. F 분포표($\alpha = 0.05$)

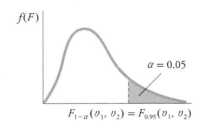

$$F_{1-\alpha}(v_1, v_2) = F_{0.95}(v_1, v_2)$$

v_2 \ v_1	1	2	3	4	5	6	7	8	9	10	12	15	20	24	30	40	60	120	∞
1	161.4	199.5	215.7	224.6	230.2	234.0	236.8	238.9	240.5	241.9	243.9	245.9	248.0	249.1	250.1	251.1	252.2	253.3	254.3
2	18.51	19.00	19.25	19.25	19.30	19.33	19.35	19.37	19.38	19.40	19.41	19.43	19.45	19.45	19.46	19.47	19.48	19.49	19.50
3	10.13	9.55	9.28	9.12	9.01	8.94	8.89	8.85	8.81	8.79	8.74	8.70	8.66	8.64	8.62	8.59	8.57	8.55	8.53
4	7.71	6.94	6.59	6.39	6.26	6.16	6.09	6.04	6.00	5.96	5.91	5.86	5.80	5.77	5.75	5.72	5.69	5.66	5.63
5	6.61	5.79	5.41	5.19	5.05	4.95	4.88	4.82	4.77	4.74	4.68	4.62	4.56	4.53	4.50	4.46	4.43	4.40	4.36
6	5.99	5.14	4.76	4.53	4.39	4.28	4.21	4.15	4.10	4.06	4.00	3.94	3.87	3.84	3.81	3.77	3.74	3.70	3.67
7	5.59	4.74	4.35	4.12	3.97	3.87	3.79	3.73	3.68	3.64	3.57	3.51	3.44	3.41	3.38	3.34	3.30	3.27	3.23
8	5.32	4.46	4.07	3.84	3.69	3.58	3.50	3.44	3.39	3.35	3.28	3.22	3.51	3.12	3.08	3.04	3.01	2.97	2.93
9	5.12	4.26	3.86	3.63	3.48	3.37	3.29	3.23	3.18	3.14	3.07	3.01	2.94	2.90	2.86	2.83	2.79	2.75	2.71
10	4.96	4.10	3.71	3.48	3.33	3.22	3.14	3.07	3.02	2.98	2.91	2.85	2.77	2.74	2.70	2.66	2.62	2.58	2.54
11	4.84	3.98	3.59	3.36	3.20	3.09	3.01	2.95	2.90	2.85	2.79	2.72	2.65	2.61	2.57	2.53	2.49	2.45	2.40
12	4.75	3.89	3.49	3.26	3.11	3.00	2.91	2.85	2.80	2.75	2.69	2.62	2.54	2.51	2.47	2.43	2.38	2.34	2.30
13	4.67	3.81	3.41	3.18	3.03	2.92	2.83	2.77	2.71	2.67	2.60	2.53	2.46	2.42	2.38	2.34	2.30	2.25	2.21
14	4.60	3.74	3.34	3.11	2.96	2.85	2.76	2.70	2.65	2.60	2.53	2.46	2.39	2.35	2.31	2.27	2.22	2.18	2.13
15	4.54	3.68	3.29	3.06	2.90	2.79	2.71	2.64	2.59	2.54	2.48	2.40	2.33	2.29	2.25	2.20	2.16	2.11	2.07
16	4.49	3.63	3.24	3.01	2.85	2.74	2.66	2.59	2.54	2.49	2.42	2.35	2.28	2.24	2.19	2.15	2.11	2.06	2.01
17	4.45	3.59	3.20	2.96	2.81	2.70	2.61	2.55	2.49	2.45	2.38	2.31	2.23	2.19	2.15	2.10	2.06	2.01	1.96
18	4.41	3.55	3.16	2.93	2.77	2.66	2.58	2.51	2.46	2.41	2.34	2.27	2.19	2.15	2.11	2.06	2.02	1.97	1.92
19	4.38	3.52	3.13	2.90	2.74	2.63	2.54	2.48	2.42	2.38	2.31	2.23	2.16	2.11	2.07	2.03	1.98	1.93	1.88
20	4.35	3.49	3.10	2.87	2.71	2.60	2.51	2.45	2.39	2.35	2.28	2.20	2.12	2.08	2.04	1.99	1.95	1.90	1.84
21	4.32	3.47	3.07	2.84	2.68	2.57	2.49	2.42	2.37	2.32	2.25	2.18	2.10	2.05	2.01	1.96	1.92	1.87	1.81
22	4.30	3.44	3.05	2.82	2.66	2.55	2.46	2.40	2.34	2.30	2.23	2.15	2.07	2.03	1.98	1.94	1.89	1.84	1.78
23	4.28	3.42	3.03	2.80	2.64	2.53	2.44	2.37	2.32	2.27	2.20	2.13	2.05	2.01	1.96	1.91	1.86	1.81	1.76
24	4.26	3.40	3.01	2.78	2.62	2.51	2.42	2.36	2.30	2.25	2.18	2.11	2.03	1.98	1.94	1.89	1.84	1.79	1.73
25	4.24	3.39	2.99	2.76	2.60	2.49	2.40	2.34	2.28	2.24	2.16	2.09	2.01	1.96	1.92	1.87	1.82	1.77	1.71
26	4.23	3.37	2.98	2.74	2.59	2.47	2.39	2.32	2.27	2.22	2.15	2.07	1.99	1.95	1.90	1.85	1.80	1.75	1.69
27	4.21	3.35	2.96	2.73	2.57	2.46	2.37	2.31	2.25	2.20	2.13	2.06	1.97	1.93	1.88	1.84	1.79	1.73	1.67
28	4.20	3.34	2.95	2.71	2.56	2.45	2.36	2.29	2.24	2.19	2.12	2.04	1.96	1.91	1.87	1.82	1.77	1.71	1.65
29	4.18	3.33	2.93	2.70	2.55	2.43	2.35	2.28	2.22	2.18	2.10	2.06	1.94	1.90	1.85	1.81	1.75	1.70	1.64
30	4.17	3.32	2.92	2.69	2.53	2.42	2.33	2.27	2.21	2.16	2.09	2.01	1.93	1.89	1.84	1.79	1.74	1.68	1.62
40	4.08	3.23	2.84	2.61	2.45	2.34	2.25	2.18	2.12	2.08	2.00	1.92	1.84	1.79	1.74	1.69	1.64	1.58	1.51
60	4.00	3.15	2.76	2.53	2.37	2.25	2.17	2.10	2.04	1.99	1.92	1.84	1.75	1.70	1.65	1.59	1.53	1.47	1.39
120	3.92	3.07	2.68	2.45	2.29	2.17	2.09	2.02	1.96	1.91	1.83	1.75	1.66	1.61	1.55	1.50	1.43	1.35	1.25
∞	3.84	3.00	2.60	2.37	2.21	2.10	2.01	1.94	1.88	1.83	1.75	1.67	1.57	1.52	1.46	1.39	1.32	1.22	1.00

(분자의 자유도: v_1, 분모의 자유도: v_2)

7. F 분포표($\alpha = 0.025$)

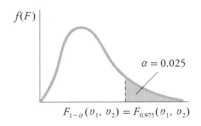

$$F_{1-\alpha}(v_1, v_2) = F_{0.975}(v_1, v_2)$$

ν_2 \ ν_1	1	2	3	4	5	6	7	8	9	10	12	15	20	24	30	40	60	120	∞
1	647.8	799.5	864.2	899.6	921.8	937.1	948.2	956.7	963.3	968.6	976.7	984.9	993.1	997.2	1001	1006	1010	1014	1018
2	38.51	39.00	39.17	39.25	39.30	39.33	39.36	39.37	39.39	39.40	39.41	39.43	39.45	39.46	39.46	39.47	39.48	39.49	39.50
3	17.44	16.04	15.44	15.10	14.88	14.73	14.62	14.54	14.47	14.42	14.32	14.25	14.17	14.12	14.08	14.04	13.99	13.95	13.90
4	12.22	10.65	9.98	9.60	9.36	9.20	9.07	8.98	8.90	8.84	8.75	8.66	8.56	8.51	8.46	8.41	8.36	8.31	8.26
5	10.01	8.43	7.76	7.39	7.15	6.98	6.85	6.76	6.68	6.62	6.52	6.43	6.33	6.28	6.23	6.18	6.12	6.07	6.02
6	8.81	7.26	6.60	6.23	5.99	5.82	5.70	5.60	5.52	5.46	5.37	5.27	5.17	5.12	5.07	5.01	4.96	4.90	4.85
7	8.07	6.54	5.89	5.52	5.29	5.12	4.99	4.90	4.82	4.76	4.67	4.57	4.47	4.42	4.36	4.31	4.25	4.20	4.14
8	7.57	6.06	5.42	5.05	4.82	4.65	4.53	4.43	4.36	4.30	4.20	4.10	4.00	3.95	3.89	3.84	3.78	3.73	3.67
9	7.21	5.71	5.08	4.72	4.48	4.32	4.20	4.10	4.03	3.96	3.87	3.77	3.67	3.61	3.56	3.51	3.45	3.39	3.33
10	6.94	5.46	4.83	4.47	4.24	4.07	3.95	3.85	3.78	3.72	3.62	3.52	3.42	3.37	3.31	3.26	3.20	3.14	3.08
11	6.72	5.26	4.63	4.28	4.04	3.88	3.76	3.66	3.59	3.53	3.43	3.33	3.23	3.17	3.12	3.06	3.00	2.94	2.88
12	6.55	5.10	4.47	4.12	3.89	3.73	3.61	3.51	3.44	3.37	3.28	3.18	3.07	3.02	2.96	2.91	2.85	2.79	2.72
13	6.41	4.97	4.35	4.00	3.77	3.60	3.48	3.39	3.31	3.25	3.15	3.05	2.95	2.89	2.84	2.78	2.72	2.66	2.60
14	6.30	4.86	4.24	3.89	3.66	3.50	3.38	3.29	3.21	3.15	3.05	2.95	2.84	2.79	2.73	2.67	2.61	2.55	2.49
15	6.20	4.77	4.15	3.80	3.58	3.41	3.29	3.20	3.12	3.06	2.96	2.86	2.76	2.70	2.64	2.59	2.52	2.46	2.40
16	6.12	4.69	4.08	3.73	3.50	3.34	3.22	3.12	3.05	2.99	2.89	2.79	2.68	2.63	2.57	2.51	2.45	2.38	2.32
17	6.04	4.62	4.01	3.66	3.44	3.28	3.16	3.06	2.98	2.92	2.82	2.72	2.62	2.56	2.50	2.44	2.38	2.32	2.25
18	5.98	4.56	3.95	3.61	3.38	3.22	3.10	3.01	2.93	2.87	2.77	2.67	2.56	2.50	2.44	2.38	2.32	2.26	2.19
19	5.92	4.51	3.90	3.56	3.33	3.17	3.05	2.96	2.88	2.82	2.72	2.62	2.51	2.45	2.39	2.33	2.27	2.20	2.13
20	5.87	4.46	3.86	3.51	3.29	3.13	3.01	2.91	2.84	2.77	2.68	2.57	2.46	2.41	2.35	2.29	2.22	2.16	2.09
21	5.83	4.42	3.82	3.48	3.25	3.09	2.97	2.87	2.80	2.73	2.64	2.53	2.42	2.37	2.31	2.25	2.18	2.11	2.04
22	5.79	4.38	3.78	3.44	3.22	3.05	2.93	2.84	2.76	2.70	2.60	2.50	2.39	2.33	2.27	2.21	2.14	2.08	2.00
23	5.75	4.35	3.75	3.41	3.18	3.02	2.90	2.81	2.73	2.67	2.57	2.47	2.36	2.30	2.24	2.18	2.11	2.04	1.97
24	5.72	4.32	3.72	3.38	3.15	2.99	2.87	2.78	2.70	2.64	2.54	2.44	2.33	2.27	2.21	2.15	2.08	2.01	1.94
25	5.69	4.29	3.69	3.35	3.13	2.97	2.85	2.75	2.68	2.61	2.51	2.41	2.30	2.24	2.18	2.12	2.05	1.98	1.91
26	5.66	4.27	3.67	3.33	3.10	2.94	2.82	2.73	2.65	2.59	2.49	2.39	2.28	2.22	2.16	2.09	2.03	1.95	1.88
27	5.63	4.24	3.65	3.31	3.08	2.92	2.80	2.71	2.63	2.57	2.47	2.36	2.25	2.19	2.13	2.07	2.00	1.93	1.85
28	5.61	4.22	3.63	3.29	3.06	2.90	2.78	2.69	2.61	2.55	2.45	2.34	2.23	2.17	2.11	2.05	1.98	1.91	1.83
29	5.58	4.20	3.61	3.27	3.04	2.88	2.76	2.67	2.59	2.53	2.43	2.32	2.21	2.15	2.09	2.03	1.96	1.89	1.81
30	5.57	4.18	3.59	3.25	3.03	2.87	2.75	2.65	2.57	2.51	2.41	2.31	2.20	2.14	2.07	2.01	1.94	1.87	1.79
40	5.42	4.05	3.46	3.13	2.90	2.74	2.62	2.53	2.45	2.39	2.29	2.18	2.07	2.01	1.94	1.88	1.80	1.72	1.64
60	5.29	3.93	3.34	3.01	2.79	2.63	2.51	2.41	2.33	2.27	2.17	2.06	1.94	1.88	1.82	1.74	1.67	1.58	1.48
120	5.15	3.80	3.23	2.89	2.67	2.52	2.39	2.30	2.22	2.16	2.05	1.94	1.82	1.76	1.69	1.61	1.53	1.43	1.31
∞	5.02	3.69	3.12	2.79	2.57	2.41	2.29	2.19	2.11	2.05	1.94	1.83	1.71	1.64	1.57	1.48	1.39	1.27	1.00

분자의 자유도 — ν_1 ; 분모의 자유도 — ν_2

8. F 분포표($\alpha = 0.01$)

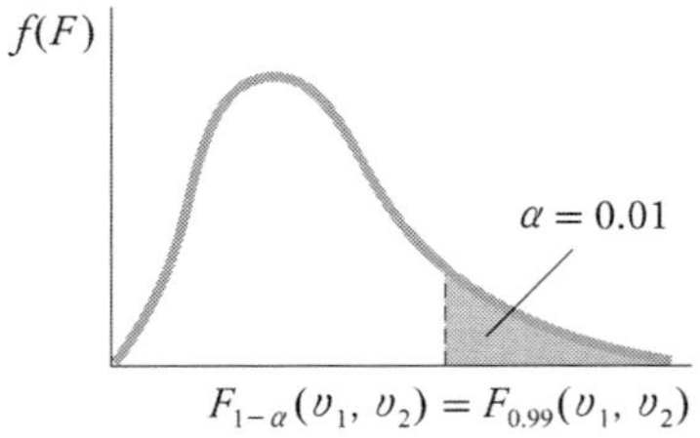

ν_2 (분모의 자유도) \ ν_1 (분자의 자유도)	1	2	3	4	5	6	7	8	9	10	12	15	20	24	30	40	60	120	∞
1	4052	5000	5403	5625	5764	5859	5928	5982	6022	6056	6106	6157	6209	6235	6261	6287	6313	6339	6366
2	98.50	99.00	99.17	99.25	99.30	99.33	99.36	99.37	99.39	99.40	99.42	99.43	99.45	99.46	99.46	99.47	99.48	99.49	99.50
3	34.12	30.82	29.46	28.71	28.24	27.91	27.67	27.49	27.35	27.23	27.05	26.87	26.69	26.60	26.50	26.41	26.32	26.22	26.13
4	21.20	18.00	16.69	15.98	15.52	15.21	14.98	14.80	14.66	14.55	14.37	14.20	14.02	13.93	13.84	13.75	13.65	13.56	13.46
5	16.26	13.27	12.06	11.39	10.97	10.67	10.46	10.29	10.16	10.05	9.89	9.72	9.55	9.47	9.38	9.29	9.20	9.11	9.02
6	13.75	10.92	9.78	9.15	8.75	8.47	8.26	8.10	7.98	7.87	7.72	7.56	7.40	7.31	7.23	7.14	7.06	6.97	6.88
7	12.25	9.55	8.45	7.85	7.46	7.19	6.99	6.84	6.72	6.62	6.47	6.31	6.16	6.07	5.99	5.91	5.82	5.74	5.65
8	11.26	8.65	7.59	7.01	6.63	6.37	6.18	6.03	5.91	5.81	5.67	5.52	5.36	5.28	5.20	5.12	5.03	4.95	4.86
9	10.56	8.02	6.99	6.42	6.06	5.80	5.61	5.47	5.35	5.25	5.11	4.96	4.81	4.73	4.65	4.57	4.48	4.40	4.31
10	10.04	7.56	6.55	5.99	5.64	5.39	5.20	5.06	4.94	4.85	4.71	4.56	4.41	4.33	4.25	4.17	4.08	4.00	3.91
11	9.65	7.21	6.22	5.67	5.32	5.07	4.89	4.74	4.63	4.54	4.40	4.25	4.10	4.02	3.94	3.86	3.78	3.69	3.60
12	9.33	6.93	5.95	5.41	5.06	4.82	4.64	4.50	4.39	4.30	4.16	4.01	3.86	3.78	3.70	3.62	3.54	3.45	3.36
13	9.07	6.70	5.74	5.21	4.86	4.62	4.44	4.30	4.19	4.10	3.96	3.82	3.66	3.59	3.51	3.43	3.34	3.25	3.17
14	8.86	6.51	5.56	5.04	4.69	4.46	4.28	4.14	4.03	3.94	3.80	3.66	3.51	3.43	3.35	3.37	3.18	3.09	3.00
15	8.68	6.36	5.42	4.89	4.56	4.32	4.14	4.00	3.89	3.80	3.67	3.52	3.37	3.29	3.21	3.13	3.05	2.96	2.87
16	8.53	6.23	5.29	4.77	4.44	4.20	4.03	3.89	3.78	3.69	3.55	3.41	3.26	3.18	3.10	3.02	2.93	2.84	2.75
17	8.40	6.11	5.18	4.67	4.34	4.10	3.93	3.79	3.68	3.59	3.46	3.31	3.16	3.08	3.00	2.92	2.83	2.75	2.65
18	8.29	6.01	5.09	4.58	4.25	4.01	3.84	3.71	3.60	3.51	3.37	3.23	3.08	3.00	2.92	2.84	2.75	2.66	2.57
19	8.18	5.93	5.01	4.50	4.17	3.94	3.77	3.63	3.52	3.43	3.30	3.15	3.00	2.92	2.84	2.76	2.67	2.58	2.49
20	8.10	5.85	4.94	4.43	4.10	3.87	3.70	3.56	3.46	3.37	3.23	3.09	2.94	2.86	2.78	2.69	2.61	2.52	2.42
21	8.02	5.78	4.87	4.37	4.04	3.81	3.64	3.51	3.40	3.31	3.17	3.03	2.88	2.80	2.72	2.64	2.55	2.46	2.36
22	7.95	5.72	4.82	4.31	3.99	3.76	3.59	3.45	3.35	3.26	3.12	2.98	2.83	2.75	2.67	2.58	2.50	2.40	2.31
23	7.88	5.66	4.76	4.26	3.94	3.71	3.54	3.41	3.30	3.21	3.07	2.93	2.78	2.70	2.62	2.54	2.45	2.35	2.26
24	7.82	5.61	4.72	4.22	3.90	3.67	3.50	3.36	3.26	3.17	3.03	2.89	2.74	2.66	2.58	2.49	2.40	2.31	2.21
25	7.77	5.57	4.68	4.18	3.85	3.63	3.46	3.32	3.22	3.13	2.99	2.85	2.70	2.62	2.54	2.45	2.36	2.27	2.17
26	7.72	5.53	4.64	4.14	3.82	3.59	3.42	3.29	3.18	3.09	2.96	2.81	2.66	2.58	2.50	2.42	2.33	2.23	2.13
27	7.68	5.49	4.60	4.11	3.78	3.56	3.39	3.26	3.15	3.06	2.93	2.78	2.63	2.55	2.47	2.38	2.29	2.20	2.10
28	7.64	5.45	4.57	4.07	3.75	3.53	3.36	3.23	3.12	3.03	2.90	2.75	2.60	2.52	2.44	2.35	2.26	2.17	2.06
29	7.60	5.42	4.54	4.04	3.73	3.50	3.33	3.20	3.09	3.00	2.87	2.73	2.57	2.49	2.41	2.33	2.23	2.14	2.03
30	7.56	5.39	4.51	4.02	3.70	3.47	3.30	3.17	3.07	2.98	2.84	2.70	2.55	2.47	2.39	2.30	2.21	2.11	2.01
40	7.31	5.18	4.31	3.83	3.51	3.29	3.12	2.99	2.89	2.80	2.66	2.52	2.37	2.29	2.20	2.11	2.02	1.92	1.80
60	7.08	4.98	3.13	3.65	3.34	3.12	2.95	2.82	2.72	2.63	2.50	2.35	2.20	2.12	2.03	1.94	1.84	1.73	1.60
120	6.85	4.79	3.95	3.48	3.17	2.96	2.79	2.66	2.56	2.47	2.34	2.19	2.03	1.95	1.86	1.76	1.66	1.53	1.38
∞	6.63	4.61	3.78	3.32	3.02	2.80	2.64	2.51	2.41	2.32	2.18	2.04	1.88	1.79	1.70	1.59	1.47	1.32	1.00

9. 난수표

87 39 03 32 89	57 01 52 93 64	54 51 33 33 05	69 33 92 31 73
71 60 26 74 32	43 08 67 72 14	75 67 06 58 40	08 88 27 52 74
06 71 36 11 93	46 49 05 79 59	39 26 68 83 62	98 48 88 49 39
26 86 24 22 38	30 82 01 56 96	56 54 88 16 38	10 80 63 74 97
01 01 65 44 47	66 03 63 16 59	79 90 17 18 88	26 75 56 15 03
11 80 13 80 97	69 97 76 77 68	68 87 85 03 92	93 61 24 25 41
44 62 62 28 12	83 57 88 61 73	52 89 65 24 86	21 06 47 86 21
76 16 36 75 96	77 33 97 49 09	70 09 93 74 10	07 59 92 19 20
78 62 73 36 75	17 62 90 37 81	02 65 07 06 32	92 91 61 52 01
52 80 96 18 85	89 44 96 02 74	76 36 60 97 71	14 85 70 25 01
11 45 22 06 41	72 41 22 74 42	98 56 17 05 26	46 44 57 11 52
61 44 64 37 33	70 45 48 21 22	67 64 92 13 50	24 46 33 70 66
90 25 70 04 44	17 80 13 13 89	57 28 39 51 82	67 49 26 52 59
51 22 60 83 91	28 63 18 09 70	07 78 05 00 28	93 83 95 93 84
64 43 19 51 93	21 08 93 60 68	50 23 50 64 37	79 68 36 28 05
63 80 86 43 17	46 55 21 23 06	34 89 71 68 24	47 95 47 47 82
50 71 68 49 98	08 99 78 55 41	06 99 80 00 04	65 44 32 60 64
45 08 84 52 68	09 34 36 32 09	20 93 61 37 67	45 06 47 87 35
63 45 60 28 83	55 93 02 96 39	48 86 79 75 25	41 27 89 93 12
11 93 02 30 42	60 51 57 47 28	81 44 49 24 40	24 14 86 11 39
75 65 50 06 22	14 64 53 20 90	08 13 58 06 04	26 92 02 06 95
05 97 46 66 27	96 92 87 60 29	45 25 65 24 06	36 92 11 91 33
66 35 89 72 98	29 91 74 46 54	11 42 98 93 60	92 20 79 51 12
30 36 92 56 28	46 51 72 04 89	82 35 51 95 48	39 60 76 88 94
70 37 97 81 83	19 96 18 07 88	25 60 95 04 20	91 15 27 68 68
30 76 68 14 00	62 55 65 97 29	74 20 84 39 53	59 66 52 34 66
79 14 14 30 98	47 97 35 11 32	79 32 99 61 99	87 56 69 08 66
29 08 65 71 75	78 48 21 44 72	43 71 76 28 76	84 95 43 12 24
43 66 82 68 26	42 24 83 92 62	30 63 67 57 67	81 66 73 73 90
17 80 91 27 50	20 45 71 71 53	29 53 53 18 53	18 30 59 51 44
99 15 28 63 96	86 84 96 31 02	31 02 91 93 91	13 35 98 87 07
74 88 00 84 14	22 14 69 63 05	05 05 77 22 77	58 09 85 93 44
10 83 19 30 07	25 75 49 28 40	47 40 83 53 83	85 15 22 26 05
50 02 25 84 49	43 93 01 49 86	00 86 21 49 21	21 49 61 53 77
13 49 64 86 78	30 14 79 53 66	39 66 14 70 14	81 81 37 66 98
19 32 71 24 86	65 59 45 97 39	74 39 27 78 27	88 68 18 99 76
42 12 36 77 33	41 74 43 91 03	03 03 14 16 14	29 30 78 21 81
43 45 39 51 51	79 54 65 11 71	56 71 82 42 82	36 13 65 83 80
35 30 77 66 91	22 29 15 70 61	50 61 33 27 33	96 84 77 12 74
77 18 24 19 79	70 20 26 20 30	31 30 39 37 39	53 09 96 06 52
30 14 52 20 56	80 17 50 41 54	64 54 86 94 86	89 42 92 00 37
16 59 02 96 46	72 47 96 17 37	27 37 83 32 83	98 59 21 58 32
79 49 52 69 44	47 05 39 65 24	36 24 45 27 45	85 22 66 45 29
41 58 85 16 74	20 66 22 97 74	46 74 60 99 60	35 09 37 25 52
42 86 32 40 65	39 26 39 51 98	61 98 51 27 51	28 22 18 89 03
65 61 44 33 80	16 00 10 49 16	41 16 24 67 24	35 22 12 52 21
75 34 75 66 51	65 44 63 49 03	59 03 87 65 87	80 60 73 32 38
73 32 14 14 18	01 80 87 74 29	11 29 05 03 05	85 48 77 48 42
39 51 41 61 55	33 47 73 52 94	33 94 46 28 46	33 81 06 00 02
70 07 23 00 02	20 76 92 80 57	45 57 28 82 28	17 01 83 27 09

10. 관리도용 계수표

n	$\overline{X}$관리도 관리한계에 대한 계수			R관리도 중심선에 대한 계수			R관리도 관리한계에 대한 계수			
	A	A_1	A_2	d_2	$1/d_2$	d_3	D_1	D_2	D_3	D_4
2	2.121	3.760	1.880	1.128	0.8865	0.853	0	3.686	0	3.267
3	1.732	2.394	1.023	1.693	0.5906	0.888	0	4.358	0	2.575
4	1.500	1.880	0.729	2.059	0.4857	0.880	0	4.698	0	2.282
5	1.342	1.596	0.577	2.326	0.4299	0.864	0	4.918	0	2.115
6	1.225	1.410	0.483	2.534	0.3946	0.848	0	5.078	0	2.004
7	1.134	1.277	0.419	2.704	0.3698	0.833	0.205	5.203	0.076	1.924
8	1.061	1.175	0.373	2.847	0.3512	0.820	0.387	5.307	0.136	1.864
9	1.000	1.094	0.337	2.970	0.3367	0.808	0.546	5.394	0.184	1.816
10	0.949	1.028	0.308	3.078	0.3249	0.797	0.687	5.496	0.223	1.777
11	0.905	0.973	0.285	3.173	0.3152	0.787	0.812	5.534	0.256	1.744
12	0.866	0.925	0.266	3.258	0.3069	0.778	0.924	5.592	0.284	1.716
13	0.832	0.884	0.249	3.336	0.2998	0.770	1.026	5.646	0.308	1.692
14	0.802	0.848	0.235	3.407	0.2935	0.762	1.121	5.693	0.329	1.671
15	0.775	0.816	0.223	3.472	0.2880	0.755	1.207	5.737	0.348	1.652
16	0.750	0.788	0.212	3.532	0.2831	0.749	1.285	5.779	0.364	1.636
17	0.728	0.762	0.203	3.588	0.2787	0.743	1.359	5.817	0.379	1.621
18	0.707	0.738	0.914	3.640	0.2747	0.738	1.426	5.854	0.392	1.608
19	0.688	0.717	0.187	3.689	0.2711	0.733	1.490	5.888	0.404	1.596
20	0.671	0.697	0.180	3.735	0.2677	0.729	1.548	5.922	0.414	1.586
21	0.655	0.679	0.173	3.778	0.2647	0.724	1.606	5.950	0.425	1.575
22	0.640	0.662	0.167	3.819	0.2618	0.720	1.659	5.979	0.434	1.566
23	0.626	0.647	0.162	3.858	0.2592	0.716	1.710	6.006	0.443	1.557
24	0.162	0.632	0.157	3.895	0.2567	0.712	1.759	6.031	0.452	1.548
25	0.600	0.619	0.153	3.931	0.2544	0.709	1.804	6.058	0.459	1.541
> 25	$3/\sqrt{n}$	$3/\sqrt{n}$	...	...	...	...	...	...	...	...

n	σ관리도 중심선에 대한 계수		σ관리도 관리한계에 대한 계수			
	c_2	$1/c_2$	B_1	B_2	B_3	B_4
2	0.5642	1.7725	0	1.843	0	3.267
3	0.7236	1.3820	0	1.858	0	2.586
4	0.7979	1.2533	0	1.808	0	2.266
5	0.8407	1.1894	0	1.756	0	2.089
6	0.8686	1.1512	0.026	1.711	0.030	1.970
7	0.8882	1.1259	0.105	1.672	0.118	1.882
8	0.9027	1.1078	0.167	1.638	0.185	1.815
9	0.9139	1.0942	0.219	1.609	0.239	1.761
10	0.9227	1.0837	0.262	1.584	0.284	1.716
11	0.9300	1.0753	0.299	1.561	0.321	1.679
12	0.9359	1.0684	0.331	1.541	0.354	1.646
13	0.9410	1.0627	0.359	1.523	0.382	1.618
14	0.9543	1.0579	0.384	1.507	0.406	1.594
15	0.9490	1.0537	0.406	1.492	0.428	1.572
16	0.9523	1.0501	0.427	1.478	0.448	1.552
17	0.9551	1.0470	0.445	1.465	0.466	1.534
18	0.9576	1.0442	0.461	1.454	0.482	1.518
19	0.9599	1.0418	0.477	1.443	0.497	1.503
20	0.9619	1.0396	0.491	1.433	0.510	1.490
21	0.9638	1.0376	0.504	1.424	0.523	1.477
22	0.9655	1.0358	0.516	1.415	0.534	1.466
23	0.9670	1.0342	0.527	1.407	0.545	1.455
24	0.9684	1.0327	0.538	1.399	0.555	1.445
25	0.9696	1.0313	0.548	1.392	0.565	1.435
> 25	...	...	*	**	*	**

연습문제풀이

1. ① $\bar{x} = 224.1$ 　　　　　② $S = 2{,}563{,}473 - \dfrac{(11{,}205)^2}{50} = 52{,}432.5$

　③ $s^2 = \dfrac{52{,}432.5}{49} = 1070.05$ 　　　④ $s = 32.71$

　⑤ $SE = \dfrac{32.71}{\sqrt{50}} = 4.626$ 　　　　⑥ 범위 $= 309 - 176 = 133$

　⑦ $CV = \dfrac{32.71}{224.1} \times 100 = 14.60\%$

2. 중위수 $= \dfrac{45 + 50}{2} = 47.5$ 　　　산술평균 $= 4.98$

3. $\bar{x} = \dfrac{(8{,}000 \times 200) + (10{,}000 \times 330) + (3{,}000 \times 220)}{200 + 330 + 750} = 7{,}413.3$

4. $H = \dfrac{2}{\dfrac{1}{5} + \dfrac{1}{4}} = 4.44 km/hr$

5. $CV_{남자} = \dfrac{6}{300} \times 100 = 2$ 　　　$CV_{여자} = \dfrac{3}{200} \times 100 = 1.5$

6. $\bar{x} = \dfrac{(5 \times 6) + \cdots + (45 \times 5)}{42} = 31.19$

7. $H = \dfrac{7}{\dfrac{1}{4} + \dfrac{1}{3} + \cdots + \dfrac{1}{10}} = 4.21$, 　　$M_e = 5$

8. $G = (4 \times 5 \times 6 \times 9 \times 10 \times 13 \times 16)^{\frac{1}{7}} = \sqrt[7]{2246400} = 8.079$

1. 데이터시트

순위	항목	데이터수	비율(%)	누적데이터수	누적비율(%)
1	재료	34	29.82	34	29.82
2	편심	24	21.05	58	50.88
3	도금	18	15.79	76	66.67
4	조도	15	13.16	91	79.82
5	센터	7	6.14	98	85.96
6	치수	5	4.39	103	90.35
7	운반	3	2.63	106	92.98
8	기포	3	2.63	109	95.61
9	기타	5	4.39	114	100.00
	합계	114	100.00		

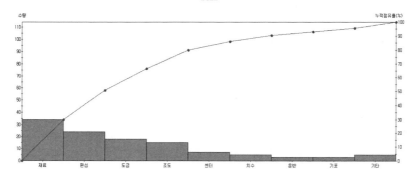

파레토도

2. 산점도

산점도 (회귀직선 : Y = -25.870283 + 41.799998 X, 상관계수(r) = 0.779084429509)

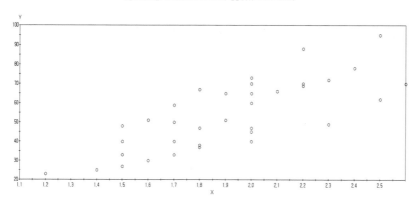

4. ① $k = 1 + 3.3\log 50 = 6.6 \fallingdotseq 7$ ② 범위 $= 309 - 176 = 133$ ③ 구간의 폭 $h = \dfrac{133}{7} = 19$

④ 제 1구간의 하한경계치 $= 176 - \dfrac{1}{2} = 175.5$

⑤ 도수분포표

경계치	중앙치	check	도수 (f)	u	fu	fu²
175.5~194.5	185		5	-1	-5	5
194.5~213.5	204		22	0	0	0
213.5~232.5	223		7	1	7	7
232.5~251.5	242		5	2	10	20
251.5~270.5	261		5	3	15	45
270.5~289.5	280		4	4	16	64
289.5~308.5	299		1	5	5	25
308.5~327.5	318		1	6	6	36
합계			50		54	202

제3장 확률 및 확률분포

1. $P(B_2/A_1)\dfrac{P(A_1 \cap B_2)}{P(A_1)} = \dfrac{0.4}{0.6} = 0.67$

2. (1) $P(A/B) = 0.8$ (2) $P(A \cap B) = 0.1$ (3) $P(B) = 0.75$

3. (1) 결합확률표

구분	정년직 A	비정년직 $\overline{A}$	합계
남자 B	0.11	0.05	0.16
여자 $\overline{B}$	0.40	0.44	0.84
합계	0.51	0.49	1.00

(2) $P(\overline{A}/B) = 0.313$

(3) $P(A/\overline{B}) = 0.476$

4. $P(A \cap B) = P(B/A) \cdot P(A) = 0.25 \times 0.2 = 0.05$

5. $P(A \cap B) = P(A) \cdot P(B) = 0.80 \times 0.7 = 0.56$

6. (1) S = {1H, 2H, 3H … 6H, 1T, 2T … 6T}

(2) P = {1H, 1T, 3H, 3T, 5H, 5T} = 0.5

(3) P = {1H, 2H, 3H … 6H} = 0.5

(4) P = {1T, 3T, 5T} = 0.25

7. (1) $f(-1) = -\frac{1}{6} < 0$ 이므로 확률밀도함수가 아님

(2) $f(-1) = \frac{2}{10} \geq 0$ $f(0) = \frac{1}{10} \geq 0$ $f(1) = \frac{2}{10} \geq 0$ $f(2) = \frac{5}{10} \geq 0$

f(-1)+f(0)+f(1)+f(2)=1 이므로 확률밀도함수임.

(3) $f(1) = \frac{1}{6} > 0$ $f(2) = \frac{2}{6} > 0$ $f(3) = \frac{3}{6} > 0$

f(1)+f(2)+f(3)=1 이므로 확률밀도함수임.

8. (1) 기대치 $E(X) = 3.29$ 분산 $Var(X) = 2.09$ 표준편차 $= \sqrt{2.09031} = 1.446$

(2) $P(2 \leq X \leq 4) = 0.77$

(3) $F(4) = 0.85$

9. 기댓값 $E(X) = 2$

10. $E(2X - 3Y + 6) = 2E(X) - 3E(Y) + 6 = 7$

11. (1) $E(2X - 6) = 4$ $Var(2X - 6) = 2^2 Var(X) = 36$

(2) $E(5X) = 25$ $Var(5X) = 5^2 Var(X) = 225$

(3) $E(4X + 4) = 24$ $Var(4X + 4) = 4^2 Var(X) = 144$

12. $E(Y) = E(2X_1 + 3X_2) = 2E(X_1) + 3E(X_2) = 52$

$V(Y) = 4V(X_1) + 9V(X_2) = 100$

제4장 이산확률분포

1. $D(X) = \sqrt{nP(1-P)} = 3.77$

2. $E(X) = p = 0.05,$ $Var(X) = pq = 0.0475$

3. $P(X = 0) = 0.809$

4. ①

X	P(X)
0	0.02799
1	0.13064
2	0.26127
3	0.2903
4	0.1935
5	0.0774
6	0.0172
7	0.0016

② $E(X) = 2.8,\quad Var(X) = np(1-p) = 1.68$

5. $P(x = 2) = 0.206$

6. $P(X \le 2) = P(0) + P(1) + P(2) = 0.0296$

7. $P(X \ge 3) = 0.191$

8. $P(x \le 2) = 0.676$

9. $P(x = 3) = 0.0879$

10. ① $P(x = 2) = 0.1688$ ② $P(x = 2) = 0.16686$ ③ $P(x = 2) = 0.16466$

11. ① $P(x = 0) = 0.665$ ② $P(x \le 2) = 0.9937$ ③ $P(x = 20) = 0.000000$

④ $P(X \ge 3) = 0.0063$

12. $P(x = 3) = 0.0521$

제5장 연속확률분포

1. ① 0.6826 ② 0.9544 ③ 0.9974

2. ① $P(X \ge 20) = P(\dfrac{X - \mu}{\sigma} \ge \dfrac{20 - 20}{4}) = Z \ge 0$

② $P(15 \le X \le 20) = P(\dfrac{15 - 20}{4} \le \dfrac{X - \mu}{\sigma} \le \dfrac{20 - 20}{4}) = -1.25 \le Z \le 0$

3. ① $P = 0.3721$ ② $P = 0.2266$ ③ $P = 0.0188$

4. ① $P(700 \le X \le 900) = P(\dfrac{700 - 800}{120} \le \dfrac{X - \mu}{\sigma} \le \dfrac{900 - 800}{120})$

$$= P(-0.833 \leq Z \leq 0.833) = 0.5934$$

② $P(X \leq 700) = P(\dfrac{X-\mu}{\sigma} \leq \dfrac{700-800}{120}) = 0.2033$

③ $P(X \geq 900) = P(\dfrac{X-\mu}{\sigma} \geq \dfrac{900-800}{120}) = 0.2033$

5. ① $P(6 \leq X \leq 10) = P(-1 \leq Z \leq 1) = 0.6826$

② $P(X \leq 7) = P(\dfrac{X-\mu}{\sigma} \leq \dfrac{7-8}{2}) = 0.3085$

③ $P(X \geq 10) = P(\dfrac{X-\mu}{\sigma} \geq \dfrac{10-8}{2}) = 0.1587$

6. $P(X < 90) = (\dfrac{X-\mu}{\sigma} < \dfrac{90-95}{2.5}) = 0.0228$

7. $P(3.75 \leq X \leq 4.5) = P(\dfrac{3.75-4}{0.5} \leq \dfrac{X-\mu}{\sigma} \leq \dfrac{4.5-4}{0.5}) = 0.5328$

8. $P(455 \leq X < 545) = P(-1.5 \leq Z \leq 1.5) = 0.8664$

9. $P(X \geq 80) = P(\dfrac{X-\mu}{\sigma} \geq \dfrac{80-88}{5}) = 0.9452$

10. $P(X \geq 62) = P(\dfrac{X-\mu}{\sigma} \geq \dfrac{62-50}{5}) = 0.0082$

11. $1 - P(X) = 1 - P(24.3 \leq X \leq 25.7) = 1 - P(\dfrac{24.3-25}{0.25} \leq \dfrac{X-\mu}{\sigma} \leq \dfrac{25.7-20}{0.25}) = 0.0376$

12. $\chi^2_{0.975}(14) = 26.1190$

제6장 검정

1. $H_0 : \mu = 50.10mm, \quad H_1 : \mu \neq 50.10mm$

$Z_0 = \dfrac{50.09 - 50.10}{0.07/\sqrt{40}} = -0.904$

$Z_0 = -0.904 \geq Z_{0.975} = -1.96$ 이므로 귀무가설 채택

즉, 모평균에 대한 차이가 있다고 할 수 없음.

2. $H_0 : \mu = \mu_0, \quad H_1 : \mu \neq \mu_0$

$$t_0 = \frac{0.0164 - 0.015}{\sqrt{0.000002044} \, / \, \sqrt{10}} = 3.0967$$

$t_0 = 3.0967 \geq t_{0.975}(9) = 2.262$ 이므로 귀무가설 기각, 대립가설 채택

3. $H_0 : \mu_A = \mu_B, \qquad H_1 : \mu_A \neq \mu_B$

$$Z_0 = \frac{23.083 - 22.333}{\sqrt{\dfrac{5^2}{12}} + \sqrt{\dfrac{5^2}{12}}} = 0.3674$$

$Z_0 = 0.3674 \leq Z_{0.975} = 1.96$ 이므로 귀무가설 채택.

즉, A사와 B사와의 인장강도가 차이가 있다고 할 수 없다.

4. $H_0 : \sigma_A^2 = \sigma_B^2 \qquad H_1 : \sigma_A^2 \neq \sigma_B^2$

$$F_o = \frac{0.001984}{0.001107} = 1.7922$$

$F_o = 1.7922 \leq F_{0.975}(7, \ 7) = 4.99$ 이므로 귀무가설 채택.

5. $H_0 : \sigma^2 = 0.01 \qquad H_1 : \sigma^2 < 0.01$

$$\chi_0^2 = \frac{0.1539}{0.01} = 15.39$$

$\chi_o^2 = 15.39 \geq \chi_{0.05}^2(19) = 10.117$ 이므로 귀무가설 채택.

6. $Z_o = \dfrac{0.06667 - 0.05}{\sqrt{\dfrac{0.05(1 - 0.05)}{120}}} = \dfrac{0.01667}{\sqrt{0.0003958}} = 0.8379$

7. $H_0 : P_A = P_B, \qquad H_1 : P_A \neq P_B$

$$Z_o = \frac{0.05 - 0.044}{\sqrt{0.04727(1 - 0.04727)\left(\dfrac{1}{300} + \dfrac{1}{250}\right)}} = 0.3302$$

$Z_0 = 0.3302 \leq Z_{0.995} = 2.576$ 이므로 귀무가설 채택.

8. $H_0 : P = 0.03, \qquad H_1 : P \neq 0.03$

$$Z_o = \frac{0.0267 - 0.03}{\sqrt{\dfrac{0.03(1 - 0.03)}{150}}} = -0.23693$$

$Z_0 = -0.23693 \geq -Z_{0.975} = -1.96$ 이므로 귀무가설 채택.

9. $H_0 : P_A = P_B, \qquad H_1 : P_A \neq P_B$

$$Z_o = \frac{0.0454 - 0.0306}{\sqrt{0.03846(1 - 0.03846)\left(\dfrac{1}{110} + \dfrac{1}{98}\right)}} = 0.554$$

$Z_0 = 0.554 \leq Z_{0.975} = 1.96$ 이므로 귀무가설 채택.

10. $H_0 : C = 35 \quad H_1 : C \neq 35$

$$Z_o = \frac{25 - 35}{\sqrt{35}} = -1.6903$$

$Z_0 = -1.6903 \geq -Z_{0.975} = -1.96$ 이므로 귀무가설 채택.

11. $H_0 : C_A = C_B, \quad H_1 : C_A \neq C_B$

$$Z_o = \frac{78 - 85}{\sqrt{78 + 85}} = -0.0746$$

$Z_0 = -0.0746 \geq -Z_{0.975} = -1.96$ 이므로 귀무가설 채택.

12. $H_0 : C_A = C_B, \quad H_1 : C_A \neq C_B$

$$Z_o = \frac{5 - 7}{\sqrt{5 + 7}} = -0.57735$$

$Z_0 = -0.57735 \geq -Z_{0.995} = -2.576$ 이므로 귀무가설 채택.

13. $\chi_o^2 = \dfrac{\left(|ad - bc| - \dfrac{T}{2}\right)^2 \cdot T}{T_1 \cdot T_2 \cdot T_A \cdot T_B}$

14. $\chi_o^2 = \sum_{i=1}^{k} \dfrac{(O - E)^2}{E} = \dfrac{(12 - 10)^2 + (11 - 10^2 + \cdots + (9 - 10)^2}{10} = 2.8$

$\chi_o^2 = 2.8 < \chi_{0.95}^2(5) = 11.07$이므로 귀무가설 채택.

15. $\chi_o^2 = \dfrac{\left(|258 \times 18 - 13 \times 269| - \dfrac{558}{2}\right)^2 \cdot 558}{527 \cdot 31 \cdot 271 \cdot 287} = 0.331$

$\chi_o^2 = 0.331 < \chi_{0.95}^2(1) = 3.8415$이므로 귀무가설 채택.

제7장 추정

1. ① $\hat{\mu} = 10.57,$ ② $\widehat{\sigma^2} = \dfrac{S}{n-1} = 0.205$ $\left(S = 1119.095 - \dfrac{11172.49}{10} = 1.846\right)$

   ③ $\sigma = 0.4529$

2. $\mu = 0.824 \pm 2.576 \dfrac{0.042}{\sqrt{200}} = 0.842 \pm 0.00765$

3. $\mu = 1.78 \pm 1.96 \dfrac{0.7}{\sqrt{9}} = 1.78 \pm 0.457$

4. $\mu = 66.2 \pm t_{0.975}(9) \sqrt{\dfrac{16.178}{10}} = 66.2 \pm 2.877$

5. $\mu = 665 \pm 2.576 \dfrac{8}{\sqrt{50}} = 655 \pm 2.914$

6. $\widehat{\mu_A - \mu_B} = 0.72 \pm 1.96 \sqrt{\dfrac{0.2^2}{10} + \dfrac{0.15^2}{8}} = 0.72 \pm 0.1618$

7. $\mu_A - \mu_B = 9.5 \pm 2.576 \sqrt{7.1132} = 9.5 \pm 6.870$

8. $\widehat{\mu_A - \mu_B} = 0.675 \pm t_{0.975}(14) \sqrt{0.1268} \sqrt{\dfrac{1}{8} + \dfrac{1}{8}} = 0.675 \pm 0.3819$

9.

A	0.83	0.88	0.87	0.83	0.79	0.83	합계
B	0.80	0.85	0.83	0.80	0.76	0.81	
d	0.03	0.03	0.04	0.03	0.03	0.02	$\sum d = 0.18$
d^2	0.0009	0.0009	0.0016	0.0009	0.0009	0.0004	$\sum d^2 = 0.0056$

$$S_d = 0.0056 - \dfrac{(0.18)^2}{6} = 0.0002, \quad V_d = \dfrac{0.0002}{5} = 0.00004 \text{이므로}$$

$$\widehat{\mu_A - \mu_B} = 0.03 \pm t_{0.975}(5) \sqrt{\dfrac{0.00004}{6}} = 0.03 \pm 0.00664$$

10. $\dfrac{0.1224}{\chi^2_{0.975}(9)} \leq \sigma^2 \leq \dfrac{0.01224}{\chi^2_{0.025}(9)} = 0.00643 \leq \sigma^2 \leq 0.0453$

11. $P = 0.08 \pm 1.96 \sqrt{\dfrac{0.08(1-0.08)}{500}} = 0.08 \pm 0.0238$

12. $P = 0.04167 \pm 2.576 \sqrt{\dfrac{0.04167(1-0.04167)}{120}} = 0.04167 \pm 0.04699$

13. $\widehat{P_1 - P_2} = 0.01 \pm 1.96 \sqrt{\dfrac{0.07(1-0.07)}{100} + \dfrac{0.06(1-0.06)}{200}} = 0.01 \pm 0.05987$

14. $P_1 - P_2 = 0.04 \pm 2.576 \sqrt{\dfrac{0.1(1-0.1)}{120} + \dfrac{0.06(1-0.06)}{150}} = 0.04 \pm 0.08644$

15. $\widehat{C_A - C_B} = 7 \pm 1.96 \sqrt{42 + 35} = 7 \pm 17.99$

16. $C = 16 \pm 1.96 \sqrt{16} = 16 \pm 7.84$

17. $U = 0.3 \pm 1.96 \sqrt{\dfrac{0.3}{100}} = 0.3 \pm 0.10735$

18. $\widehat{C_A - C_B} = 9 \pm 1.96\sqrt{28 + 37} = 9 \pm 15.80$

19. $n = \left(\dfrac{1.96 \times 0.51}{0.3}\right)^2 = 11.1 \fallingdotseq 12$

제8장 상관분석과 회귀분석

1. $S_{xx} = 275 - \dfrac{37^2}{6} = 46.833$, $\quad S_{yy} = 391 - \dfrac{45^2}{6} = 53.5$, $\quad S_{xy} = 323 - \dfrac{37 \times 45}{6} = 45.5$

   $r = \dfrac{45.5}{\sqrt{46.833 \times 53.5}} = 0.909$

2. (1) $r = \dfrac{3.5993}{\sqrt{18100.1 \times 0.0007269}} = 0.992$

   (2) $H_0 : \rho = 0$, $\quad H_1 : \rho \neq 0$

   $t_o = \dfrac{0.992}{\sqrt{\dfrac{1 - (0.992)^2}{8}}} = 22.2263$

   $t_o = 22.2263 \geq t(8, \ 0.025) = 2.306$ 이므로 귀무가설 기각, 대립가설 채택.

3. $b = \dfrac{S_{xy}}{S_{xx}} = \dfrac{396.2}{74.5} = 5.318$ $\quad y - 32.6 = 5.318(x - 3.5)$ $\quad \therefore y = 13.987 + 5.318x$

4. $b = \dfrac{S_{xy}}{S_{yy}} = \dfrac{43}{186.8} = 0.230$ $\quad x - 5 = 0.230(y - 10.8)$ $\quad \therefore x = 2.516 + 0.230y$

5. (1) $H_0 : \rho = 0$, $\quad H_1 : \rho \neq 0$

   $t_o = \dfrac{0.9192}{\sqrt{\dfrac{1 - (0.9192)^2}{3}}} = 4.043$

   $t_o = 4.043 \geq t(3, \ 0.025) = 3.182$ 이므로 귀무가설 기각, 대립가설 채택.

   (2) $y = 1.8 + 1.3x$

   (3) $H_0 : \rho = 0.5$, $\quad H_1 : \rho \neq 0.5$

   $Z_o = \sqrt{5 - 3}\,[1.582555 - 0.54306] = 1.4612$

   $Z_o = 1.4612 \leq Z(0.025) = 1.96$ 이므로 귀무가설 채택.

6. $S_R = b^2 \cdot S_{xx} = \dfrac{(S_{xy})^2}{S_{xx}} = \dfrac{(67.8)^2}{90.5} = 50.79$

7. $r^2 = \left(\dfrac{305}{\sqrt{55 \times 2900}} \right)^2 = 0.58$

8. $V_{xy} = \dfrac{198.625}{7} = 28.375$

9. $S_e = S_{yy} - S_R = 46 - \dfrac{86.6^2}{165.7} = 0.74$

10. $S_R = \dfrac{S_{xy}^2}{S_{xx}} = \dfrac{13^2}{34} = 4.97$

제9장 관리도

1. $\overline{\overline{x}} = (75 + 63)/2 = 69$

2. $LCL = \overline{x} - 3 \dfrac{\overline{R_s}}{d_2} = 12.8 - 3 \dfrac{0.625}{1.128} = 10.3378$

3. $\overline{\overline{x}} = (104 + 60)/2 = 82, \quad A_2\overline{R} = (UCL - LCL)/2 = (104 - 50)/2 = 27$

   $\overline{R} = 27/1.023 = 26.393$

4. $U(L)CL = 40 \pm 3 \dfrac{1}{\sqrt{5}} \dfrac{7}{2.326} = 40 \pm 4.0376$

5. $A_2\overline{R} = (UCL - LCL)/2 = (80 - 64)/2 = 8, \quad A_2 = \dfrac{3}{d_2\sqrt{n}} = \dfrac{3}{2.059 \times \sqrt{4}} = 0.7285$

   $\overline{R} = \dfrac{8}{0.7285} = 10.981, \qquad \therefore \ \sigma = \dfrac{\overline{R}}{d_2} = \dfrac{10.981}{2.059} = 5.333$

6. $UCL = 0.07 + 3 \sqrt{\dfrac{0.07(1 - 0.07)}{64}} = 0.1657$

7. $LCL = 0.271 - 3 \sqrt{\dfrac{0.271(1 - 0.271)}{50}} = 0.08243$

8. $U(L)CL = 5.6 \pm 3 \sqrt{5.6} = 5.6 \pm 7.099$

9. $U(L)CL = 6.6 \pm 3 \sqrt{6.6(1 - 0.022)} = 6.6 \pm 7.6219$

10. $\dfrac{1}{\alpha} = \dfrac{1}{0.027} = 370.4$

11. $n = \dfrac{1000}{50} = 20, \qquad \therefore \ u = \dfrac{c}{n} = \dfrac{8}{20} = 0.4$

12. $\bar{x}$ 관리도 $A_2\bar{R} = (UCL - LCL)/2,$ $UCL - LCL = 2 \times A_2\bar{R}$ 이므로

$$A_2 = \frac{UCL - LCL}{2\bar{R}} = \frac{5.16}{2 \times 3.54} = 0.729 \quad \therefore n = 4$$

13. $\bar{p} \sim N\left(p, \dfrac{p(1-p)}{n}\right)$ 이므로 $UCL = \bar{p} + 3\sqrt{\dfrac{\bar{p}(1-\bar{p})}{n}} =$

$$0.05 + 3\sqrt{\frac{0.05(1 - 0.05)}{50}} = 0.142$$

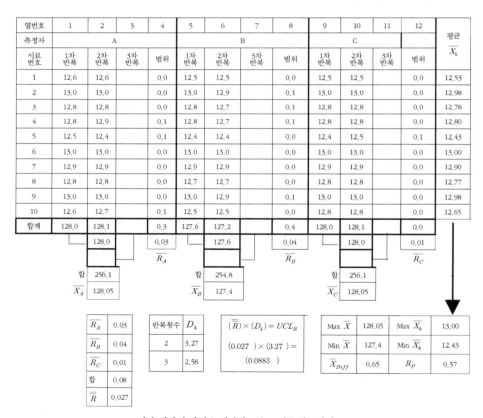

열번호	1	2	3	4	5	6	7	8	9	10	11	12	평균 $\overline{X_k}$
측정자		A				B				C			
시료번호	1차반복	2차반복	3차반복	범위	1차반복	2차반복	3차반복	범위	1차반복	2차반복	3차반복	범위	
1	12.6	12.6		0.0	12.5	12.5		0.0	12.5	12.5		0.0	12.53
2	13.0	13.0		0.0	13.0	12.9		0.1	13.0	13.0		0.0	12.98
3	12.8	12.8		0.0	12.8	12.7		0.1	12.8	12.8		0.0	12.78
4	12.8	12.9		0.1	12.8	12.7		0.1	12.8	12.8		0.0	12.80
5	12.5	12.4		0.1	12.4	12.4		0.0	12.4	12.5		0.1	12.43
6	13.0	13.0		0.0	13.0	13.0		0.0	13.0	13.0		0.0	13.00
7	12.9	12.9		0.0	12.9	12.9		0.0	12.9	12.9		0.0	12.90
8	12.8	12.8		0.0	12.7	12.7		0.0	12.8	12.8		0.0	12.77
9	13.0	13.0		0.0	13.0	12.9		0.1	13.0	13.0		0.0	12.98
10	12.6	12.7		0.1	12.5	12.5		0.0	12.8	12.8		0.0	12.65
합계	128.0	128.1		0.3	127.6	127.2		0.4	128.0	128.1		0.0	

	128.0	0.03 $\overline{R_A}$	127.6	0.04 $\overline{R_B}$	128.0	0.01 $\overline{R_C}$

합 256.1 $\overline{X_A}$ 128.05

합 254.8 $\overline{X_B}$ 127.4

합 256.1 $\overline{X_C}$ 128.05

$\overline{R_A}$	0.03
$\overline{R_B}$	0.04
$\overline{R_C}$	0.01
합	0.08
$\overline{\overline{R}}$	0.027

반복횟수	D_4
2	3.27
3	2.58

$(\overline{\overline{R}}) \times (D_4) = UCL_R$
$(0.027) \times (3.27) =$
(0.0883)

Max $\overline{X}$	128.05	Max $\overline{X_k}$	13.00
Min $\overline{X}$	127.4	Min $\overline{X_k}$	12.43
$\overline{X}_{Diff}$	0.65	R_P	0.57

이하 평가서 작성은 생략함. 본 교재를 참조바람.

1. (2) 반복　　　　　　(4) 교락

2. ① 제어인자　　　　② 표시인자　　　　　　③ 블록인자

　　④ 보조인자　　　　⑤ 오차인자

3. (1) 분산분석표

요인	제곱합(변동)	자유도	평균제곱	F_o	$F(0.05)$
A	2.963	3	0.9877	5.959 *	4.07
E	1.326	8	0.16575		
T	4.289	11			

(2) $F_o = 5.959 \geq F_{0.95}(3, 8) = 4.07$　　이므로 귀무가설 기각, 대립가설 채택.

즉, 열처리 온도 간 (A_1, A_2, A_3, A_4) 인장강도가 차이가 있음.

(3) $\mu_1 = 59.3 \pm t_{0.975}(8) \sqrt{\dfrac{0.16575}{3}} = 59.3 \pm 0.542$

$\mu_2 = 59.9 \pm t_{0.975}(8) \sqrt{\dfrac{0.16575}{3}} = 59.9 \pm 0.542$

$\mu_3 = 60.367 \pm t_{0.975}(8) \sqrt{\dfrac{0.16575}{3}} = 60.367 \pm 0.542$

$\mu_4 = 60.6 \pm t_{0.975}(8) \sqrt{\dfrac{0.16575}{3}} = 60.6 \pm 0.542$

4.

요인	제곱합(변동)	자유도	평균제곱	F_o	$F(\alpha)$
A			(0.5633)	11.246	3.24 (0.05)
E		(16)	(0.0493)		5.29 (0.01)
T	(2.478)				

(귀무가설 기각, 대립가설 채택 - 고도로 유의함.)

5. (1) 분산분석표

요인	제곱합(변동)	자유도	평균제곱	F_o	$F(0.05)$
A		(2)		(0.588)	(5.14)
B	(11.21)	(3)		(1.059)	(4.76)
E		(6)	(3.533)		
T					

(2) A, B인자 귀무가설 채택.

6. (1) 분산분석표

요인	제곱합(변동)	자유도	평균제곱	F_o	$F(\alpha = 0.05,\ 0.01)$	
A	1.762	2	0.881	14.49**	5.14	10.9
B	5.360	3	1.787	29.39**	4.76	9.78
E	0.365	6	0.0608			
T	7.487	11				

(2) A, B인자 귀무가설 기각, 대립가설 채택. - 각 수준 간 고도로 유의함

(3) $\mu(A_2) = 13.15 \pm t_{0.975}(6) \sqrt{\dfrac{0.0608}{4}} = 13.15 \pm 0.302$

(4) $\mu(B_1) = 12.7 \pm t_{0.995}(6) \sqrt{\dfrac{0.0608}{3}} = 12.7 \pm 0.528$

참고문헌

[1] 품질연구회, 통계적품질관리핵심정리, 예문사, 2018.

[2] 안남수외, 통계적 품질관리, 민영사, 2017.

[3] 원형규, 통계적 품질관리, 청문각, 2019.

[4] 송인식, 통계적 품질관리, 아담북수, 2018.

[5] 박성현외, 통계적 품질관리와 6sigma, 민영사, 2017.

[6] 류근관, 통계학[3판], 법문사, 2013.

[7] 이용구외, 통계학의 이해, 율곡출판사, 2014.

[8] 강금식외, 알기쉬운 통계학[2판], 오래, 2013.

[9] 김홍규, 쉽게 이해하는 통계학, 학현사, 2012.

[10] 안상형외, 경영경제통계학, 박영사, 2011.

[11] 양희정외, 통계적 품질관리 4.0, KSAM, 2019.

[12] 권오운, 최신 품질경영기사, 성안당, 2019.

[13] 백재욱외, 품질경영기사, 구민사, 2021.

[14] Hitoshi Kume, Statistical Method for Quality Improvement, ATOS, 1985.

[15] Montgomery, D.C., Introduction to Statistical Quality Control, 3rd ed., John Wiley & Sons, Inc.,1996.

[16] William W. Heines, Montgomery, D.C., Probability and Statistics Engineering and Management Science John Wiley & Sons, Inc.,1990.

[17] Duncan, A. J., Quality Control and Industrial Statistics, 4th ed., Irwin, Inc., 1974.

[18] Grant, E. L. and Leavenworth, R. S., Statistical Quality Control, 5th ed., McGraw-Hill, Kogakusha, 1980.

[19] Cochran, W. G., Sampling Techniques, 3rd ed., John Wiley & Sons, Inc., 1977.

[20] Juran, J. M. and Gryna, F. M., Quality Planning and Analysis, 3rd ed., McGrow-Hill, New York, 1993.

[21] Robinson, S. L. and Miller, R. K., Automated Inspection and Quality Assurance, Marcel Dekker, Inc., 1989.

[22] Hitoshi Kume, Statistical Method for Quality Improvement, ATOS, 1985.

[23] Montgomery, D.C., Introduction to Statistical Quality Control, 3rd ed., John Wiley & Sons, Inc.,1996.

[24] William W. Heines, Montgomery, D.C., Probability and Statistics Engineering and Management Science John Wiley & Sons, Inc.,1990.